python

파이썬으로 배우는
수치 데이터 처리

Numerical Data Processing with PYTHON

김동근 저

KM - 좋은 책·알찬 내용 -
가메출판사

파이썬으로 배우는
수치 데이터 처리

Numerical Data Processing with PYTHON

지은이 김동근
펴낸이 이병렬
펴낸곳 도서출판 가메 https://www.kame.co.kr
주소 서울시 마포구 양화로 56, 504호(서교동, 동양트레벨)
전화 02-322-8317
팩스 02-323-8311
이메일 km@kame.co.kr

등록 제313-2009-264호
발행 2020년 3월 5일 초판 1쇄
정가 22,000원

ISBN 978-89-8078-306-9

편집 김신애
표지 김은지

PREFACE

파이썬(Python)은 귀도 반 로섬(Guido van Rossum)에 의해 개발된 고급 컴퓨터 프로그래밍 언어입니다. 파이썬은 인터넷에서 무료로 다운로드하여 설치하면 사용할 수 있으며, Windows, Mac OS, Linux, Unix, Android, iOS, Raspberry Pi 등 대부분 환경에서 사용할 수 있습니다.

파이썬은 컴퓨터 프로그래밍을 처음 배우는 초보자부터, 과학 데이터처리, 인공지능, 기계학습, 딥러닝, 웹 프로그래밍, 웹 크롤링, 정보보안, 게임 개발 등의 다양한 분야에서 활발히 사용되는 언어입니다.

이 책은 딥러닝, 빅 데이터 처리 등에서 파이썬을 사용할 때 필수 패키지인 NumPy, SciPy, Matplotlib의 기초를 설명하고, 선형대수(numpy.linalg, scipy.linalg), 확률통계, 고수준 수치 데이터처리에 대해 예제를 통해 이해할 수 있도록 설명하였습니다.

이 책의 구조는 다음과 같습니다.

1장에서 파이썬에 대한 기초적인 소개를 다루며 numpy, scipy, matplotlib 등의 패키지를 설치하고, 이 책에서 사용하는 개발환경인 주피터 노트북과 구글의 Colaboratory를 간단히 설명합니다.

2장은 다차원 배열 기반의 수치계산 패키지(라이브러리)인 NumPy에 대해 설명합니다. 넘파이는 다차원 배열을 기반으로 선형대수, 난수, 확률통계 등 다양한 수학 도구들이 구현되어 있습니다. 수학, 과학, 공학 등을 다루는 대부분의 파이썬 패키지(예를 들어, Matplotlib, SciPy, Pandas, Tensorflow, OpenCV_Python등)는 넘파이를 기반으로 파이썬과 인터페이스합니다. 넘파이 기초, 배열생성, 모양변경, 인덱싱, 슬라이싱, 산술 연산, 배열확장(broadcasting), 유니버설 함수, 파일 입출력 등 넘파이 기초 사용법에 관해 설명합니다.

3장은 그래프 패키지인 Matplotlib를 설명합니다. Matplotlib 기초, 간단한 수학 함수, 정규분포, 산점도(scatter), 텍스트, 이미지 등을 그리고, 서브플롯에 그리기, 2D, 3D 그래픽, 함수 에니메이션 등을 설명합니다.

4장은 선형대수 모듈인 numpy.linalg와 scipy.linalg를 기반으로 선형대수를 설명합니다. NumPy와 SciPy를 이용하여 벡터연산, 행렬연산, 선형방정식의 해, 역행렬, LU 분해, Cholesky 분해, QR 분해, SVD 분해, PCA 투영, 차원축소, 근사, 최소자승법, 고유값, 고유벡터, 고유얼굴(Eigenface) 등의 선형대수 내용을 설명합니다.

5장은 NumPy와 SciPy의 난수(random number), 확률(probability), 통계(statistics) 함수에 관해 설명합니다. 표본추출, 균등분포, 이항분포, 정규분포, 다차원 정규분포, 정규화, 몬테카를로 시뮬레이션으로 원주율 계산, Numpy 통계함수, 마하라노비스 거리, 히스토그램, SciPy 확률 분포(베르누이 분포, 이항분포, 균등분포, 정규분포, 카이제곱 분포, t-분포, F-분포), 통계적 추론(추정과 가설검정)에 관해 설명합니다.

6장은 SciPy를 사용하여 보간(interpolation), 미분(differentiation), 적분(integration), 최적화(optimization) 등의 고수준 수치 데이터처리를 설명합니다. 보간 모듈(scipy.interpolate), 적분 모듈(scipy.integrate), 최적화 모듈(scipy.optimize) 그리고 심볼을 처리하는 sympy를 사용한 미분, 적분을 설명합니다.

독자들은 다양한 동기로 이 책을 학습할 것입니다. 이 책은 Gilbert strang의 "Introduction to LINEAR ALGEBRA" 교재와 함께 공부하면 선형대수에 대한 이해를 높일 수 있을 것입니다. 파이썬 기반 확률통계 학습, 최적화, 딥러닝 학습 등에서 많은 도움이 될 것입니다. 이 책은 파이썬 기초, 수치해석, 인공지능, 영상처리 등의 강의를 기반으로 집필한 것입니다. 집필을 마치고 나면 뿌듯함도 있고 아쉬운 점도 남아 있으며, 필자 자신에게도 스스로 정리되고 많은 공부가 되었습니다.

끝으로, 책 출판에 수고하신 가메출판사 담당자 여러분께 감사드리며, 독자 여러분에게 많은 도움이 되길 바랍니다.

2020년 3월

필자 김동근

CONTENTS

1장

파이썬 기초

파이썬에 대한 기초 소개를 다루고, numpy, scipy, matplotlib 등의 패키지를 설치하며, 이 책에서 사용하는 개발환경인 주피터 노트북과 구글의 Colaboratory에 관하여 간단히 설명한다.

Step 01 ─○ Python 소개

파이썬(Python)은 귀도 반 로섬(Guido van Rossum)에 의해 개발된 고급 컴퓨터 프로그래밍 언어이다. 파이썬은 인터넷에서 설치 파일을 무료로 다운로드하여 설치하면 사용할 수 있다. Windows, Mac OS, Linux, Unix, Android, iOS, Raspberry Pi 등 대부분 환경에서 사용할 수 있다.

파이썬은 컴퓨터 프로그래밍을 처음 배우는 초보자부터, 과학 데이터 처리, 인공지능, 기계학습, 딥러닝, 웹 프로그래밍, 웹 크롤링, 정보보안, 게임 개발 등의 다양한 분야에서 활발히 사용되는 언어이다.

[그림 1.1]은 구글 검색 데이터에 기반하여 프로그래밍 언어에 대한 인기도를 나타내는 PYPL의 2020년 2월 기준 상위 10개 언어의 랭킹이다. 파이썬의 인기는 최근 몇 년간 꾸준히 상승하고 있다.

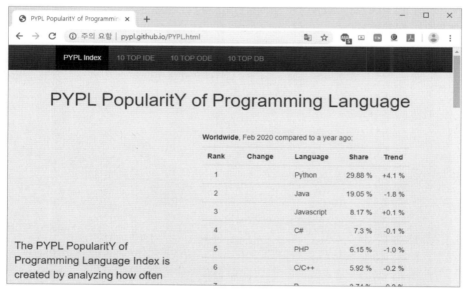

▲ [그림 1.1] PYPL 프로그래밍언어 랭킹, 2020년 2월
참고:http://pypl.github.io/PYPL.html

파이썬은 쉬운 문법을 사용하여 배우기 쉽고, 인터프리터 언어로 사용자가 대화하는 것처럼 바로 결과를 확인할 수 있는 장점이 있다. C/C++, JAVA 등과 같은 다른 프로그래밍 언어와도 호환이 아주 잘 되며, 파이썬 인터페이스를 제공하는 라이브러리가 많다. 사용자는 라이브러리를 구현하는 언어와 관계없이

파이썬을 사용하여 쉽게 라이브러리(패키지)를 사용할 수 있다.

TensorFlow, Keras, PyTorch 등의 대부분 딥러닝(deep learning) 프레임워크와 OpenCV 같은 컴퓨터 비전 라이브러리가 파이썬 인터페이스를 지원하고 있다.

다양한 분야의 파이썬 패키지 소스가 GitHub에 공개되어 있으며, PyPI(Python Package Index, https://pypi.org) 사이트에 등록되어 있으며, 패키지 설치 프로그램인 pip를 이용하며 쉽게 패키지를 설치할 수 있다.

윈도우즈의 최신 비공식 패키지는 "python extension package" 싸이트(https://www.lfd.uci.edu/~gohlke/pythonlibs/)에서 패키지 파일(*.whl)을 다운로드하여 명령 창에서 직접 pip 명령으로 설치할 수 있다. [그림 1.2]는 파이썬의 대표적인 수학, 과학, 공학 분야의 핵심 패키지(라이브러리)이다.

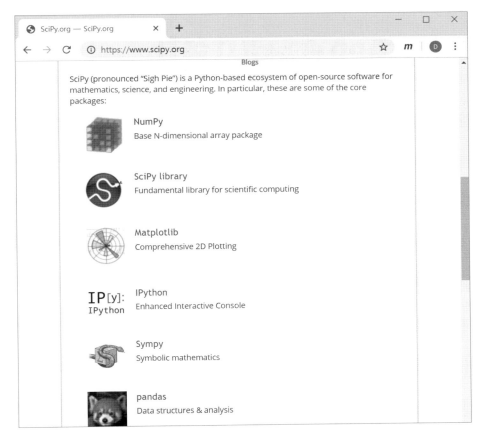

▲[그림 1.2] 파이썬의 대표적인 수학, 과학, 공학 핵심 패키지
 [참고:https://www.scipy.org/]

① NumPy는 수학, 과학, 공학 문제의 수치계산을 위한 가장 중요한 기본 패키지이다. 다차원 배열(N-D array)을 기반으로 선형대수, 푸리에 변환, 난수 생성 등 다양한 수학 도구들이 구현된 라이브러리이다. Matplotlib, SciPy, Tensorflow, OpenCV 등 대부분의 파이썬 패키지에서 NumPy의 설치는 필수이다.

② SciPy는 적분, 최적화, 보간, 선형대수, 신호처리, 통계처리, 다차원 영상처리 등을 구현한 라이브러리이다.

③ Matplotlib는 2D, 3D 그래프, 이미지, 애니메이션, 동영상 등을 표시하는 라이브러리이다. Matplotlib의 인터페이스는 MATLAB의 플로팅 기능과 유사하다.

④ Pandas는 1D 시계열 데이터, 2D 테이블 데이터, 3D 프레임 데이터 등을 다루는 데이터 분석 라이브러리이다.

⑤ SymPy는 심볼 기반의 수식처리 라이브러리이다.

⑥ IPython은 셀 단위의 대화형 파이썬 개발도구이며, Jupyter 노트북은 IPython을 기반으로 Python 뿐만 아니라 R, Torch, Ruby, Scala, Go, C 언어 등 다양한 언어를 웹 브라우저에서 개발할 수 있는 도구이다 (참고: https://github.com/jupyter/jupyter/wiki/Jupyter-kernels).

Step 02 → Python과 패키지 설치

이 책에서는 윈도우즈에서 Python 3.8.1를 설치하고, NumPy, SciPy, Matplotlib 등의 패키지를 설치하여 사용한다.

(1) Python 설치

① https://www.python.org/downloads에서 64비트 윈도우즈용 파이썬 3.8.1(Windows x86-64 executable installer)을 설치한다.

② [그림 2.1]의 설치화면에서 ☑ Install launcher for all users (recommended) 항목과 ☑ Add Python 3.8 to PATH 항목의 체크 박스를 선택한 상태에서 Install Now 를 클릭하여 설치한다.

▲ **[그림 2.1]** 파이썬 3.8.1 설치

(2) 패키지 설치

파이썬 패키지를 설치하는 가장 간단한 방법은 인터넷이 연결된 상태에서 "pip" 설치 도구를 사용하는 것이다. [그림 2.2]는 명령창에서 "python --m pip install --upgrade pip"로 설치 도구인 pip를 업그레이드하고, "pip install numpy" 명령으로 numPy를 설치한 뒤에, sciPy, matplotlib, sympy, jupyter 패키지를 모두 한 번에 설치한다.

```
C:\> python --m pip install --upgrade pip
C:\> pip install numpy
C:\> pip install scipy matplotlib sympy jupyter
```

▲ **[그림 2.2]** pip를 사용한 패키지 설치

Step 03 ─∘ 주피터 노트북과 Colaboratory

이 책에서는 파이썬의 개발환경으로 주피터 노트북을 사용한다. 주피터 노트북을 사용하면 웹 브라우저에서 파이썬 코드를 작성하고 실행할 수 있다.

(1) 주피터 노트북

명령 창에서 "jupyter notebook --generate-config"를 실행하면, 사용자 폴더의 ./jupyter 폴더에 jupyter_notebook_config.py 파일이 생성된다.

주피터 노트북은 웹 브라우저에서 파이썬 코드를 작성하고 실행하기 때문에 사용할 웹 브라우저로 크롬을 실행하고 싶으면, jupyter_notebook_config.py 파일을 편집기로 열어 다음과 같이 수정한 뒤에 저장한다.

변경 전	#c.NotebookApp.browser = ''
변경 후	c.NotebookApp.browser = 'C:/Program Files (x86)/Google/Chrome/Application/chrome.exe'

주의 : 크롬 웹 브라우저의 설치 경로를 한 줄로 입력한다.

① 주피터 노트북 실행은 다음 그림에서 처럼 명령 창에서 "jupyter notebook"을 입력하여 실행한다. [그림 3.2]같이 웹 브라우저에 주피터 노트북이 나타난다. 웹 브라우저가 자동으로 실행되지 않을 때는 웹 브라우저를 실행한 뒤에 명령 창에 표시된 URL을 복사하여 웹 브라우저의 주소 입력 창에 붙여넣기하고 Enter 키를 누르면 [그림 3.2]와 같은 결과를 볼 수 있다.

```
명령 프롬프트 - jupyter notebook                                           —   □   ×

C:\Users\USER>jupyter notebook
[I 15:12:46.602 NotebookApp] Serving notebooks from local directory: C:\Users\USER
[I 15:12:46.602 NotebookApp] The Jupyter Notebook is running at:
[I 15:12:46.602 NotebookApp] http://localhost:8888/?token=0c93ad5cb0f764898b507b08530a6135ac602cf
92e361581
[I 15:12:46.602 NotebookApp]  or http://127.0.0.1:8888/?token=0c93ad5cb0f764898b507b08530a6135ac6
02cf92e361581
[I 15:12:46.603 NotebookApp] Use Control-C to stop this server and shut down all kernels (twice t
o skip confirmation).
```

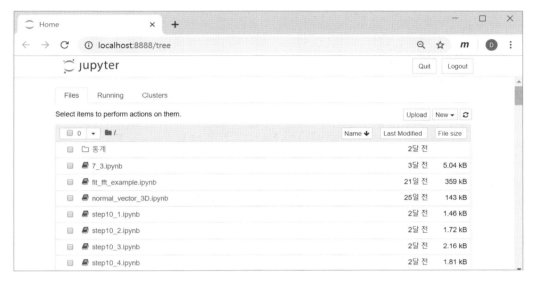

```
[W 15:12:47.272 NotebookApp] No web browser found: could not locate runnable browser.
[C 15:12:47.273 NotebookApp]

    To access the notebook, open this file in a browser:
        file:///C:/Users/USER/AppData/Roaming/jupyter/runtime/nbserver-20296-open.html
    Or copy and paste one of these URLs:
        http://localhost:8888/?token=0c93ad5cb0f764898b507b08530a6135ac602cf92e361581
     or http://127.0.0.1:8888/?token=0c93ad5cb0f764898b507b08530a6135ac602cf92e361581
```

▲ [그림 3.1] jupyter notebook 실행

주피터 노트북 사용을 위한 기본 작업 폴더는 명령 창에서 jupyter notebook을 실행할 때의 현재 폴더이다. 따라서 jupyter notebook을 실행하기 전에, 프로그래밍을 위한 폴더로 이동한 뒤에 jupyter notebook을 실행하는 것이 효과적이다.

jupyter notebook이 실행이 안 되면

윈도우즈 10에서 Python 3.8.1 설치 후 jupyter notebook이 실행이 안 되면, 명령 창에서 "pip install notebook --upgrade"로 주피터 노트북을 업그레이드한다. 버전 확인은 명령 창에서 "jupyter notebook --version" 명령으로 한다. 2020년 2월 현재 jupyter notebook의 최신 버전은 6.0.3이다(참고, 이전 버전의 경우 "~Python38\Lib\site-packages\tornado\platform" 폴더에 있는 "asyncio.py" 파일의 끝부분에 별도의 설정이 필요하거나, 토네이도 웹서버를 uninstall하고, "pip install tornado==5.1.1"로 다운그레이드하여 설치하는 경우도 있었지만, 최신 버전에서는 해결되었다).

② 노트북의 화면 오른쪽 상단에 있는 New▼ 버튼을 클릭하여 표시되는 메뉴에서 "Python 3"을 선택하면 [그림 3.3]과 같이 "Untitled" 이름으로 새로운 웹페이지가 나타난다.

▲ [그림 3.3] 주피터 노트북 생성(Untitled)

③ 왼쪽 위의 "Untitled"를 클릭하고 주피터 노트북 파일 이름을 "step3"으로 변경한다. 실제 저장되는 파일 명은 "step3.ipynb"가 된다. [File]−[Save and Checkpoint] 메뉴를 선택하거나 또는 도구바에서 🖫 버튼을 클릭하여 다른 노트북 파일로 저장할 수 있다.

④ In[ ]의 셀(cell)에 간단한 파이썬 수식(2+3)을 입력하고, 메뉴바에서 [Cell]−[Run Cells] 메뉴 항목을 클릭하거나 도구바에서 ▶ Run 버튼을 클릭하거나 단축키로 Shift + Enter 키를 눌러 현재 셀에 입력된 내용을 실행하면, [그림 3.4]와 같이 In [1]로 변경되고, Out[1]에 실행결과 5를 표시한다. In, Out의 괄호 안의 숫자는 실행한 순서이다.

[그림 3.4]에서 In [2]와 같이 하나의 셀에 여러 문장이 있는 경우 마지막 문장의 실행결과 6만 Out[2]에 출력한다. In [3]과 같이 print() 함수를 사용하면, 각 문장의 결과를 출력할 수 있고, Out은 표시되지 않는다. 만약 셀이 실행 중이면, In[*]과 같이 표시된다.

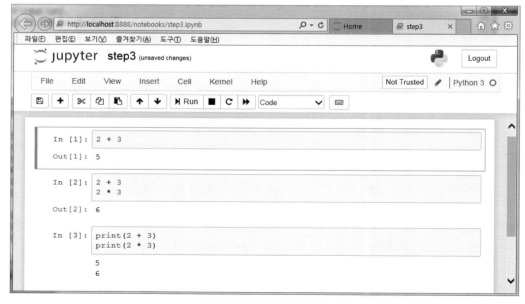

▲[그림 3.4] Code 셀 입력과 실행

⑤ 마크다운(Markdown)은 John Gruber가 만든 텍스트 기반 마크업 언어이다. Github는 마크다운으로 문서를 작성한다.

메뉴바에서 [Cell]-[Cell Type]-[Markdown] 메뉴 항목을 선택하거나 도구바에서 `Code ▾` 항목을 클릭하여 표시되는 목록에서 "Markdown"으로 셀의 형식을 변경하면 마크다운으로 파이썬 코드에 대한 문서를 작성할 수 있다.

마크다운의 행 변경은 행의 끝에 2개 이상의 공백을 주고 Enter 키를 입력한다. 마크다운의 기본 문법은 https://www.markdownguide.org/basic-syntax를 참조한다.

⑥ [그림 3.5]는 마크다운 셀에서 #기호를 사용하여 제목의 크기를 변경한 입력이고, [그림 3.6]은 실행결과 이다.

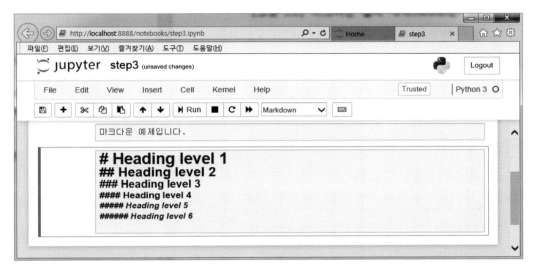

▲[그림 3.5] 마크다운 셀의 제목(heading) 크기(1~6) 입력

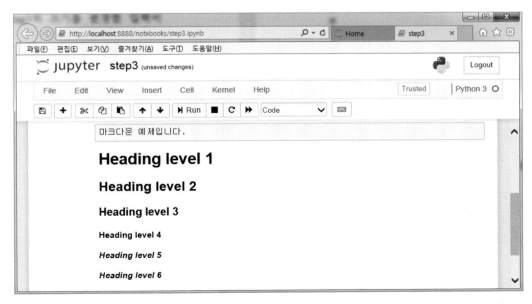

▲[그림 3.6] 마크다운 셀의 제목(heading) 크기(1~6) 실행

⑦ 마크다운 셀에 $ 또는 $$ 기호를 사용하면 Latex 수식을 입력할 수 있다. $ 기호는 문자열 속에 수식이 포함되고, $$ 기호는 수식의 위치를 행의 중앙에 정렬하여 한 줄에 표시한다. [그림 3.7]은 마크다운 셀에 Latex 수식을 입력한 것이고, [그림 3.8]은 실행결과이다. 결과에서 두 번째 행의 내용이 첫 번째 행에 연결된 것은 마크다운 셀에서 수식을 입력할 때 행의 끝에서 두 칸 이상의 빈칸을 입력하지 않고 Enter 키를 눌러 두 번째 행의 내용을 입력했기 때문이다.

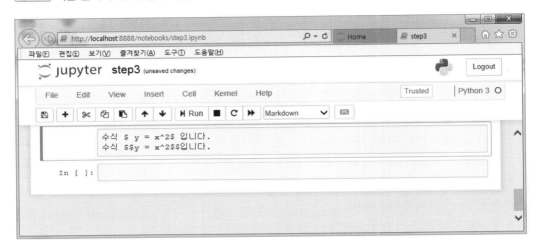

▲ [그림 3.7] 마크다운 셀의 Latex 수식 입력

▲ [그림 3.8] 마크다운 셀의 Latex 수식 실행결과

⑧ 코드 셀에서 "!pip install matplotlib"와 같이 입력하여 파이썬 패키지를 설치할 수도 있다.

⑨ [그림 3.9]에서와 같이 코드 셀에서, % 기호를 이용하여 다양한 매직 명령을 실행할 수 있다. "%magic"은 매직 명령어 사용법을 출력하고, "%run test.py"는 지정된 파이썬 파일인 "test.py"를 실행하고, "%matplotlib inline"은 그래프를 주피터 노트북에 바로 표시한다.

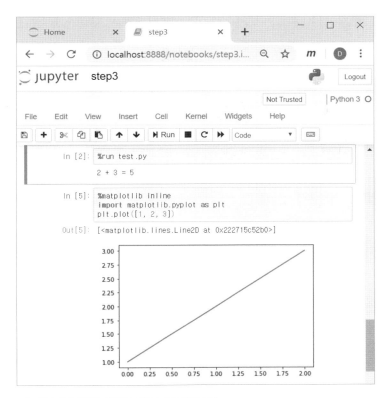

▲ **[그림 3.9]** %기호를 사용한 주피터 노트북 명령 실행

⑩ 셀(cell)의 테두리가 초록색이면 편집 모드(Enter)이고, 파란색이면 명령 모드(Esc)이다. 셀 형식은 Code, Markdown, Raw NBConvert 등이 있다.

Code는 파이썬 코드를 작성하는 셀이고, Markdown은 텍스트 기반 마크업 언어인 마크다운으로 문서를 작성하는 셀이며, 마크다운은 HTML과 유사하고 LaTex 수식을 사용할 수 있다. Raw NBConvert는 주피터 노트북에 의해 번역되지 않는다.

메뉴에서 [Help]-[Keyboard Shortcuts] 메뉴를 선택하면 주피터 노트북에서 사용 가능한 단축키 목록을 보여준다. 단축키를 사용하면 주피터 노트북을 빠르게 사용할 수 있다. [표 3.1]은 주요 단축키이다. 주피터 노트북은 명령 모드(Esc)와 편집 모드(Enter)가 있다. 단축키 Shift + Enter 는 현재 셀을 실행하여 결과를 표시하고, 아래 방향의 다음 셀로 이동한다. 마지막 셀에서 단축키 [Shift] + [Enter]는 현재 셀을 실행하고, 아래에 새로운 셀을 생성한다.

▼**[표 3.1]** 쥬피터 노트북의 주요 단축키

모드	단축키	설명
명령모드 [Esc]	[Shift] – [Enter]	셀 실행, 아래 셀 선택(run cell, select below)
	[Y]	Code 셀로 변경(change cell to code)
	[M]	Markdown셀로 변경(change cell to markdown)
	[A]	위에 셀 삽입(insert cell above)
	[B]	아래에 셀 삽입(insert cell below)
	[C]	셀 복사(copy selected cell)
	[D], [D]	셀 삭제(delete selected cell)
	[1] ~ [6]	제목 크기변경(change cell to heading 1 ~ 6)
	[V]	아래 셀에 붙이기(paste cell below)
	[Shift] – [V]	위 셀에 붙이기(paste cell above)
	[S]	저장(Save and Checkpoint)
	[Z]	마지막 셀 삭제 취소(undo last cell deletion)
편집모드 [Enter]	[Shift] – [Enter]	셀 실행, 아래 셀 선택(run cell, select below)
	[Tab]	코드완성 또는 들여쓰기(code completion or indent)
	[Shift] – [Tab]	툴팁(tooltip)
	[Ctrl] – [/]	주석(comment)
	[Ctrl] – [A]	전체선택(select all)
	[Ctrl] – []]	들여쓰기(indent)
	[Ctrl] – [[]	내어쓰기(dedent)

(2) Colaboratory에서 쥬피터 노트북

Colaboratory는 리눅스 기반의 구글 클라우드에서 실행되는 쥬피터 노트북 환경이다. Colaboratory 는 구글 클라우드와 연동되며, tensorflow, keras, opencv 등 딥러닝을 위한 기본적인 패키지가 설치되어 있다.

크롬 웹 브라우저를 실행하고, 다음 URL을 이용하여 Colaboratory에 연결한다.

https://colab.research.google.com

[그림 3.10]은 구글의 colaborator에 로그인한 결과이다.

▲[그림 3.10] 구글의 Colaboratory에 로그인한 결과

크롬 웹 브라우저에 구글 자동 로그인이 설정되어 있지 않으면, 구글에 로그인해야 한다. Colaboratory의 메뉴에서 [파일]-[새 Python 3 노트] 메뉴를 선택하여 새로운 주피터 노트북을 생성한다. [그림 3.11]은 생성된 주피터 노트북에서 sys 모듈을 이용하여 플랫폼과 numpy, matplotlib의 버전을 확인한 결과이다.

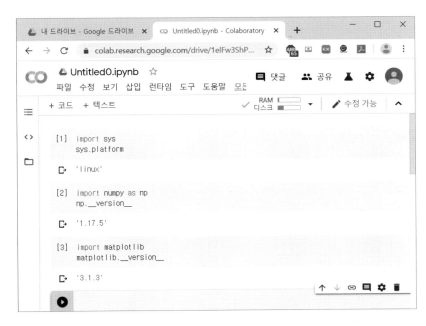

▲[그림 3.11] Colaboratory에서 노트북 생성 및 패키지 버전 확인

넘파이 (NumPy)

2장

넘파이(NumPy)는 다차원 배열 기반의 수치계산 패키지(라이브러리)이다.
넘파이 에는 다차원 배열을 기반으로 선형대수, 난수, 확률통계 등 다양
한 수학 도구들이 구현되어 있다. 수학, 과학, 공학 등을 다루는 대부분
의 파이썬 패키지(예를 들어, Matplotlib, SciPy, Pandas, Tensorflow, OpenCV_
Python 등)는 넘파이 위에서 구현되어 있다.

이장에서는 넘파이 기초와 배열생성, 모양 변경, 인덱싱, 슬라이싱, 산술
연산, 배열확장(broadcasting), 유니버설함수, 파일 입출력 등 넘파이
의 기초 사용 방법에 관하여 설명한다.

넘파이는 다음과 같이 라이브러리를 임포트하여 사용한다.

```
import numpy as np
```

Step 04 — NumPy 기초

NumPy(Numerical Python)는 다차원 배열을 기반으로 수치계산을 빠르게 계산한다. 넘파이의 ndarray는 N 차원 배열을 다루는 클래스이다. [표 4.1]은 ndarray의 주요 속성이고, [표 4.2]는 넘파이에서 사용하는 주요 자료형(data type)이다.

▼[표 4.1] ndarray의 주요 속성

속성	설명
ndarray.dtype	배열 요소의 자료형, [표 4.2] 참고
ndarray.ndim	배열의 차원(dimension)의 개수, 축(axes)
ndarray.shape	배열의 각 차원의 크기(모양)를 tuple로 반환
ndarray.size	배열의 요소의 전체 개수

▼[표 4.2] numpy 주요 자료형

속성	type str	설명
bool	?	파이썬의 기본 불리안 bool
bool_		넘파이 불리안
int8, uint8	i1, u1	1바이트 정수, uint는 부호가 없는 정수형
int16, uint16	i2, u2	2바이트 정수
int32, uint32	i4, u4	4바이트 정수
int64, uint64	i8, u8	8바이트 정수

float16	f2	2바이트 실수
float32	f4, f	4바이트 실수
float64	f8, d	8바이트 실수, 파이선의 float
float128	f16, g	16바이트 실수
complex64	c8	실수부, 허수부 각각 4바이트 실수
complex128	c16	실수부, 허수부 각각 8바이트 실수
complex256	c32	실수부, 허수부 각각 16바이트 실수

파이썬의 기본 자료형인 리스트(list)는 요소(element, item)의 자료형이 다를 수 있지만, 배열(array)은 모든 요소의 자료형이 같다. 일반적으로 배열은 리스트에 비해 계산 속도가 빠르다. 1차원 배열은 벡터 (vector), 2차원 배열은 행렬(matrix)이다.

[step4_1] 배열의 생성 및 속성 1: np.array()	
In [1]:	import numpy as np A = np.array([[1, 2, 3], [4, 5, 6]])
In [2]:	type(A)
Out[2]:	numpy.ndarray
In [3]:	A
Out[3]:	array([[1, 2, 3], [4, 5, 6]])
In [4]:	A.dtype
Out[4]:	dtype('int32')
In [5]:	A.ndim
Out[5]:	2
In [6]:	A.shape
Out[6]:	(2, 3)
In [7]:	A.size # A.shape[0] * A.shape[1]
Out[7]:	6

프로그램 설명

① In [1]에서 numpy를 np 이름으로 임포트하고, np.array() 함수로 파이썬의 리스트를 이용하여 넘파이 배열 A를 생성한다.

② In [2]에서 type(A)는 Out [2]에 numpy.ndarray 자료형을 출력한다.

③ In [3]에서 셀에 A를 입력하고 실행하면 Out [3]에 배열 A를 출력한다. 함수 print(A)로 출력하면 Out 표시 없이 배열 A를 출력한다.

④ In [4]의 A.dtype은 배열 A의 각 요소 자료형으로 Out [4]에 4바이트(32비트) 정수인 dtype('int32')을 출력한다.

⑤ In [5]의 A.ndim은 배열 A의 차원으로 Out [5]에 2차원임을 나타내는 2를 출력한다.

⑥ In [6]의 A.shape는 배열 A의 모양으로 Out [6]에 튜플 (2, 3) 출력한다. 즉 배열 A는 2행 3열의 2차원 배열로 2×3 행렬이다.

⑦ In [7]의 A.size는 배열 A의 요소 개수로 Out [7]에 6을 출력한다.

[step4_2] 배열의 생성 및 속성 2: np.array()

| In [1]: | ```import numpy as np
A = np.array(range(5))
print('A=', A)
print('A.dtype=', A.dtype)``` |
| --- | --- |
| | ```A= [0 1 2 3 4]
A.dtype= int32``` |
| In [2]: | ```B = np.array(range(5), dtype = np.float32)   # dtype = 'f4'
print('B=', B)
print('B.dtype=', B.dtype)``` |
| | ```B= [0. 1. 2. 3. 4.]
B.dtype= float32``` |
| In [3]: | ```# C = np.array(range(5), dtype = '?')
# C = np.array(range(5), dtype = np.bool_)
C = np.array(range(5), dtype = np.bool)
print('C=', C)
print('C.dtype=', C.dtype)``` |

C= [False True True True True]
C.dtype= bool

프로그램 설명

① In [1]에서 np.array(range(5))로 32비트 정수 배열 A를 생성한다.

② In [2]에서 dtype에 np.float32 또는 dtype = 'f4'를 명시하면 32비트 실수 배열 B를 생성한다.

③ In [3]에서 dtype에 np.bool, np.bool_ 또는 '?'를 명시하면 불리안 배열 C를 생성한다. 배열 요소의 값으로 0은 False, 나머지는 True로 변환한다.

np.bool은 파이썬의 기본 자료형인 불리안 bool이고, np.bool_는 넘파이에서 새로 작성된 불리안 자료형이다. 즉, np.bool == bool은 True이고 np.bool_ == bool는 False이다. 예를 들어 np.bool([0, 1])은 True이지만 np.bool_([0, 1])은 array([False, True])로 차이가 있음에 주의한다.

[step4_3] 배열의 자료형 변경: np.astype()	
| In [1]: | ```
import numpy as np
A = np.array([0, 1, 2])
print('A=', A)
print('A.dtype=', A.dtype)
``` |
| | A= [0 1 2]
A.dtype= int32 |
| In [2]: | ```
B = A.astype(np.float32)    # B = np.float32(A), # B = A.astype('f4')
print('B=', B)
print('B.dtype=', B.dtype)
``` |
| | B= [0. 1. 2.]
B.dtype= float32 |
| In [3]: | ```
C = np.bool_(A)    # C = A.astype('?')
print('C=', C)
print('C.dtype=', C.dtype)
``` |
| | C= [False True True]
C.dtype= bool |
```

프로그램 설명

① In [1]에서 np.array로 A. dtype = int32인 32비트 정수 배열 A를 생성한다.

② In [2]에서 A.astype(np.float32), A.astype('f4'), np.float32(A)는 배열 A의 자료형을 32비트 실수로 변경한다.

③ In [3]에서 np.bool_(A) 또는 A.astype('?')는 배열 A의 자료형을 불리안으로 변경한다. 그러나 np.bool은 파이썬의 기본 불리안 자료형으로 하나의 불리안 값을 반환하기 때문에 np.bool(A)는 에러가 발생한다.

Step 05 ── 배열생성

이 단계에서는 넘파이 배열을 생성하는 다양한 방법에 대해 설명한다. 넘파이의 np.arrange(), np.zeros(), np.ones(), np.empty(), np.full(), np.zeros_like(), np.ones_like(), np.empty_like(), np.full_like(), np.eye(), np.identity(), np.linespace() 등의 함수를 사용하여 배열을 생성할 수 있다.

[step5_1] 배열생성: np.arange() arange([start,] stop[, step,], dtype = None) # 범위를 사용한 배열	
In [1]:	import numpy as np np.arange(5)
Out[1]:	array([0, 1, 2, 3, 4])
In [2]:	np.arange(1, 5)
Out[2]:	array([1, 2, 3, 4])
In [3]:	np.arange(1, 10, 2)
Out[3]:	array([1, 3, 5, 7, 9])
In [4]:	np.arange(0, 1, 0.1)
Out[4]:	array([0. , 0.1, 0.2, 0.3, 0.4, 0.5, 0.6, 0.7, 0.8, 0.9])

In [5]:	np.arange(1, 0, -0.1)
Out[5]:	array([1. , 0.9, 0.8, 0.7, 0.6, 0.5, 0.4, 0.3, 0.2, 0.1])

프로그램 설명

① arange()는 첫 번째 인자인 start부터 두 번째 인자인 stop(포함 안 함)까지 세 번째 인자인 step씩 일정하게 증가 또는 감소하면서 정수 또는 실수 배열을 생성한다. start가 생략되면 0, step이 생략되면 1이고, stop은 멈춤 조건으로 배열 요소에는 포함되지 않는다.

② In [1]에서 np.arange(5)는 0부터 5(포함 안 함)까지 1씩 증가하는 정수 배열 array([0, 1, 2, 3, 4])를 생성한다.

③ In [2]에서 np.arange(1, 5)는 1부터 5(포함 안 함)까지 1씩 증가하는 정수 배열 array([1, 2, 3, 4])를 생성한다.

④ In [3]에서 np.arange(1, 10, 2)는 1부터 10(포함 안 함)까지 2씩 증가하는 정수 배열 array([1, 3, 5, 7, 9])를 생성한다.

⑤ In [4]에서 np.arange(0, 1, 0.1)는 0부터 1(포함 안 함)까지 0.1씩 증가하는 실수 배열을 생성한다.

⑥ In [5]에서 np.arange(1, 0, −0.1)는 1부터 0(포함 안 함)까지 −0.1씩 감소하는 실수 배열을 생성한다.

[step5_2] 배열생성: np.zeros(), np.ones(), np.empty(), np.full()

```
① zeros(shape, dtype = float)        # 0으로 초기화된 배열
② ones(shape, dtype = None)          # 1로 초기화된 배열
③ empty(shape, dtype = None)         # 초기화하지 않은 배열
④ full(shape, fill_value, dtype=None) # fill_value로 초기화된 배열
```

In [1]:	import numpy as np np.zeros(6)
Out[1]:	array([0., 0., 0., 0., 0., 0.])
In [2]:	np.zeros((2, 3))
Out[2]:	array([[0., 0., 0.], [0., 0., 0.]])
In [3]:	np.ones((2, 3))
Out[3]:	array([[1., 1., 1.], [1., 1., 1.]])

In [4]:	np.empty((2, 3))
Out[4]:	array([[1., 1., 1.], [1., 1., 1.]])
In [5]:	np.full((2, 3), 10))
Out[5]:	array([[10, 10, 10], [10, 10, 10]])

프로그램 설명

① np.zeros(), np.ones(), np.empty(), np.full() 함수에서 shape은 반환되는 배열의 모양, 즉 차원을 결정한다. 2차원 이상일 경우는 shape은 튜플로 표현한다. dtype은 배열 요소의 자료형이다. np.zeros(), np.ones(), np.empty() 함수에서 dtype을 생략하면, 실수(np.float64) 형이다. np.full() 함수에서 dtype을 생략하면, fill_value 값의 자료형에 의해 결정된다.

② np.zeros(6)은 6개 요소가 0.0으로 초기화된 실수 배열을 생성한다. np.zeros((2, 3))은 0.0으로 초기화된 2×3 실수 배열을 생성한다.

③ In [4]에서 np.ones((2, 3))은 1.0으로 초기화된 2×3 실수 배열을 생성한다.

④ In [5]에서 np.empty((2, 3))은 초기화되지 않은 2×3 실수 배열을 생성한다. 생성된 배열의 각 요소값은 메모리에 남아 있는 임의의 값이다.

⑤ In [6]에서 np.full((2, 3), 10)은 10으로 초기화된 2×3 정수 행렬을 생성한다.

[step5_3] 배열생성: np.zeros_like(), np.ones_like(), np.empty_like(), np.full_like()
① zeros_like(a, dtype = None)　　# 배열 a와 같은 모양, 같은 타입 ② ones_like(a, dtype = None) ③ empty_like(a, dtype = None) ④ full_like(a, fill_value, dtype = None)

In [1]:	import numpy as np A = np.array([[1, 2, 3], [4, 5, 6]]) print('A=', A)
	A= [[1 2 3] [4 5 6]]

In [2]:	np.zeros_like(A)
Out[2]:	array([[0, 0, 0], [0, 0, 0]])
In [3]:	np.ones_like(A)
Out[3]:	array([[1, 1, 1], [1, 1, 1]])
In [4]:	np.empty_like(A) # 초기화하지 않음, 임의의 값
Out[4]:	array([[1, 1, 1], [1, 1, 1]])
In [5]:	np.full_like(A, 10)
Out[5]:	array([[10, 10, 10], [10, 10, 10]])

프로그램 설명

① np.zeros_like(), np.ones_like(), np.empty_like(), np.full_like() 함수는 주어진 배열과 같은 모양, 같은 자료형의 배열을 생성한다. In [1]에서 2×3 정수 배열 A를 생성한다.

② In [2]에서 np.zeros_like(A)는 행렬 A와 모양과 자료형이 같고 0으로 초기화된 2×3 정수 배열을 생성한다.

③ In [3]에서 np.ones_like(A)는 행렬 A와 모양과 자료형이 같고 1로 초기화된 2×3 정수 배열을 생성한다.

④ In [4]에서 np.empty_like(A)는 행렬 A와 모양과 자료형이 같은 2×3 정수 배열을 생성한다. 배열은 초기화되지 않은 임의 값을 갖는다.

⑤ In [5]에서 np.full_like(A, 10)는 행렬 A와 모양과 자료형이 같고 10으로 초기화된 2×3 정수 배열을 생성한다.

[step5_4] 배열생성: np.identity(), np.eye()	
① identity(n, dtype = None)　　　　　　　　# n×n 단위행렬	
② eye(N, M = None, k = 0, dtype = ⟨class 'float'⟩)　# N×M 대각행렬	
In [1]:	import numpy as np np.identity(3)
Out[1]:	array([[1., 0., 0.], 　　　　[0., 1., 0.], 　　　　[0., 0., 1.]])
In [2]:	np.eye(3)
Out[2]:	array([[1., 0., 0.], 　　　　[0., 1., 0.], 　　　　[0., 0., 1.]])
In [3]:	np.eye(3, k = 1)
Out[3]:	array([[0., 1., 0.], 　　　　[0., 0., 1.], 　　　　[0., 0., 0.]])
In [4]:	np.eye(3, k = -1)
Out[4]:	array([[0., 0., 0.], 　　　　[1., 0., 0.], 　　　　[0., 1., 0.]])

프로그램 설명

① np.identity() 함수는 n×n 단위행렬을 생성한다. In [1]에서 np.identity(3)은 3×3 단위행렬을 생성한다.

② np.eye() 함수는 N×M 배열을 생성한다. M = None이면 N×N 정방행렬을 생성한다. k = 0이면 대각선 (diagonal, 행과 열이 같은) 요소가 1이고, 나머지는 0인 행렬이며, k가 양의 정수이면 대각요소가 위쪽 으로 움직이고, 음수이면 아래로 움직인다. In [2]에서 np.eye(3)은 3×3 단위행렬을 생성한다.

[step5_5] 배열생성: np.linespace( )	
	linspace(start, stop, num = 50, endpoint = True, retstep = False, dtype = None)　　# 선형 스케일(균등 간격)

In [1]:	import numpy as np np.linspace(0.0, 10.0, num = 5)
Out[1]:	array([0. , 2.5, 5. , 7.5, 10.])
In [2]:	np.linspace(0.0, 10.0, num = 5, endpoint = False, retstep = True)
Out[2]:	(array([0., 2., 4., 6., 8.]), 2.0)
In [3]:	Y = np.linspace(0, 1, num = 5) print('Y=', Y)
Out[3]:	Y= [0. 0.25 0.5 0.75 1.]
In [4]:	np.power(10, Y).astype('float32')
Out[4]:	array([1., 1.7782794, 3.1622777, 5.623413, 10.], dtype=float32)

프로그램 설명

① np.linespace( ) 함수는 start에서 stop까지 균등 간격으로 num개의 샘플 데이터를 갖는 배열을 생성한다. endpoint = True이면 stop을 포함한다. retstep = True이면, 튜플 (samples, step)을 반환한다. step은 샘플 사이의 간격이다. dtype = None이면 나머지 인수로 자료형을 추정한다.

② In [1]에서 np.linspace(0.0, 10.0, num = 5)는 0.0에서 10.0(포함)까지 범위에서 5개의 샘플을 균등 간격으로 계산하여 배열을 생성한다.

③ In [2]는 endpoint = False로 10.0을 포함 하지 않고, retstep = True로 배열 array([0., 2., 4., 6., 8.])과 간격 step = 2를 튜플로 생성하여 반환한다.

④ In [3]에서 Y에 0에서 1(포함)까지 범위에서 5개의 샘플을 균등 간격으로 계산하여 배열을 생성한다.

⑤ In [4]에서 배열 Y의 각 요소에 대하여 10^Y 을 계산하고, 자료형을 'float32'로 변경한다.

⑥ np.logspace( ) 함수를 사용하면 로그 스케일에서 균등 간격으로 샘플을 생성한다.

[step5_6] 그리드 좌표 배열생성: np.meshgrid(), np.mgrid[ ]
xx, yy = np.meshgrid(x, y, sparse = False, indexing = 'xy') # 좌표행렬

| In [1]: | ```
import numpy as np
x = np.linspace(0, 10, num = 5)
print('x = ', x)
``` |
|---|---|
| | x = [0. 2.5 5. 7.5 10.] |

| In [2]: | ```
y = np.linspace(0, 10, num = 3)
print('y = ', y)
``` |
|---|---|
| | y = [0. 5. 10.] |

| In [3]: | ```
# Cartesian, indexing = 'xy' # X[j, i], Y[j, i]
X, Y = np.meshgrid(x, y)
print('X = ', X)
print('Y = ', Y)
``` |
|---|---|
| | ```
X = [[ 0. 2.5 5. 7.5 10. ]
 [ 0. 2.5 5. 7.5 10. ]
 [ 0. 2.5 5. 7.5 10. ]]
Y = [[ 0. 0. 0. 0. 0.]
 [ 5. 5. 5. 5. 5.]
 [10. 10. 10. 10. 10.]]
``` |

| In [4]: | ```
Z = np.sqrt(X ** 2 + Y ** 2)
print('Z = ', Z)
``` |
|---|---|
| | ```
Z = [[ 0. 2.5 5. 7.5 10. ]
 [ 5. 5.59016994 7.07106781 9.01387819 11.18033989]
 [10. 10.30776406 11.18033989 12.5 14.14213562]]
``` |

| In [5]: | ```
# Matrix indexing, X1[i, j], Y1[i, j]
X1, Y1 = np.meshgrid(x, y, indexing = 'ij')
print('X1 = ', X1)
print('Y1 = ', Y1)
``` |
|---|---|
| | ```
X1 = [[ 0. 0. 0. ]
 [ 2.5 2.5 2.5]
 [ 5. 5. 5. ]
 [ 7.5 7.5 7.5]
``` |

```
[10. 10. 10. ]]
Y1 = [[ 0. 5. 10.]
 [ 0. 5. 10.]
 [ 0. 5. 10.]
 [ 0. 5. 10.]
 [ 0. 5. 10.]]
```

In [6]:
```
Z1 = np.sqrt(X1 ** 2 + Y1 ** 2)
print('Z1 = ', Z1)
Z1 = [[ 0. 5. 10. ]
```

```
 [ 2.5 5.59016994 10.30776406]
 [ 5. 7.07106781 11.18033989]
 [ 7.5 9.01387819 12.5 ]
 [10. 11.18033989 14.14213562]]
```

In [7]:
```
X2, Y2 = np.mgrid[0:10:5j, 0:10:3j]
print('X2 = ', X2)
print('Y2 = ', Y2)
```

```
X2 = [[ 0. 0. 0. ]
 [ 2.5 2.5 2.5]
 [ 5. 5. 5. ]
 [ 7.5 7.5 7.5]
 [10. 10. 10. ]]
Y2 = [[ 0. 5. 10.]
 [ 0. 5. 10.]
 [ 0. 5. 10.]
 [ 0. 5. 10.]
 [ 0. 5. 10.]]
```

In [8]:
```
X3, Y3 = np.mgrid[0:10:5, 0:10:3]
print('X3 = ', X3)
print('Y3 = ', Y3)
```

```
X3 = [[0 0 0 0]
 [5 5 5 5]]
Y3 = [[0 3 6 9]
 [0 3 6 9]]
```

프로그램 설명

① np.meshgrid() 함수는 좌표 벡터(coordinate vectors)를 사용하여 좌표행렬(coordinate matrices)을 반환한다. 기본적으로 indexing = 'xy'인 Cartesian 인덱싱을 사용한다. 반환되는 2차원 그리드(격자) 배열의 인덱싱에서 x축, y축 순으로 인덱싱한다. 행렬에서 행-열 순서로 인덱싱하려면 indexing = 'ij'를 설정한다.

② In [1]은 [0, 10] 범위에서 균등 간격으로 num = 5인 샘플을 x 배열에 생성한다.

③ In [2]는 [0, 10] 범위를 균등 간격으로 num = 3인 샘플을 y 배열에 생성한다.

④ IIn [3]은 1차원 좌표 벡터 x, y를 사용하여 [그림 5.1]의 3×5 그리드에 대한 2차원 좌표행렬 X, Y를 생성한다([그림 5.2]). X는 그리드의 x-좌표, Y는 그리드의 y-좌표를 가지고 있다.

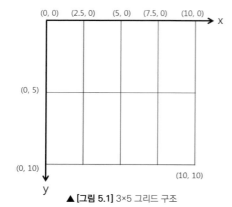

▲ [그림 5.1] 3×5 그리드 구조

X[:, :]

0	2.5	5	7.5	10
0	2.5	5	7.5	10
0	2.5	5	7.5	10

Y[:, :]

0	0	0	0	0
5	5	5	5	5
10	10	10	10	10

▲[그림 5.2] X, Y = np.meshgrid(x, y, indexing = 'xy')   # Cartesian

⑤ In [4]는 그리드 (X, Y)에서 다음 수식을 계산한다.

$$Z(X, Y) = \sqrt{X^2 + Y^2}$$

⑥ In [5]는 indexing = 'ij'로 5×3 그리드에 대한 2차원 좌표행렬 X1, Y1을 행렬 인덱싱으로 생성한다([그림 5.3]). In [6]은 그리드 (X1, Y1)에서 Z1을 계산한다. X, Y, Z와 X1, Y1, Z1은 행과 열을 교환한 전치행렬(transpose matrix) 관계이다.

X1[:, :]

0	0	0
2.5	2.5	2.5
5	5	5
7.5	7.5	7.5
10	10	10

Y1[:, :]

0	5	10
0	5	10
0	5	10
0	5	10
0	5	10

▲[그림 5.3] X1, Y1 = np.meshgrid(x, y, indexing = 'ij')   # Matrix

⑦ np.mgrid[ ]는 np.meshgrid()의 indexing = 'ij' 같이 좌표배열을 생성한다. In [7]은 X2, Y2 = np.mgrid [0:10:5j, 0:10:3j]로 5×3 그리드의 2차원 좌표행렬 X2, Y2를 생성한다. X2, Y2는 [그림 5.3]의 X1, Y1과 같다. start:stop:step에서 step이 복소수면 정수 부분은 start(포함)에서 stop(포함) 사이의 균등 간격으로 생성할 데이터의 개수를 의미한다. 예를 들어 0:10:5j는 start = 0에서 stop = 10(포함)까지 균등 간격으로 5개의 데이터 [0, 2.5, 5, 7.5, 10]를 생성한다.

⑧ In [8]은 2×4 그리드의 2차원 좌표행렬 X3, Y3을 생성한다. 0:10:5는 start = 0에서 stop = 10(안 포함) 까지 step = 5씩 증가하여 2개의 데이터 [0, 5]를 생성하고, 0:10:3은 start = 0에서 stop = 10(안 포함) 까지 step = 3씩 증가하여 4개의 데이터 [0, 3, 5, 9]를 생성한다.

[step5_7] 세로 방향 배열 쌓기/분리: np.vstack(), np.vsplit()

```
① np.vstack()        # 세로 방향으로 쌓기
② np.vsplit()        # 세로 방향 분리
```

In [1]:	`import numpy as np`
	`a = np.array([1, 2, 3])`
	`b = np.array([4, 5, 6])`
	`np.vstack((a, b))`

Out[1]:	`array([[1, 2, 3],` `        [4, 5, 6]])`

In [2]:	`A = np.vstack(([1,2,3], [4,5,6], [7, 8, 9], [10, 11, 12]))`
	`print('A = ', A)`
	
	`A = [[ 1 2 3]`
	` [ 4 5 6]`
	` [ 7 8 9]`
	` [10 11 12]]`

In [3]:	`np.vsplit(A, 2)`

Out[3]:	`[array([[1, 2, 3],`
	`        [4, 5, 6]]), array([[ 7, 8, 9],`
	`        [10, 11, 12]])]`

In [4]:	`np.vsplit(A, [2, 3])`
Out[4]:	`[array([[1, 2, 3],` `        [4, 5, 6]]), array([[7, 8, 9]]), array([[10, 11, 12]])]`

프로그램 설명

① np.vstack() 함수는 수직(row wise) 방향인 아래로 배열을 쌓아 하나의 배열을 생성한다. In [1]에서
np.vstack((a,b))은 1차원 배열 a, b를 수직 방향인 아래로 쌓아 2×3 행렬을 생성한다([그림 5.4]). In [2]
는 3개의 요소를 갖는 4개의 리스트를 행으로 쌓아, 4×3 행렬 A를 생성한다.

② np.vsplit() 함수는 세로 방향으로 배열을 분리한다. In [3]은 배열 A를 세로 방향에서 균등 간격으로 2×
3 행렬 2개로 분리하여 리스트로 반환한다([그림 5.5]).

③ In [4]는 배열 A를 세로 방향에서 [2, 3] 인덱스에 의해 A[:2], A[2:3], A[3:]의 3개의 배열로 분리한다([그
림 5.6]).

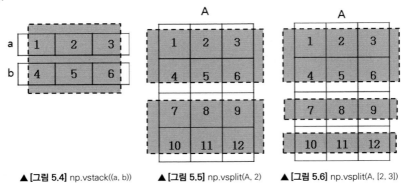

▲ [그림 5.4] np.vstack((a, b))　　▲ [그림 5.5] np.vsplit(A, 2)　　▲ [그림 5.6] np.vsplit(A, [2, 3])

[step5_8] 가로 방향 배열 쌓기/분리: np.hstack(), np.hsplit()	
① np.hstack()	# 가로 방향으로 쌓기
② np.hsplit()	# 가로 방향 분리

In [1]:	import numpy as np a = np.array([1, 2, 3]) b = np.array([4, 5, 6]) np.hstack((a,b))
Out[1]:	array([1, 2, 3, 4, 5, 6])
In [2]:	c = np.array([[1],[2],[3]]) d = np.array([[4],[5],[6]]) np.hstack((c, d))
Out[2]:	array([[1, 4], 　　　　[2, 5], 　　　　[3, 6]])

In [3]:	A = np.arange(8).reshape(2, 4) print('A = ', A)
Out[3]:	A = [[0 1 2 3] [4 5 6 7]]
In [4]:	np.hsplit(A, 2) # np.split(A, 2)
Out[4]:	[array([[0, 1], [4, 5]]), array([[2, 3], [6, 7]])]
In [5]:	np.hsplit(A, [2, 3])
Out[5]:	[array([[0, 1], [4, 5]]), array([[2], [6]]), array([[3], [7]])]

프로그램 설명

① np.hstack() 함수는 수평(column wise) 방향인 오른쪽 옆으로 배열을 쌓아 하나의 배열을 생성한다. In [1]에서 np.hstack((a,b))은 1차원 배열 a, b를 수평으로 쌓아서 배열 요소가 6개인 1차원 배열을 생성한다([그림 5.7]). In [2]에서 np.hstack((c, d))은 3×1 배열(행렬) c, d를 수평으로 쌓아서 3×2 행렬을 생성한다([그림 5.8]).

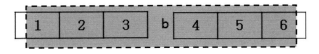

▲ [그림 5.7] np.hstack((a,b))

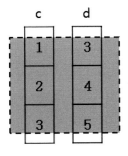

▲ **[그림 5.8]** np.hstack((c,d))

② In [3]은 0부터 7까지 값을 갖는 2×4 배열 A를 생성한다.

③ In [4]는 배열 A를 수평으로 균등 간격인 2×2 배열 2개로 분리하여 리스트로 반환한다([그림 5.9]).

④ In [5]는 리스트 [2, 3]에 의해 A[:, :2], A[:, 2:3], A[:, 3:]의 3개의 배열로 분리하여 리스트로 반환한다 ([그림 5.10]).

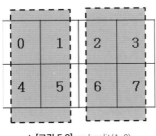

▲ [그림 5.9] np.hsplit(A, 2)

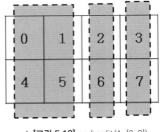

▲ [그림 5.10] np.hsplit(A, [2, 3])

[step5_9] 배열 쌓기, 연결, 블록: np.stack(), np.concatenate(), np.block()	
① np.stack(arrays, axis = 0, out = None)	
② np.concatenate((a1, a2, ...), axis = 0, out = None)	
③ np.block(arrays)	

In [1]:	`import numpy as np`
	`a = np.array([1, 2, 3])`
	`b = np.array([4, 5, 6])`
	`np.stack((a, b))` `# axis = 0, np.vstack((a, b))`

Out[1]:	`array([[1, 2, 3],` `       [4, 5, 6]])`
In [2]:	`np.stack((a, b), axis = 1)`

Out[2]:	`array([[1, 4],`
	`       [2, 5],`
	`       [3, 6]])`

In [3]:	`A = np.stack((a, b), axis = 1)` `np.concatenate((A, A*10))` `# axis = 0`

Out[3]:	`array([[ 1, 4],`
	`       [ 2, 5],`
	`       [ 3, 6],`
	`       [10, 40],`
	`       [20, 50],`
	`       [30, 60]])`

In [4]:	np.concatenate((A, A * 10), axis = 1)
Out[4]:	array([[1, 4, 10, 40],
	[2, 5, 20, 50],
	[3, 6, 30, 60]])
In [5]:	np.concatenate((A, A * 10), axis = 1)
	np.split(B, 2, axis = 1) # np.hsplit(B, 2)
Out[6]:	[array([[1, 4],
	[2, 5],
	[3, 6]]), array([[10, 40],
	[20, 50],
	[30, 60]])]
In [7]:	np.block([[np.zeros((2, 3)), np.ones((2, 3))],
	[np.ones((3, 3)) + 1, np.ones((3, 3)) + 2]])
Out[7]:	array([[0., 0., 0., 1., 1., 1.],
	[0., 0., 0., 1., 1., 1.],
	[2., 2., 2., 3., 3., 3.],
	[2., 2., 2., 3., 3., 3.],
	[2., 2., 2., 3., 3., 3.]])

프로그램 설명

① np.stack( ), np.concatenate( ), np.block( )은 보다 일반적
으로 배열을 생성한다. In [1]에서 np.stack((a, b))은 1차
원 배열 a, b를 axis−0축으로 쌓아 2×3 배열을 생성한다.
np.vstack((a, b))과 같다.

② In [2]는 1차원 배열 a, b를 axis−1축으로 쌓아 3×2 배열
을 생성한다. 반면, np.hstack((a, b))은 1차원 배열을 생성
한다.

③ In [3]에서 In [2]와 같은 3×2 배열을 A에 저장하고,
np.concatenate((A, A×10))로 A와 A×10을 axis−0축으
로 쌓아 6×2 배열을 생성한다([그림 5.11]).

④ In [4]는 A와 A * 10을 axis−1축으로 쌓아 3×4 배열을 생
성한다([그림 5.12]).

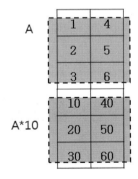

▲ [그림 5.11] np.concatenate((A, A * 10), axis = 0)

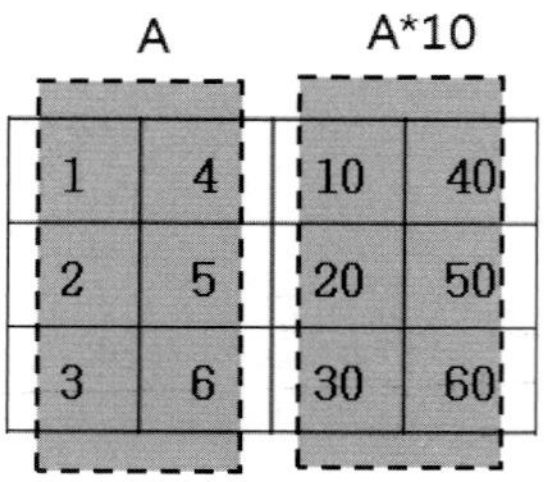

▲ [그림 5.12] np.concatenate((A, A * 10), axis = 1)

⑤ In [5]에서 In [4]와 같은 3×4 배열을 B에 저장하고, np.split(B, 2, axis = 1)로 axis-1축을 2개의 3×2 배열로 분리한다.

⑥ In [6]은 np.block()으로 5×6 배열을 생성한다([그림 5.13]).

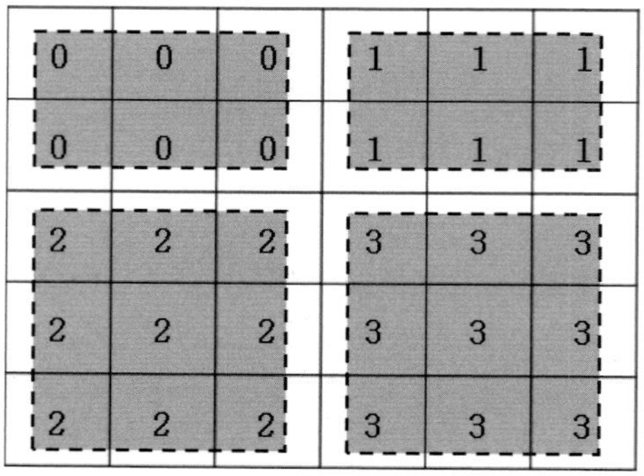

▲ [그림 5.13] np.block([[np.zeros((2, 3)), np.ones((2, 3))], [np.ones((3, 3)) + 1, np.ones((3, 3)) + 2]])

Step 06 — 배열의 축과 모양 변경

넘파이 배열의 차원(dimension), 모양(shape), 축(axis)은 서로 관련이 있다. [그림 6.1]은 1차원 배열과 2차원 배열 그리고 3차원 배열의 차원(dimension)과 모양(shape), 축(axis)을 설명한다.

1차원 배열 A는 하나의 축(axis-0)이 있다. 2차원 배열 B는 2개의 축(axis-0, axis-1)이 있다. 3차원 배열 C는 3개의 축(axis-0, axis-1, axis-2)이 있다. 즉, 모양의 순서가 축의 순서이다.

넘파이 배열에서 ndarray.reshape(), ndarray.ravel(), ndarray.flatten() 함수 등은 배열의 모양을 변경한다. ndarray.T, ndarray.transpose(), ndarray.swapaxes() 함수는 행과 열을 교환하여 전치행렬을 반환한다.

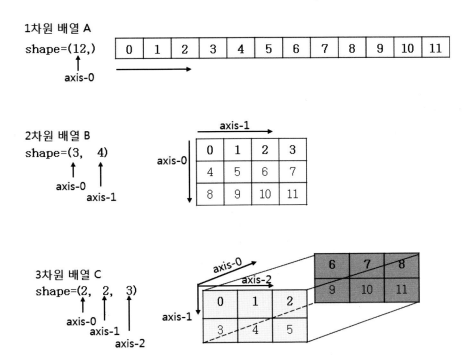

▲ [그림 6.1] 배열의 차원, 모양, 축

[step6_1] 배열의 모양 변경: ndarray.reshape()	
In [1]:	import numpy as np A = np.arange(10) print('A = ', A)
	A = [0 1 2 3 4 5 6 7 8 9]
In [2]:	B = A.reshape((2, 5)) print('B = ', B)
	B = [[0 1 2 3 4] [5 6 7 8 9]]

In [3]:	C = A.reshape((2, -1)) print('C = ', C)
	C = [[0 1 2 3 4] [5 6 7 8 9]]
In [4]:	D = A.reshape((-1, 2)) print('D = ', D)
	D = [[0 1] [2 3] [4 5] [6 7] [8 9]]

프로그램 설명

① ndarray.reshape()는 배열의 모양을 변경한다. In [1]에서 A = np.arange(10)는 1차원 배열 A를 생성한다. In [2]에서 B = A.reshape((2, 5))는 배열 A의 요소를 (2, 5)의 2차원 배열로 변경하여 B는 2×5 배열이다.

② shape의 값 중 하나를 음수(대부분 −1을 사용)를 사용하면 전체 요소의 수를 고려하여 적절히 계산한다. In [3]에서 배열 C는 2×5 배열이다. In [4]에서 배열 D는 5×2 배열이다.

[step6_2] 차원 확장: np.newaxis	
In [1]:	import numpy as np A = np.arange(10) print('A.shape = ', A.shape)
	A.shape = (10,) A = [0 1 2 3 4 5 6 7 8 9]

In [2]:	B = A[:, np.newaxis] # A.reshape((-1, 1))
	print('B.shape = ', B.shape)

	B.shape = (10, 1)

In [3]:	C = A[np.newaxis, :] # A.reshape((1, -1))
	print('C.shape = ', C.shape)

	C = [[0 1 2 3 4 5 6 7 8 9]]
In [4]:	D = A.reshape(2, 5) print('D = ', D) E = D[:, np.newaxis, :]　　　# D.reshape(2, 1, 5) print('E.shape = ', E.shape)
	D = [[0 1 2 3 4] 　[5 6 7 8 9]] E.shape = (2, 1, 5)

프로그램 설명

① 배열의 인덱스에 np.newaxis를 사용하면 해당 축을 확장한다. 메모리는 공유한다.

② In [1]에서 배열 A는 모양이 A.shape = (10,)인 1차원 배열이다.

③ In [2]에서 A[:, np.newaxis]는 A.reshape((-1, 1))와 같다. A에 axis-1 축을 추가하여 생성한 행렬 B는 모양이 B.shape = (10, 1)인 2차원 배열이다.

④ In [3]에서 A[np.newaxis, :]는 A.reshape((1, -1))와 같다. A에 axis-0 축을 추가하여 생성한 행렬 B는 B.shape = (1, 10)인 2차원 배열이다.

⑤ In [4]에서 배열 D는 모양이 D.shape = (2, 5)인 2차원 배열이다. D[:, np.newaxis, :]에 의해 A에 axis-1 축을 추가하여 생성한 배열 E는 E.shape = (2, 1, 5)인 3차원 배열이다. D[:, np.newaxis, :]는 D.reshape(2, 1, 5)와 같다.

[step6_3] 1차원 배열로 변경: ndarray.flatten(), ndarray..ravel()	
In [1]:	import numpy as np A = np.arange(8).reshape(2, 4) print('A = ', A)
	A = [[0 1 2 3] 　[4 5 6 7]]
In [2]:	A.flatten()　　　# A.ravel(), np.ravel(A)
Out[2]:	array([0, 1, 2, 3, 4, 5, 6, 7])
In [3]:	A.reshape(-1)

Out[3]:	array([0, 1, 2, 3, 4, 5, 6, 7])

프로그램 설명

① ndarray.ravel(), ndarray.flatten(), np.ravel(), ndarray.reshape(−1)는 모두 다차원 배열을 1차원으로 변경한다.

② ndarray.ravel()는 메모리를 공유하고, ndarray.flatten()은 메모리를 공유하지 않고 복사한 배열을 생성한다(참고: [step7_3]). np.ravel()은 np.ravel((1, 2, 3)), np.ravel([1, 2, 3])과 같이 튜플이나 리스트 형식의 인수가 주어지면 복사본을 생성한다.

③ A.flatten(), A.ravel(), np.ravel(A), A.reshape(−1)은 모두 1차원 배열로 변환한다.

	[step6_4] 전치행렬과 축 교환: A.T, A.transpose(), A.swapaxes()

In [1]:	`import numpy as np`
	`A = np.arange(8).reshape(2, 4)`
	`print('A = ', A)`

	A = [[0 1 2 3] [4 5 6 7]]
In [2]:	`A.T`
Out[2]:	array([[0, 4], [1, 5], [2, 6], [3, 7]])
In [3]:	`A.transpose()` # A.transpose((1, 0)), A.swapaxes(1, 0)
Out[3]:	array([[0, 4], [1, 5], [2, 6], [3, 7]])

프로그램 설명

① ndarray.T는 배열의 전치행렬로 배열과 메모리를 공유한다. In [2]에서 A.T는 배열 A의 전치행렬 속성이다. A와 A.T는 같은 메모리를 공유한다.

② In [3]에서 A.transpose()는 전치행렬을 반환한다. A.transpose((1, 0)), A.swapaxes(1, 0)는 1-축(axis)과 0-축을 교환하여 전치행렬을 반환한다. 축의 개수가 차원이고, 축의 번호는 인덱싱 순서와 같다. 2차원 배열에서 0-축은 행(row)이고, 1-축은 열(column)이다. A.T, A.transpose(), A.swapaxes() 모두 배열의 뷰(view)를 반환한다. 즉, 메모리를 공유한다.

Step 07 ── 배열 인덱싱과 슬라이싱

파이썬의 시퀀스 데이터와 같이 인덱싱에 의해 넘파이 배열 요소를 접근하고, 슬라이싱에 의해 부분 배열생성한다. 배열을 슬라이싱하여 생성한 부분 배열은 원본 배열과 메모리를 공유한다.

[step7_1] 배열 인덱싱	
In [1]:	```import numpy as np\nA = np.arange(10)\nprint('A = ', A)```
	A = [0 1 2 3 4 5 6 7 8 9]
In [2]:	A[0]
Out[2]:	0
In [3]:	A[-1] # A[9]
Out[3]:	9
In [4]:	```B = A.reshape(2, -1)\nprint('B=', B)```

	B= [[0 1 2 3 4] [5 6 7 8 9]]

In [5]:	B[1, 0] = 10 # B[1][0] = 10
	 print('A=', A)
	 print('B=', B)

	A= [0 1 2 3 4 10 6 7 8 9] B= [[0 1 2 3 4] [10 6 7 8 9]]

프로그램 설명

① In [1]에서 요소가 10개인 1차원 배열 A를 생성한다. In [2]에서 A[0]은 배열 A의 첫 번째 요소의 값으로 0이다. In [3]에서 A[−1] 또는 A[9]는 배열 A의 마지막 요소의 값으로 9이다.

② In [4]에서 배열 A의 모양을 변경하여 2×5 배열 B를 생성한다. 배열 A와 배열 B는 메모리를 공유한다.

③ 2차원 배열 B의 i 행, j 열의 요소는 B[i, j] 또는 B[i][j]로 접근한다. In [5]에서 B[1, 0] = 10은 배열 B가 배열 A와 메모리를 공유하기 때문에 A[5]의 값을 10으로 변경한다.

[step7_2] 1차원 배열의 슬라이싱	
In [1]:	import numpy as np A = np.arange(1, 10) print('A = ', A)
	A = [1 2 3 4 5 6 7 8 9]
In [2]:	A[:5] # A[0:5]
Out[2]:	array([1, 2, 3, 4, 5])
In [3]:	A[::-1]
Out[3]:	array([9, 8, 7, 6, 5, 4, 3, 2, 1])
In [4]:	A[:5] = 0 print('A = ', A)
	A = [0 0 0 0 0 6 7 8 9]

In [5]:	B = A[5:] # B는 A[5:]와 메모리 공유함
	B[0] = 10
	print('A = ', A)
	print('B = ', B)

	A = [0 0 0 0 0 10 7 8 9] B = [10 7 8 9]

In [6]:	C = A[5:].copy() # 복사본을 만들면 A와 메모리 공유안함
	C[0] = 20 # A[5]값이 변경되지 않음
	print('A = ', A)
	print('C = ', C)

	A = [0 0 0 0 0 10 7 8 9] C = [20 7 8 9]

프로그램 설명

① In [1]에서 9개의 요소를 갖는 1차원 배열 A를 생성한다. In [2]에서 A[:5] 또는 A[0:5]는 배열 A를 슬라이싱하여 부분 배열 array([1, 2, 3, 4, 5])을 생성한다. In [3]에서 A[::-1]은 배열 A의 역순 배열을 생성한다.

② In [4]에서 A[:5] = 0은 A[0]에서 A[4]까지 값을 0으로 변경한다.

③ In [5]에서 배열 B는 A[5:]와 메모리 공유한다. B[0] = 10은 메모리를 공유하기 때문에 A[5]의 값을 10으로 변경한다.

④ In [6]에서 C = A[5:].copy()는 슬라이싱 결과에 대한 복사본을 만들어서 C는 A와 메모리를 공유하지 않는다. 따라서 C[0] = 20은 A[5] 값을 변경하지 않는다.

[step7_3] ndarray.flatten()과 ndarray.ravel()의 차이

In [1]:	import numpy as np A = np.arange(8).reshape(2, 4) B = A.ravel() # A, B는 메모리 공유, B=array([0, 1, 2, 3, 4, 5, 6, 7]) B[:3] = 10 print('A = ', A) print('B = ', B)

	A = [[10 10 10 3] [4 5 6 7]] B = [10 10 10 3 4 5 6 7]
In [2]:	A = np.arange(8).reshape(2, 4) C = A.flatten() # A, C는 메모리 공유하지 않음 C[:3] = 10 print('A = ', A) print('C = ', C)
	A = [[0 1 2 3] [4 5 6 7]] C = [10 10 10 3 4 5 6 7]

프로그램 설명

① In [1]에서 2×4 행렬의 배열 A를 생성하고, B = A.ravel()로 A를 1차원 배열로 변형하여 배열 B를 생성한다. 배열 A와 B는 메모리를 공유한다. B[:3] = 10은 메모리를 공유하기 때문에 B[0], B[1], B[2]와 A[0, 0], A[0, 1], A[0, 2]의 값이 10으로 변경된다.

② In [2]에서 2×4 행렬의 배열 A를 생성하고, C = A.flatten()로 A를 1차원 배열로 변형하고, 복사하여 배열 C를 생성한다. 배열 A, C는 메모리를 공유하지 않는다. C[:3] = 10은 메모리를 공유하지 않기 때문에 배열 A의 값을 변경하지 않는다.

[step7_4] 2차원 배열의 슬라이싱	
In [1]:	import numpy as np A= np.arange(12).reshape((3, 4)) print('A = ', A)
	A = [[0 1 2 3] [4 5 6 7] [8 9 10 11]]
In [2]:	A[:, 0]
Out[2]:	array([0, 4, 8])
In [3]:	A[:, :1]

Out[3]:	array([[0],
	        [4],
	        [8]])

In [4]:	A[:, 1:3]

Out[4]:	array([[1, 2],
	        [5, 6],
	        [9, 10]])

In [5]:	B = A[:, 1:3].copy() print('B = ', B)
	B = [[1 2] [5 6] [9 10]]
In [6]:	A[:, 1:3] = -1 print('A = ', A) print('B = ', B)
	A = [[0 -1 -1 3] [4 -1 -1 7] [8 -1 -1 11]] B = [[1 2] [5 6] [9 10]]
In [7]:	A[:, 1:3] = B print('A = ', A)
	A = [[0 1 2 3] [4 5 6 7] [8 9 10 11]]

프로그램 설명

① [1]에서 3×4 배열 A를 생성한다.

② In [2]에서 A[:, 0]은 A의 0-열을 슬라이싱하여 1차원 배열로 반환한다.

③ In [3]에서 A[:, :1]은 A의 0-열을 슬라이싱하여 3×1 배열을 생성한다.

④ In [4]에서 A[:, 1:3]은 A의 1-열과 2-열을 슬라이싱하여 3×2 배열을 생성한다.

⑤ In [5]에서 A의 1-열과 2-열을 슬라이싱한 결과를 복사하여 3×2 배열 B를 생성한다. 배열 A와 B는 복사하였기 때문에 메모리를 공유하지 않는다.

⑥ In [6]에서 A[:, 1:3] = -1은 A의 1-열과 2-열의 값을 -1로 변경한다. 배열 A와 B는 메모리를 공유하지 않기 때문에, 배열 B의 값은 변경되지 않는다.

⑦ In [7]에서 A[:, 1:3] = B는 A의 1-열과 2-열을 배열 B의 값으로 변경한다.

[step7_5] 배열을 이용한 인덱싱

In [1]:	```import numpy as np```
	 ```A = np.arange(10, 20)```
	 ```print('A = ', A)```

	A = [10 11 12 13 14 15 16 17 18 19]
In [2]:	A[np.array([3, 1, 2])] # A[[3, 1, 2]]
Out[2]:	array([13, 11, 12])
In [3]:	A[np.array([1, 2])] = -1 print('A = ', A)
	A = [10 -1 -1 13 14 15 16 17 18 19]
In [4]:	B = np.arange(12).reshape((3, -1)) # 3 x 4 B[np.array([0, 0, 0]), np.array([0, 1, 2])] = -1 print('B = ', B)
	B = [[-1 -1 -1 3] [4 5 6 7] [8 9 10 11]]
In [5]:	np.ix_(np.array([0, 1, 2]), np.array([0, 1, 2]))
Out[5]:	(array([[0], [1], [2]]), array([[0, 1, 2]]))
In [6]:	B[np.ix_(np.array([0, 1, 2]), np.array([0, 1, 2]))]
Out[6]:	array([[-1, -1, -1], [4, 5, 6], [8, 9, 10]])

프로그램 설명

① In [1]은 1차원 배열 A를 생성한다.

② In [2]에서 A[np.array([3, 1, 2])]는 A[3], A[1], A[2]의 값을 요소로 하는 배열 array([13, 11, 12])를 생성한다.

③ In [3]에서 A[np.array([1, 2])] = −1은 A[1]과 A[2]의 값을 −1로 변경한다.

④ In [4]에서 3×2 배열 B를 생성한다. B[np.array([0, 0, 0]), np.array([0, 1, 2])] = −1은 B[0, 0], B[0, 1], B[0, 2]의 값을 −1로 변경한다.

⑤ In [5]에서 np.ix_()는 배열 인덱스를 튜플로 반환한다. In [6]에서 B[np.ix_(np.array([0, 1, 2]), np.array([0, 1, 2]))]는 B[0:3, 0:3]을 반환한다.

[step7_6] 불리안 인덱싱	

In [1]:	```iimport numpy as np```
	```A = np.array([-1, 2, 1, -2, -3])```
	```print(A < 0)```

	[True False False True True]
In [2]:	```A[A < 0] = 0``` ```print('A=', A)```
	A= [0 2 1 0 0]
In [3]:	```A[A != 0]```
Out[3]:	array([2, 1])
In [4]:	```A[~(A == 0)]```
Out[4]:	array([2, 1])

In [5]:	```B= np.array([[0, 1, 2], [3, 4, 5], [2, 1, 0]])```
	```mask = np.array([False, False, False, True, False, False])```
	```C = mask[B]```
	```print('C = ', C)```

	C = [[False False False] [True False False] [False False False]]

프로그램 설명

① In [1]에서 A 〈 0은 배열 A에서 음수인 요소는 True, 음수가 아닌 요소는 False인 불리안 배열을 생성한다.

② In [2]에서 A[A 〈 0] = 0은 배열 A에서 음수인 요소를 0으로 변경한다.

③ In [3]에서 A[A != 0]과 In [4]에서 A[~(A == 0)]은 배열 A에서 요소가 0이 아닌 요소를 배열로 생성한다.
불리안 조건을 위해 〈, 〈=, 〉, 〉=, !=, ==, ~ 등의 연산자를 사용할 수 있다. ~는 부정 연산자이다.

④ In [5]에서 mask는 1차원 불리안 배열이다. C = mask[B]는 배열 B의 각 요소에 대하여 mask[B[i, j]]를
요소로 갖는 배열 B와 같은 크기의 3×3 불리안 배열 C를 생성한다.

[step7_7] 인덱스 배열: np.indices(dimensions, dtype = 〈class 'int'〉)	
In [1]:	import numpy as np row, col = np.indices((4, 5))
In [2]:	row

Out[2]:	array([[0, 0, 0, 0, 0],
	        [1, 1, 1, 1, 1],
	        [2, 2, 2, 2, 2],
	        [3, 3, 3, 3, 3]])

In [3]:	col

Out[3]:	array([[0, 1, 2, 3, 4],
	        [0, 1, 2, 3, 4],
	        [0, 1, 2, 3, 4],
	        [0, 1, 2, 3, 4]])

In [4]:	A = (row >= 1) & (row <= 2) B = (col >= 1) & (col <= 3) C = A | B C

Out[4]:	array([[False, True, True, True, False],
	        [True, True, True, True, True],
	        [True, True, True, True, True],
	        [False, True, True, True, False]])

In [5]:	D = np.zeros(A.shape) D[C] = 1 D

Out[5]:	array([[0, 1, 2, 3, 4],
	        [0, 1, 2, 3, 4],
	        [0, 1, 2, 3, 4],
	        [0, 1, 2, 3, 4]])

프로그램 설명

① In [1]에서 np.indices()로 2차원 배열 4×5 크기의 인덱스 배열 row와 col을 생성한다.

② In [2]는 인덱스 배열 row를 보여준다.

③ In [3]은 인덱스 배열 col를 보여준다.

④ In [4]에서 1행과 2행이 True인 배열 A를 생성한다. 1, 2, 3열의 값이 True인 배열 B를 생성한다. A | B 인 배열 C를 생성한다.

⑤ In [5]에서 배열 A와 모양이 같은 4×5 크기의 0으로 초기화된 2차원 행렬 D를 생성한다. D[C] = 1은 배 열 C의 값이 True인 항목을 모두 1로 변경한다.

Step 08 ─ 배열 요소별 연산

넘파이 배열의 산술연산, 비교(관계)연산, 논리연산, 비트연산은 배열의 요소별(element-by-element) 로 연산한다. 그러므로 배열의 모양이 같아야 계산을 할 수 있지만, 넘파이는 배열의 모양이 다른 경우 배 열확장(broadcasting)이 성공하면 요소별 연산이 가능하다. [Step 09]에서 배열확장에 의한 배열과 스 칼라 상수 사이의 연산을 설명하고, [Step 10]에서 일반적인 배열확장에 대하여 설명한다.

이 단계에서는 같은 모양의 배열 요소별 산술연산(+, −, *, /, //, %, **), 비교연산(<, <=, >, >=, !=, ==), np.logical_and(), np.logical_or(), np.logical_not()에 의한 논리연산 그리고 비트연산(<<, >>, &, |, ~, ^) 등을 설명한다.

[step8_1] 산술연산	
In [1]:	import numpy as np A = np.array([10, 20, 30, 40]) B = np.array([1, 2, 3, 4])
In [2]:	A + B
Out[2]:	array([11, 22, 33, 44])
In [3]:	A - B
Out[3]:	array([9, 18, 27, 36])
In [4]:	A * B
Out[4]:	array([10, 40, 90, 160])
In [5]:	A / B # 실수 나누기
Out[5]:	array([10., 10., 10., 10.])
In [6]:	A // B # 정수 나누기
Out[6]:	array([10, 10, 10, 10], dtype=int32)
In [7]:	A % B
Out[7]:	array([0, 0, 0, 0], dtype=int32)
In [8]:	A ** B
Out[8]:	array([10, 400, 27000, 2560000], dtype=int32)
In [9]:	C = np.array([1, 2, 3]) A + C
Out[9]:	--- ValueError Traceback (most recent call last) <ipython−input−10−655d195a82ae> in <module>() 1 C = np.array([1, 2, 3]) ----> 2 A + C ValueError: operands could not be broadcast together with shapes (4,) (3,)

프로그램 설명

① A + B, A − B, A * B, A / B, A // B, A % B, A ** B는 1차원 배열 A와 B의 요소별(element−wise) 산술 연산을 수행한다. [그림 8.1]은 A + B의 산술연산이다.

A	10	20	30	40

B	1	2	3	4

A+B	10+1	20+2	30+3	40+4

▲[그림 8.1] A + B 산술연산

② In [9]에서 1차원 배열 A의 모양은 (4,)이고, 배열 B의 모양은 (3,)으로 A + B 연산을 할 수 없다. 넘파이는 배열의 모양이 같지 않은 경우, 배열확장을 시도한다. 배열확장을 할 수 없는 경우이다. 배열확장은 [Step 10]에서 자세히 설명한다.

[step8_2] 비교연산	
In [1]:	import numpy as np A = np.array([1, 4, 5, 6]) B = np.array([2, 3, 5, 7])
In [2]:	A < B
Out[2]:	array([True, False, False, True])
In [3]:	A <= B
Out[3]:	array([True, False, True, True])
In [4]:	A >= B # ~(A<B)
Out[4]:	array([False, True, True, False])
In [5]:	~(A < B)
Out[5]:	array([False, True, True, False])
In [6]:	A == B

Out[6]:	array([False, False, True, False])
In [7]:	A != B
Out[7]:	array([True, True, False, True])

프로그램 설명

① A < B, A <= B, A >= B, A == B, A != B의 비교연산결과는 불리안 배열이다. [그림 8.2]는 A < B의 비교연산이다.

A	1	4	5	6

B	2	3	5	7

A<B	1<2	4<3	5<5	6<7

▲[그림 8.2] A < B 연산

② In [5]에서 ~는 비트 부정(NOT) 연산자이다. ~(A < B)는 A >= B와 같다.

[step8_3] 논리연산	
In [1]:	import numpy as np A = np.array([1, 4, 5, 6]) B = np.array([2, 3, 5, 7]) C = np.array([3, 4, 5, 6])
In [2]:	np.logical_and(A<B, B<C)
Out[2]:	array([True, False, False, False])
In [3]:	np.logical_or(A<B, B<C)
Out[3]:	array([True, True, False, True])
In [4]:	np.logical_not(A<B)
Out[4]:	array([False, True, True, False])

프로그램 설명

① np.logical_and()는 논리곱(AND), np.logical_or()는 논리합(OR), np.logical_not()은 논리부정(NOT) 연산이다.

② [그림 8.3]은 배열 A, B, C 사이의 논리연산이다.

A	1	4	5	6

B	2	3	5	7

C	3	4	5	6

A<B	True	False	False	True

B<C	True	True	False	False

A<B and B<C	True	False	False	False

A<B or B<C	True	True	False	True

not A<B	False	True	True	False

▲[그림 8.3] 논리연산

[step8_4] 비트연산

In [1]:	```import numpy as np```

```
import numpy as np
A = np.array([-1, -2, -3, -4], dtype = np.int8)
B = np.array([1, 2, 3, 4], dtype = np.int8)
```

In [2]:
```
vec_bin = np.vectorize(np.binary_repr)
vec_bin(A, width = 8)
```

Out[2]: array(['11111111', '11111110', '11111101', '11111100'], dtype='<U8')

In [3]:	vec_bin(B, width = 8)
Out[3]:	array(['00000001', '00000010', '00000011', '00000100'], dtype='<U8')

In [4]:	# np.bitwise_not(A), np.invert(A)
	vec_bin(~A, width = 8)

Out[4]:	array(['00000000', '00000001', '00000010', '00000011'], dtype='<U8')

In [5]:	# np.bitwise_and(A, B)
	vec_bin(A & B, width = 8)

Out[5]:	array(['00000001', '00000010', '00000001', '00000100'], dtype='<U8')

In [6]:	# np.bitwise_or(A, B)
	vec_bin(A | B, width = 8)

Out[6]:	array(['11111111', '11111110', '11111111', '11111100'], dtype='<U8')

In [7]:	# np.bitwise_xor(A, B)
	vec_bin(A ^ B, width = 8)

Out[7]:	array(['11111110', '11111100', '11111110', '11111000'], dtype='<U8')

In [8]:	# np.left_shift(A, B)
	vec_bin(A << B, width = 8)

Out[8]:	array(['11111110', '11111000', '11101000', '11000000'], dtype='<U8')

In [9]:	# np.right_shift(A, B)
	vec_bin(A >> B, width = 8)

Out[9]:	array(['11111111', '11111111', '11111111', '11111111'], dtype='<U8')

프로그램 설명

① In [1]에서 np.int8로 8비트 정수를 갖는 1차원 배열 A와 B를 생성한다.

② In [2]에서 np.binary_repr()는 정수 스칼라의 2진수 표현을 문자열로 반환한다. 정수 배열의 모든 요소에 대하여 np.binary_repr()를 적용하기 위하여 np.vectorize(np.binary_repr)로 벡터화하여 vec_bin에 저장한다.

vec_bin(A, width = 8)은 정수 배열 A의 각 요소에 np.binary_repr()를 적용하여 길이 8의 2진수 문자열을 갖는 문자열 배열을 생성한다. 예를 들어, −1의 이진수 문자열은 2의 보수표현으로 '11111111'이다. In [3]은 배열 B의 이진수 문자열을 반환한다.

③ ~A는 배열 A의 각 요소의 비트 부정(NOT), A & B는 배열 A와 B의 각 요소의 비트별(bit-wise) 논리 곱, |는 논리합(OR), ^는 배타적 논리합(XOR), 《는 왼쪽 시프트, 》는 오른쪽 시프트 연산을 수행한다. np.int8처럼 부호가 있는 정수 배열이면 오른쪽 시프트(》) 연산은 왼쪽에서 부호 비트가 추가된다. 예를 들어 −1 》 1은 부호 비트 1이 왼쪽에서 1개 추가되고, 오른쪽의 1개의 1이 없어져 '11111111'이다.

A	1111 1111	1111 1110	1111 1101	1111 1100
B	0000 0001	0000 0010	0000 0011	0000 0100
~A	0000 0000	0000 0001	0000 0010	0000 0011
A&B	0000 0001	0000 0010	0000 0001	0000 0100
A>>B	1111 1111	1111 1111	1111 1111	1111 1111
	-1>>1	-2>>2	-3>>3	-4>>4

▲[그림 8.4] 비트연산

Step 09 ─ 배열과 스칼라 연산

넘파이 배열 요소별(element-by-element) 연산은 배열의 모양이 같아야 계산을 할 수 있다. 그러나 넘파이는 배열의 모양이 다른 경우 배열확장(broadcasting)이 가능하면 연산을 할 수 있다.

이 단계에서는 스칼라 상수 10과 1차원, 2차원, 3차원 배열의 덧셈을 예제로 설명한다. 배열과 스칼라 사이는 산술연산, 비교연산, 논리연산, 비트연산 등 [Step 08]의 모든 연산이 가능하다.

[step9_1] 배열과 스칼라 연산

| In [1]: | ```
import numpy as np
A = np.arange(12)
``` |
|---|---|
```

In [2]:
```
A + 10
```
Out[2]:
```
array([10, 11, 12, 13, 14, 15, 16, 17, 18, 19, 20, 21])
```
In [3]:
```
B = A.reshape((4, 3))
B + 10
```
Out[3]:
```
array([[10, 11, 12],
       [13, 14, 15],
       [16, 17, 18],
       [19, 20, 21]])
```
In [4]:
```
C = A.reshape((2, 2, 3))
C + 10
```
Out[4]:
```
array([[[10, 11, 12],
        [13, 14, 15]],

       [[16, 17, 18],
        [19, 20, 21]]])
```

프로그램 설명

① In [1]에서 1차원 배열 A를 생성한다. In [2]는 10을 배열 A와 같은 모양 (12,)으로 확장([그림 9.1]에서 음영 부분)하여, 요소별 덧셈을 한다([그림 9.1]).

A
0 1 2 3 4 5 6 7 8 9 10 11
10
10 10 10 10 10 10 10 10 10 10 10 10
A+10
10 11 12 13 14 15 16 17 18 19 20 21

▲[그림 9.1] 1차원 배열: A + 10

② In [3]은 A의 모양을 (4, 3)로 변경하여 2차원 배열 B를 생성한다. 2차원 배열 B와 10의 덧셈은 10을 배열 B와 같은 모양으로 확장([그림 9.2]에서 음영 부분)하여, 요소별 덧셈을 한다([그림 9.2]).

A
0 1 2
3 4 5
6 7 8
9 10 11
+
10
10 10 10
10 10 10
10 10 10
10 10 10
=
A + 10
10 11 12
13 14 15
16 17 18
19 20 21

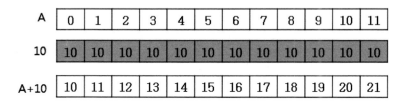

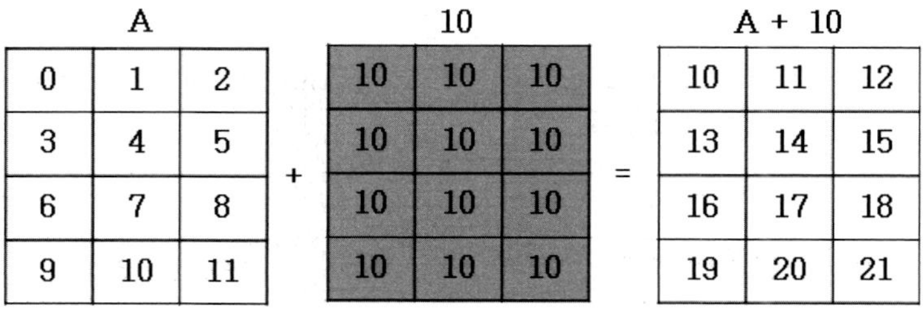

▲[그림 9.2] 2차원 배열: A + 10

③ In [4]는 A의 모양을 (2, 2, 3)으로 변경하여 3차원 배열 C를 생성한다. 3차원 배열 C와 10의 덧셈은 10 을 배열 C와 같은 모양으로 확장([그림 9.3]에서 음영 부분)하여, 요소별 덧셈을 한다([그림 9.3]).

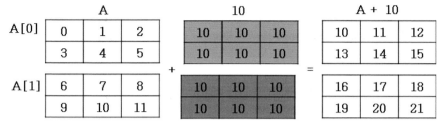

▲**[그림 9.3]** 3차원 배열: A + 10

Step 10 ○ 배열확장(broadcasting)

넘파이 배열의 요소별(element-by-element)로 산술연산, 비교연산, 논리연산, 비트연산은 기본적으로 배열의 모양(shape)이 같아야 한다. 그러나, 넘파이는 배열확장(broadcasting)이 가능한 경우, 서로 다른 모양의 배열 요소별 연산이 가능하다. 예를 들어, [Step 09]에서 스칼라의 배열확장에 관하여 설명하였다. 이 단계에서는 모양이 다른 배열의 확장에 대하여 자세히 설명한다.

넘파이 배열이 확장 가능해지려면, 배열 모양의 뒤쪽 차원(축)부터 비교를 시작해서 앞으로 비교하면서, 다음 두 조건 중에서 하나를 만족해야 한다.

① 두 배열의 대응하는 차원(축)의 크기가 같다.
② 차원(축)의 크기 둘 중 하나가 1이다.

배열확장이 가능한 경우, 낮은 차원(축)이 확장되며 배열 요소별 연산결과의 배열 모양은 각 축에서 큰 값을 갖는다(참고: https://docs.scipy.org/doc/numpy/user/basics.broadcasting.html).

[그림 10.1]은 모양 (2, 2, 3)의 3차원 배열 A와 모양 (1, 3)의 2차원 배열 B의 배열확장에 관하여 설명한다. 배열 A와 B의 축 (axis)-2의 크기가 3, 3으로 같고, 축-1의 크기가 2, 1로 둘 중 하나가 1이므로 확장할 수 있고, 배열 A와 B의 요소별 연산결과는 각 축에서 큰 값에 의해서 (2, 2, 3) 모양의 배열이 된다.

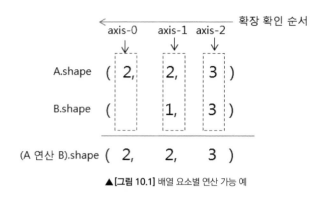

▲[그림 10.1] 배열 요소별 연산 가능 예

[그림 10.2]는 3차원 배열 A와 B의 모양이 (2, 2, 3)과 (3, 1, 2)일 경우, 축-2의 크기가 3, 3으로 같고, 축-1의 크기가 2, 1로 둘 중 하나가 1이 되어 확장 할 수 있을 것 같지만, 축-0의 크기가 2, 3으로 같지도 않고, 둘 중 하나가 1도 아니므로 배열확장 조건을 만족하지 않기 때문에 배열 요소별 연산에서 확장 오류가 발생한다.

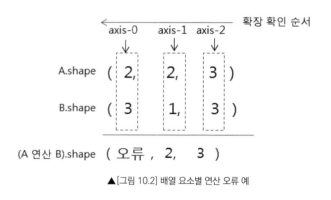

▲[그림 10.2] 배열 요소별 연산 오류 예

[step10_1] 2차원 배열과 1차원 배열의 연산	
In [1]:	import numpy as np A = np.arange(9).reshape((3, 3)) B = np.arange(3)
In [2]:	A + B

Out[2]:	array([[0, 2, 4],
	       [3, 5, 7],
	       [6, 8, 10]])

In [3]:	

```
C = B.reshape((3,1))
A + C
```

Out[3]:

```
array([[ 0, 1, 2],
       [ 4, 5, 6],
       [ 8, 9, 10]])
```

프로그램 설명

① (3, 3)의 배열 A와 (3,)의 배열 B의 연산결과는 (3, 3)의 2차원 배열이다.

A

0	1	2
3	4	5
6	7	8

\+

B

0	1	2
0	1	2
0	1	2

=

A + B

0	2	4
3	5	7
6	8	10

▲**[그림 10.3]** A + B: 배열 B 확장

② [그림 10.4]는 In [3]에서 A + C의 연산 과정이다. (3, 3)의 배열 A와 (3, 1)의 배열 C의 연산결과는 (3, 3)의 2차원 배열이다. 배열 B의 1-축(열)을 확장([그림 10.4]에서 음영 부분)하여 (3, 3) 행렬을 만들고, 요소별 덧셈을 수행한다.

A

0	1	2
3	4	5
6	7	8

\+

C

0	0	0
1	1	1
2	2	2

=

A + C

0	1	2
4	5	6
8	9	10

▲**[그림 10.4]** A + C: 배열 C 확장

[step10_2] 1차원 배열과 2차원 배열의 연산

In [1]:

```
import numpy as np
A = np.arange(3)
B = np.arange(3).reshape(3,1)
```

In [2]:

```
A
```

Out[2]:	array([0, 1, 2])
In [3]:	B
Out[3]:	array([[0], [1], [2]])
In [4]:	A+B
Out[4]:	array([[0, 1, 2], [1, 2, 3], [2, 3, 4]])

프로그램 설명

① 모양 (3,)과 (3, 1)의 연산결과는 (3, 3) 모양의 2차원 배열이다. 배열 A는 0-축(행)으로 확장하고, 배열 B는 1-축(열)으로 확장이 일어난다.

② [그림 10.5]는 In [4]에서 A + B의 연산 과정을 보인다. 배열 A를 (3, 3) 모양으로 확장([그림 10.5]의 배열 A에서 음영 부분)하고, 배열 B를 (3, 3) 모양으로 확장([그림 10.5]의 배열 B에서 음영 부분)하여, 요소별 덧셈을 수행한다.

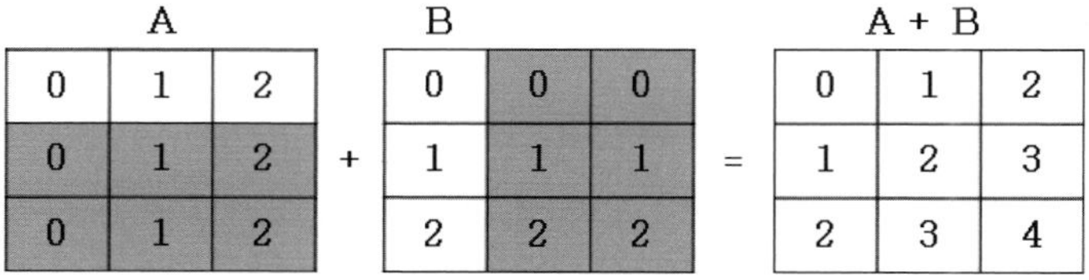

▲[그림 10.5] A + B: A, B 모두 확장

[step10_3] 3차원 배열과 2차원 배열의 연산	
In [1]:	import numpy as np A = np.arange(12).reshape((2,2,3)) B = np.arange(6).reshape(2,3)
In [2]:	A[0]

Out[2]:	array([[0, 1, 2], 　　　　　[3, 4, 5]])
In [3]:	A[1]
Out[3]:	array([[6, 7, 8], 　　　　　[9, 10, 11]])
In [4]:	B
Out[4]:	array([[0, 1, 2], 　　　　　[3, 4, 5]])
In [5]:	A+B
Out[5]:	array([[[0, 2, 4], 　　　　　　[6, 8, 10]], 　　　　　[[6, 8, 10], 　　　　　　[12, 14, 16]]])

프로그램 설명

① 모양 (2, 2, 3,)과 (2, 3)의 연산결과는 (2, 2, 3) 모양의 3차원 배열이다. 3차원 배열 B의 0-축(면)으로 확장이 일어난다.

② [그림 10.6]은 In [5]에서 A + B의 연산 과정이다. 배열 B를 (2, 2, 3) 모양으로 확장([그림 10.6]의 음영부분)하여 요소별 덧셈을 수행한다.

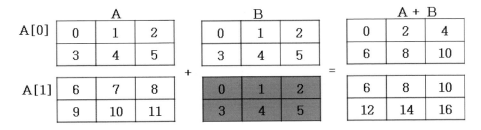

▲[그림 10.6] A + B: 배열 B 확장

[step10_4] 3차원 배열과 1차원 배열 연산	
In [1]:	import numpy as np A = np.arange(12).reshape((2,2,3)) B = np.arange(3)
In [2]:	A[0]
Out[2]:	array([[0, 1, 2], [3, 4, 5]])
In [3]:	A[1]
Out[3]:	array([[6, 7, 8], [9, 10, 11]])
In [4]:	A + B

Out[4]:	array([[[0, 2, 4],
	         [3, 5, 7]],
	
	        [[6, 8, 10],
	         [9, 11, 13]]])

프로그램 설명

① 모양 (2, 2, 3,)과 (3,)의 연산결과는 (2, 2, 3) 모양의 3차원 배열이다. B의 0–축과 1–축으로 확장이 일어난다.

② [그림 10.6]은 In [4]에서 A + B의 연산 과정을 보인다. 배열 B를 (2, 2, 3) 모양으로 확장([그림 10.6]의 음영 부분)하여, 요소별 덧셈을 수행한다.

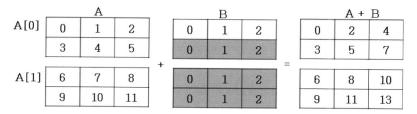

▲ [그림 10.6] A + B: 배열 B 확장

[step10_5] 배열확장: np.broadcast(), np.broadcast_to()	
| In [1]: | ```
import numpy as np
A = np.arange(12).reshape((2, 2, 3))
B = np.arange(3)
``` |
In [2]:	`np.broadcast(A, B).shape`
Out[2]:	(2, 2, 3)
In [3]:	`np.broadcast_to(B, (2, 3))`
Out[3]:	array([[0, 1, 2], [0, 1, 2]])
In [4]:	`np.broadcast_to(B, (2, 2, 3))`

Out[4]:	array([[[0, 1, 2],
	        [0, 1, 2]],
	
	       [[0, 1, 2],
	        [0, 1, 2]]])

In [5]:	`np.broadcast_to(B, (3, 2, 3))`

Out[5]:	array([[[0, 1, 2],
	        [0, 1, 2]],
	
	       [[0, 1, 2],
	        [0, 1, 2]],
	
	       [[0, 1, 2],
	        [0, 1, 2]]])

In [6]:	`A + np.broadcast_to(B, (3, 2, 3))`
Out[6]:	-- ValueError Traceback (most recent call last) <ipython-input-6-f29293f9ad33> in <module>() ----> 1 A + np.broadcast_to(B, (3, 2, 3)) ValueError: operands could not be broadcast together with shapes (2,2,3) (3,2,3)
```

프로그램 설명

① In [1]에서 3차원 배열 A와 1차원 배열 B를 생성한다([그림 10.7]).

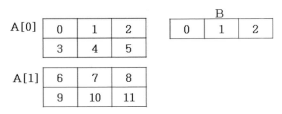

▲[그림 10.7] 배열 A, B

② In [2]의 np.broadcast(A, B).shape는 배열 A와 B를 확장한 결과의 모양 (2, 2, 3)을 출력한다. 만약, 배열확장을 할 수 없으면 오류가 발생한다.

③ In [3]은 1차원 배열 B를 (2, 3) 모양의 2차원 배열로 확장한다([그림 10.8]).

④ In [4]는 1차원 배열 B를 (2, 2, 3) 모양의 3차원 배열로 확장한다([그림 10.9]).

⑤ In [5]는 1차원 배열 B를 (3, 2, 3) 모양의 3차원 배열로 확장한다([그림 10.10]). 그러나 In [6]에서 모양이 (2, 2, 3)인 배열 A와 B를 (2, 2, 3)로 확장한 배열의 덧셈은 0-축 때문에 확장 오류가 발생한다.

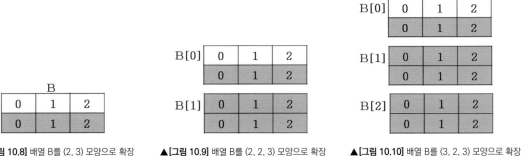

▲[그림 10.8] 배열 B를 (2, 3) 모양으로 확장   ▲[그림 10.9] 배열 B를 (2, 2, 3) 모양으로 확장   ▲[그림 10.10] 배열 B를 (3, 2, 3) 모양으로 확장

Step 11 ─◦ 유니버설 함수

유니버설(ufunc) 함수는 넘파이 ndarray 배열의 요소별(element-by-element)로 동작한다. 일부 유니버설 함수는 [Step 08]에서의 산술연산, 비교연산, 논리연산, 비트연산과 같다. 예를 들어 x1, x2가 넘파이 ndarray 배열일 때, np.add(x1, x2)는 x1 + x2와 같다. 유니버설 함수의 옵션 인수 out은 연산결과 배열이다. 다른 모양의 배열 연산은 [Step 9]와 [Sep 10]의 배열확장이 적용된다.

[표 11.1]은 수학함수, [표 11.2]는 삼각함수, [표 11.3]은 비트연산 함수, [표 11.4]는 논리함수, [표 11.5]는 비교함수, [표 11.6]은 최대, 최소함수, [표 11.7]은 실수함수이다.

▼[표 11.1] numpy 수학함수

함수	설명
add(x1, x2[, out])	x1 + x2
subtract(x1, x2[, out])	x1 - x2
multiply(x1, x2[, out]) divide(x1, x2[, out])	x1 * x2
true_divide(x1, x2[, out])	x1 / x2
floor_divide(x1, x2[, out])	x1 // x2
logaddexp(x1, x2[, out])	Logarithm of exp(x1) + exp(x2)
logaddexp2(x1, x2[, out])	Base-2 logarithm of 2 ** x1 + 2 ** x2
negative(x[, out])	-x
power(x1, x2[, out])	x1 ** x2
remainder(x1, x2[, out]) mod(x1, x2[, out])	x1 % x2 나머지, x2와 부호가 같다.
fmod(x1, x2[, out])	x1 % x2 나머지, x1과 부호가 같다.
absolute(x[, out])	절대값 계산
rint(x[, out])	가장 가까운 정수를 반환, 자료형 유지
sign(x[, out])	부호 반환, -1, 0, 1
conj(x[, out])	켤레복소수
exp(x[, out])	exp(x), 지수 계산
exp2(x[, out])	x의 각 항목 p에 대해 2 ** p 계산
log(x[, out])	자연로그 계산
log2(x[, out])	로그-2 계산

log10(x[, out])	로그-10 계산
expm1(x[, out])	exp(x) - 1
log1p(x[, out])	1 + x의 자연로그
sqrt(x[, out])	x ** 0.5, 제곱근
square(x[, out])	x ** 2, 제곱
reciprocal(x[, out])	1 / x 계산
ones_like (a[, dtype, order, subok])	a와 같은 모양과 자료형의 1의 배열

▼[표 11.2] numpy 삼각함수

함수설명	설명
sin(x[, out]), cos(x[, out]) tan(x[, out])	sine, cosine, tangent
arcsin(x[, out]) arccos(x[, out]) arctan(x[, out]) arctan2(x1, x2[, out])	Inverse sine, cosine, tangent
hypot(x1, x2[, out])	sqrt(x1 ** 2 + x2 ** 2)
sinh(x[, out]) cosh(x[, out]) tanh(x[, out])	Hyperbolic sine, cosine, tangent
arcsinh(x[, out]) arccosh(x[, out]) arctanh(x[, out])	Inverse, hyperbolic sine, cosine, tangent
deg2rad(x[, out])	x 각도(degree) -> 라디안
rad2deg(x[, out])	x 라디안 -> 각도(degree)

▼[표 11.3] numpy 비트연산 함수

함수	설명
bitwise_and(x1, x2[, out])	비트 단위로 (x1 AND x2)
bitwise_or(x1, x2[, out])	비트 단위로 (x1 OR x2)
bitwise_xor(x1, x2[, out])	비트 단위로 (x1 XOR x2)
invert(x[, out])	비트 단위로 (NOT x)
left_shift(x1, x2[, out])	비트 단위로 x1을 x2 비트 왼쪽 이동
right_shift(x1, x2[, out])	비트 단위로 x1을 x2 비트 오른쪽 이동

▼[표 11.4] numpy 논리함수

함수	설명
logical_and(x1, x2[, out])	요소 단위, x1 AND x2
logical_or(x1, x2[, out])	요소 단위, x1 OR x2
logical_xor(x1, x2[, out])	요소 단위, x1 XOR x2
logical_not(x[, out])	요소 단위, NOT x

▼[표 11.5] numpy 비교함수

함수	설명
greater(x1, x2[, out])	요소 단위, x1 > x2
greater_equal(x1, x2[, out])	요소 단위, x1 >= x2
less(x1, x2[, out])	요소 단위, x1 < x2
less_equal(x1, x2[, out])	요소 단위, x1 <= x2
not_equal(x1, x2[, out])	요소 단위, x1 != x2
equal(x1, x2[, out])	요소 단위, x1 == x2

▼[표 11.6] numpy 최대, 최소함수

함수	설명
maximum(x1, x2[, out])	요소 단위, 최대값
minimum(x1, x2[, out])	요소 단위, 최소값
fmax(x1, x2[, out])	요소 단위, 최대값, NaN 무시
fmin(x1, x2[, out])	요소 단위, 최소값, NaN 무시

▼[표 11.7] numpy 실수함수

함수	설명
isreal(x)	실수면 True
iscomplex(x)	복소수면 True
isfinite(x[, out])	np.inf, np.nan이 아니면 True
isinf(x[, out])	np.inf, -np.inf면 True
isnan(x[, out])	np.nan이면 True
signbit(x[, out])	부호 비트가 설정(x < 0)되면 True
copysign(x1, x2[, out])	x1의 부호를 x2의 부호에 복사
modf(x[, out1, out2])	실수부분과 정수 부분을 반환
ldexp(x1, x2[, out])	x1 * 2 ** x2
frexp(x[, out1, out2])	x = mantissa * 2 ** exponent에서(mantissa, exponent) 반환
fmod(x1, x2[, out])	x1 % x2, 나머지, x1과 같은 부호
floor(x[, out])	floor 값, i <= x인 정수에서 가장 큰 정수 i
ceil(x[, out])	ceil 값, i >= x 인 정수에서 가장 작은 정수 i
trunc(x[, out])	소수점 이하 절단 값

[step11_1] 활성화 함수(activation function)	
In [1]:	# 참조: https://en.wikipedia.org/wiki/Activation_function import numpy as np x = np.linspace(-1, 1, num = 5)
In [2]:	x
Out[2]:	array([-1. , -0.5, 0. , 0.5, 1.])
In [3]:	(x > 0).astype(np.float)　　# Step function
Out[3]:	array([0., 0., 0., 1., 1.])
In [4]:	1/(1 + np.exp(-x))　　　　# Logistic, sigmoid function
Out[4]:	array([0.26894142, 0.37754067, 0.5 , 0.62245933, 0.73105858])
In [5]:	np.tanh(x)　　　　　# TanH function
Out[5]:	array([-0.76159416, -0.46211716, 0. , 0.46211716, 0.76159416])
In [6]:	a = np.exp(x) b = np.exp(-x) (a- b)/(a + b)　　　　# np.tanh(x)와 같다.
Out[6]:	array([-0.76159416, -0.46211716, 0. , 0.46211716, 0.76159416])
In [7]:	np.maximum(0, x)　　　# ReLU function
Out[7]:	array([0. , 0. , 0. , 0.5, 1.])

프로그램 설명

① 유니버설 함수를 이용하여 신경망, 딥러닝에서 주로 사용되는 활성화 함수를 구현한다(참고: https://en.wikipedia.org/wiki/Activation_function).

② In [3]은 음수(x < 0)이면 0, 0 또는 양수(x >= 0)이면 1인 이진 계단(step) 함수를 구현한다.

$$step(x) = \begin{cases} 0, & x < 0 \\ 1, & x \geq 0 \end{cases}$$

③ In [4]는 (0, 1) 범위의 로지스틱(Logistic) 또는 시그모이드(Sigmoid) 함수를 구현한다.

$$sig(x) = \frac{1}{1 + \exp(-x)} , \quad 0 < sig(x) < 1$$

④ In [5]와 In[6]은 (−1, 1) 범위의 TanH 함수를 구현한다.

$$\tanh(x) = \frac{\exp(x) - \exp(-x)}{\exp(x) + \exp(-x)}, \quad -1 < \tanh(x) < 1$$

⑤ In [7]은 음수를 0으로 억제하는 ReLU(Rectified Linear Unit) 함수를 구현한다.

$$ReLU(x) = \begin{cases} 0, & x < 0 \\ x, & x \geq 0 \end{cases}, \quad 0 \leq ReLU(x) < \infty$$

Step 12 ─○ 공통 유니버설 메서드

[Step 11]의 모든 유니버설 함수는 [표 12.1]의 메서드에 공통으로 적용할 수 있다.

reduce()는 axis 축에 따라 유니버설(ufunc) 함수를 적용하여 한 차원을 축소하고, accumulate()는 axis 축에 따라 유니버설 함수를 적용하여 누적하고, reduceat()는 indices를 이용 로컬하게 한 차원을 축소하며, outer()는 배열 A와 B의 각 요소 쌍 (a, b)에 유니버설 함수를 적용하며, at()은 첫 피연산자 a[indices]에 두 번째 피연산자 b를 사용하여 유니버설 함수 연산을 수행하여 a의 값이 변경된다.

▼[표 12.1] 모든 유니버설 함수에 공통 적용가능 메서드

함수	설명
reduce(a, axis = 0, dtype = None, out = None, keepdims = False)	a를 axis축에 따라 ufunc 함수를 적용하여 한 차원 축소
accumulate(a, axis = 0, dtype = None, out = None)	a를 axis축에 따라 ufunc 함수를 적용한 결과 누적
reduceat(a, indices, axis = 0, dtype = None, out = None)	indices를 이용 로컬하게 한 차원을 축소
outer(A, B)	A와 B의 각 요소(a, b)에 ufunc 함수
at(a, indices, b = None)	첫 피연산자 a[indices]에 두 번째 피연산자 b 사용 ufunc 함수 연산, a의 값이 변경됨

[step12_1] reduce()	
In [1]:	import numpy as np A = np.arange(6).reshape((2,3)) A
Out[1]:	array([[0, 1, 2], [3, 4, 5]])
In [2]:	np.add.reduce(A) # np.add.reduce(A, axis=0), np.sum(A, axis=0)
Out[2]:	array([3, 5, 7])
In [3]:	np.add.reduce(A, axis=1) # np.sum(A, axis=1)
Out[3]:	array([3, 12])
In [4]:	np.multiply.reduce(A) #np.multiply.reduce(A, axis=0)
Out[4]:	array([0, 4, 10])
In [5]:	np.multiply.reduce(A, axis=1)
Out[5]:	array([0, 60])

프로그램 설명

① In [2]는 배열 A의 axis = 0축을 모두 더해 1차원 배열을 생성한다. 즉, 2차원 배열 A의 axis = 0 축을 모두 더해 없애고, 배열 A의 axis = 1 축과 같은 크기의 1차원 배열로 축소된다.

② In [3]은 2차원 배열 A의 axis = 1 축을 모두 더해 없애고, 배열 A의 axis = 0 축과 같은 크기의 1차원 배열로 축소된다.

③ np.add.reduce(A, axis = 0)는 np.sum(A, axis = 0)과 같은 함수이다. [그림 12.1]은 배열 A의 axis = 0, axis = 1 축의 덧셈을 설명한다.

④ In [4]는 axis = 0축을 모두 곱해 1차원 배열을 생성한다. In [5]는 axis = 1축을 모두 곱해 1차원 배열을 생성한다.

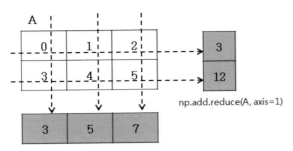

np.add.reduce(A, axis=1)

np.add.reduce(A, axis=0)

▲[그림 12.1] np.add.reduce(A, axis = 0 또는 axis = 1)

[step12_2] accumulate()	
In [1]:	```iimport numpy as np
A = np.arange(12)
A```
Out[1]:	array([0, 1, 2, 3, 4, 5, 6, 7, 8, 9, 10, 11])
In [2]:	np.add.accumulate(A)
Out[2]:	array([0, 1, 3, 6, 10, 15, 21, 28, 36, 45, 55, 66], dtype=int32)
In [3]:	```B = A.reshape((3,4))
B```
Out[3]:	```array([[0, 1, 2, 3],
[4, 5, 6, 7],
[8, 9, 10, 11]])```
In [4]:	np.add.accumulate(B) # axis = 0
Out[4]:	```array([[0, 1, 2, 3],
[4, 6, 8, 10],
[12, 15, 18, 21]], dtype=int32)```
In [5]:	np.add.accumulate(B, axis = 1)
Out[5]:	```array([[0, 1, 3, 6],
[4, 9, 15, 22],
[8, 17, 27, 38]], dtype=int32)```

프로그램 설명

① In [2]는 1차원 배열 A의 axis = 0 축, 누적하여 1차원 배열을 생성한다([그림 12.2]). 현재까지 누적값이
다. 예를 들어, np.add.accumulate(A)[4] = 0 + 1 + 2 + 3 + 4 = np.add.accumulate(A)[3] + A[4] =
10이다.

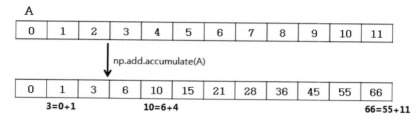

▲[그림 12.2] np.add.accumulate(A)

② In [3]은 3×4인 2차원 배열 B를 생성한다. In [4]는 axis = 0축을 누적하여 2차원 배열을 생성한다. In [5]
는 axis = 1축을 누적하여 2차원 배열을 생성한다. [그림 12.3]은 배열 A의 axis = 0, axis = 1 축의 누
적 연산을 설명한다.

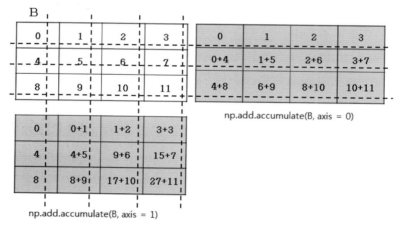

▲[그림 12.3] np.add.accumulate(B, axis = 0 또는 axis = 1)

[step12_3] reduceat()	
In [1]:	import numpy as np A = np.arange(8) A
Out[1]:	array([0, 1, 2, 3, 4, 5, 6, 7])
In [2]:	np.add.reduceat(A, [0, 3, 5])
Out[2]:	array([3, 7, 18], dtype = int32)
In [3]:	np.add.reduceat(A, [0, 3, 1])
Out[3]:	array([3, 3, 28], dtype = int32)
In [4]:	B = np.arange(12).reshape(3, 4) B
Out[4]:	array([[0, 1, 2, 3], [4, 5, 6, 7], [8, 9, 10, 11]])
In [5]:	np.add.reduceat(B, [0, 2]) # axis = 0
Out[5]:	array([[4, 6, 8, 10], # Row0 + Row1 [8, 9, 10, 11]], dtype=int32) # Row2
In [6]:	np.add.reduceat(B, [0, 2, 1]) # axis = 1
Out[6]:	array([[1, 2, 6], [9, 6, 18], [17, 10, 30]], dtype=int32)

프로그램 설명

① reduceat() 함수는 정수 리스트의 인덱스를 이용한 배열 슬라이스에 대해 함수를 적용한다. 예를 들어 [0, 3, 5] 인덱스는 연속 쌍 [0,3), [3, 5), [5,)의 슬라이스에 함수를 적용한다. 연속한 인덱스가 indices[i] >= indices[i + 1]이면, indices[i]만을 사용한다. 예를 들어 [0, 3, 1] 인덱스는 [0, 3), [3], [1,)의 슬라이스에 함수를 적용한다.

② In [2]는 1차원 배열 A에서 [0,3), [3, 5), [5,)의 슬라이스에서 덧셈을 계산한다([그림 12.4]).

③ In [3]은 1차원 배열 A에서 [0, 3), [3], [1,)의 슬라이스에서 덧셈을 계산한다([그림 12.4]).

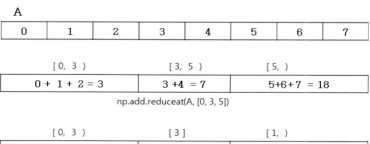

▲[그림 12.4] np.add.reduceat(A, axis =0 또는 axis =1)

④ In [5]는 같이 2차원 배열 A의 axis = 0축의 덧셈을 [0, 2), [2,)의 슬라이스에서 계산한다([그림 12.5]). In [6]은 2차원 배열 A의 axis = 1축의 덧셈을 [0, 2), [2], [1,)의 슬라이스에서 계산한다([그림 12.5]).

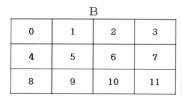

▲[그림 12.5] np.add.reduceat(A, axis =0 또는 axis =1)

[step12_4] outer()
In [1]:	import numpy as np np.add.outer([1,2], [3, 4, 5])
Out[1]:	array([[4, 5, 6], [5, 6, 7]])
In [2]:	np.multiply.outer([1, 2], [3, 4, 5])

Out[2]:	array([[3, 4, 5], 　　　　[6, 8, 10]])

In [3]:	# Seperable 2D 필터를 1D 필터로 구현
	A = np.array([1, 2, 1])
	B = np.array([1, 2, 1])
	np.multiply.outer(A, B)

Out[3]:	array([[1, 2, 1], 　　　　[2, 4, 2], 　　　　[1, 2, 1]])

프로그램 설명

① In [1]에서 np.add.outer()는 [1, 2]의 각 요소에 대하여 [3, 4, 5]의 각 요소에 대한 덧셈으로 2×3의 2차원 배열을 생성한다([그림 12.6]). In [2]의 np.multiply.outer()는 각 요소에 대한 곱셈인 외적(outer product)으로 2×3의 2차원 배열을 생성한다([그림 12.6]).

② In [3]은 분리 가능한(separable) 2차원 필터를 1차원 필터의 외적(outer product)으로 구현할 수 있다. 예제의 3×3 가중치 필터를 영상에 적용하면 영상은 블러링(blurring) 된다. [step12_5] 예제는 보다 일반적인 가우시안 필터를 생성한다.

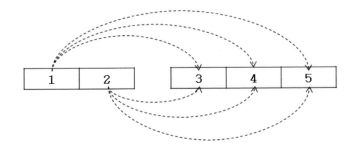

np.add.outer([1, 2], [3, 4, 5])　　　　np.multiply.outer([1, 2], [3, 4, 5])

▲[그림 12.6] np.add.outer(), np.multiply.outer()

[step12_5] 1차원 필터를 사용한 2차원 필터 생성(outer 연산)	
In [1]:	```import numpy as np``` `x = np.linspace(-1, 1, num=5)` `y = np.linspace(-1, 1, num=5)` `x        # x, y는 같은 값을 갖는 배열`
Out[1]:	`array([-1. , -0.5, 0. , 0.5, 1. ])`
In [2]:	`gx = np.exp(-x ** 2)` `gy = np.exp(-y ** 2)` `gx        # gx, gy는 같은 값을 갖는 배열`
Out[2]:	`array([0.36787944, 0.77880078, 1. , 0.77880078, 0.36787944])`
In [3]:	`np.multiply.outer(gx, gy)          # np.outer(gx, gy)`
Out[3]:	`array([[0.13533528, 0.2865048 , 0.36787944, 0.2865048 , 0.13533528],` `       [0.2865048 , 0.60653066, 0.77880078, 0.60653066, 0.2865048 ],` `       [0.36787944, 0.77880078, 1. , 0.77880078, 0.36787944],` `       [0.2865048 , 0.60653066, 0.77880078, 0.60653066, 0.2865048 ],` `       [0.13533528, 0.2865048 , 0.36787944, 0.2865048 , 0.13533528]])`
In [4]:	`X, Y = np.meshgrid(x, y)` `np.exp(-(X ** 2 + Y ** 2))`
Out[4]:	`array([[0.13533528, 0.2865048 , 0.36787944, 0.2865048 , 0.13533528],` `       [0.2865048 , 0.60653066, 0.77880078, 0.60653066, 0.2865048 ],` `       [0.36787944, 0.77880078, 1. , 0.77880078, 0.36787944],` `       [0.2865048 , 0.60653066, 0.77880078, 0.60653066, 0.2865048 ],` `       [0.13533528, 0.2865048 , 0.36787944, 0.2865048 , 0.13533528]])`

프로그램 설명

① In [1]은 x, y에 1차원 배열 array([-1. , -0.5, 0. , 0.5, 1.])를 생성한다.

② In [2]는 x, y 각각에서 1차원 가우스 함수값을 gx, gy 배열에 계산한다. 가우시안 함수의 분리성(seperablity) 때문이다.

$$f(x,y) = g(x)g(y)$$

여기서, $g(x) = \exp(-x^2)$
$g(y) = \exp(-y^2)$

③ In [3]은 좌표 (x, y)에서 2차원 가우스 함수값을 1차원 배열의 외적(outer product)으로 계산한다. In [4]에서 np.meshgrid(), np.exp()를 이용한 결과와 같다. 예제의 가우시안 함수는 중심 좌표 (0, 0)인 5×5인 2차원 배열의 [2, 2]이다.

$$f(x, y) = \exp\left(-(x^2 + y^2)\right)$$

[step12_6] at()	

In [1]:	`import numpy as np`
	`A = np.array([1, 2, 3, 4])`
	`A[[0, 1, 2]]        # index check`

Out[1]:	`array([1, 2, 3])`
In [2]:	`np.negative.at(A, [0, 1, 2])` `A`
Out[2]:	`array([-1, -2, -3, 4])`
In [3]:	`np.add.at(A, [0, 1, 2], 1)` `A`
Out[3]:	`array([ 0, -1, -2, 4])`

프로그램 설명

① In [1]에서 A[[0, 1, 2]]는 인덱스 [0, 1, 2]의 배열 A의 요소를 슬라이싱하여 array([1, 2, 3])를 반환한다.

② In [2]는 인덱스 [0, 1, 2]의 배열 A의 요소의 부호를 반대로 변경한다.

③ In [3]은 인덱스 [0, 1, 2]의 배열 A의 요소에 add() 함수로 b = 1을 덧셈하여 배열 A를 변경한다.

Step 13 ─○ 집합함수

[표 13.1]은 numpy의 주요 집합함수이다.

unique()는 배열에서 요소의 중복을 제거한 배열을 반환한다. in1d() 함수는 부분집합, intersect1d() 함수는 교집합, setdiff1d() 함수는 차집합, union1d() 함수는 합집합, setxor1d() 함수는 집합 XOR의 집합 연산을 1차원 배열로 연산한다.

▼[표 13.1] numpy 주요 집합함수

함수	설명

unique(ar, return_index = False,
        return_inverse = False,
        return_counts = False, axis = None)
	배열에서 중복을 제거하여 반환

in1d(ar1, ar2, assume_unique = False, invert = False)	ar1의 각 요소가 ar2에 있는지 판단
intersect1d(ar1, ar2, assume_unique = False)	교집합 반환
setdiff1d(ar1, ar2, assume_unique = False)	차집합
union1d(ar1, ar2)	합집합
setxor1d(ar1, ar2, assume_unique = False)	집합 XOR, 양 집합에 모두 있지 않은 요소

[step13_1] unique()

| In [1]: | ```python
import numpy as np
A = np.array([1, 4, 2, 3, 3, 2, 4, 4])
np.unique(A)
``` |
|---|---|
Out[1]:	array([1, 2, 3, 4])
In [2]:	np.unique(A, return_inverse = True, return_index = True)
Out[2]:	(array([1, 2, 3, 4]), array([0, 2, 3, 1], dtype=int32), array([0, 3, 1, 2, 2, 1, 3, 3], dtype=int32))
```

In [3]:	B = np.array([[0, 0, 2], 　　　　　　　[3, 3, 4], 　　　　　　　[0, 0, 2]]) np.unique(B)
Out[3]:	array([0, 2, 3, 4])
In [4]:	np.unique(B, return_inverse = True)
Out[4]:	(array([0, 2, 3, 4]), array([0, 0, 1, 2, 2, 3, 0, 0, 1], dtype=int64))
In [5]:	np.unique(B, axis = 0)
Out[5]:	array([[0, 0, 2], 　　　 [3, 3, 4]])
In [6]:	np.unique(B, axis = 1)
Out[6]:	array([[0, 2], 　　　　[3, 4], 　　　　[0, 2]])

프로그램 설명

① In [1]은 배열 A에서 유일한 요소를 1차원 배열로 반환한다.

② In [2]에서 return_inverse = True에 의해 반환되는 배열 array([0, 2, 3, 1], dtype = int32)는 유일한 요소 배열로 배열 A의 인덱스이다. 예를 들어, A[0] = 1, A[2] = 2, A[3] = 3, A[1] = 4이다. return_index = True에 의해 반환되는 배열 array([0, 3, 1, 2, 2, 1, 3, 3], dtype = int32)는 배열 A의 요소에 대한 유일한 요소 배열의 인덱스이다. 예를 들어, A[0] = 1은 유일 요소 배열 array([1, 2, 3, 4])의 0 위치에 있고, A[1] = 4는 유일 요소 배열 array([1, 2, 3, 4])의 3 위치에 있다.

③ In [3]에서 np.unique(B)는 2차원 배열 B에서 유일한 요소를 1차원 배열로 반환한다.

④ In [4]는 2차원 배열 B에서 유일한 요소의 배열 A의 인덱스를 행우선 순위의 1차원 배열로 반환한다.

⑤ In [5]는 2차원 배열 B의 유일한 행(axis = 0)을 반환한다.

⑥ In [6]은 2차원 배열 B의 유일한 열(axis = 1)을 반환한다.

[step13_2] 1차원 집합연산	
In [1]:	import numpy as np A = np.array([1, 2, 3, 4]) B = np.array([0, 2, 3]) np.in1d(A, B)
Out[1]:	array([False, True, True, False])
In [2]:	np.intersect1d(A, B)
Out[2]:	array([2, 3])
In [3]:	np.setdiff1d(A, B)
Out[3]:	array([1, 4])
In [4]:	np.union1d(A, B)
Out[4]:	array([0, 1, 2, 3, 4])
In [5]:	np.setxor1d(A, B)
Out[5]:	array([0, 1, 4])

프로그램 설명

① In [1]에서 np.in1d(A, B)는 배열 A의 각 요소가 배열 B에 있는지를 확인한다. 예를 들어, B[0] = 0이 배열 A에 없으므로 False이다.

② 배열 A와 B에서 np.intersect1d(A, B)는 교집합, np.setdiff1d(A, B)는 차집합, np.union1d(A, B)는 합집합, np.setxor1d(A, B)는 배열 A, B 모두에 있지 않은 요소를 배열로 생성한다.

Step 14 ─○ 정렬과 탐색

sort()는 배열 요소를 정렬하고, where()는 조건과 일치하는 요소를 찾을 수 있다. searchsorted()는 배열에 새로운 값을 추가할 위치의 인덱스를 반환하고, condition 배열에서 요소의 값이 True(0이 아닌)인 위치의 요소를 반환한다.

▼[표 14.1] numpy 주요 정렬·탐색 함수

함수	설명
sort(a, axis = −1, kind = 'quicksort', order = None)	배열을 정렬하여 복사본 반환 'quicksort', 'mergesort', 'heapsort'
ndarray.sort(axis = −1, kind = 'quicksort', order = None)	배열을 정렬하여 변경
searchsorted(a, v, side = 'left', sorter = None)	정렬된 배열 a에 새로운 값 v를 추가할 위치의 인덱스 반환, 같은 값이 있을 때, side의 값('left' 또는 'right')에 따라서 왼쪽 또는 오른쪽에 추가
where(condition[, x, y])	condition 조건의 x, y의 요소 반환
extract(condition, arr)	condition 배열에서 요소의 값이 True(0이 아닌) 위치의 요소를 반환

[step14_1] 배열 정렬: sort()	
In [1]:	```import numpy as np\nA = np.arange(10)\nnp.random.shuffle(A)\nA```
Out[1]:	array([9, 2, 4, 6, 0, 8, 7, 3, 5, 1])
In [2]:	np.sort(A) # np.sort(A, kind = 'quicksort')
Out[2]:	array([0, 1, 2, 3, 4, 5, 6, 7, 8, 9])
In [3]:	A
Out[3]:	array([9, 2, 4, 6, 0, 8, 7, 3, 5, 1])
In [4]:	A.sort()
In [5]:	A
Out[5]:	array([0, 1, 2, 3, 4, 5, 6, 7, 8, 9])

In [6]:	np.random.shuffle(A) A
Out[6]:	array([4, 5, 6, 1, 7, 2, 0, 9, 8, 3])
In [7]:	np.sort(A)[::-1] # 내림차순 정렬
Out[7]:	array([9, 8, 7, 6, 5, 4, 3, 2, 1, 0])
In [8]:	A = np.arange(12) np.random.shuffle(A) A = A.reshape((3, -1)) A

Out[8]:	array([[7, 4, 3, 8],
	       [0, 9, 11, 6],
	       [2, 10, 5, 1]])

In [9]:	np.sort(A, axis = 0)

Out[9]:	array([[0, 4, 3, 1],
	       [2, 9, 5, 6],
	       [7, 10, 11, 8]])

In [10]:	np.sort(A, axis = 1) # np.sort(A)

Out[10]:	array([[3, 4, 7, 8],
	       [0, 6, 9, 11],
	       [1, 2, 5, 10]])

프로그램 설명

① In [1]에서 np.random.shuffle(A)는 배열 A를 무작위(random)로 섞어 배열 A를 변경한다.

② In [2]는 배열 A를 퀵 소트(quick sort)로 오름차순 정렬하여 반환한다. [In 3]에서 확인한 것처럼 배열 A 는 변경되지 않는다.

③ In [4]에서 A.sort()는 결과를 반환하지 않고, [In 5]에서 확인한 것처럼 A를 오름차순으로 정렬하여 변경 한다.

④ In [6]은 배열 A를 무작위로 다시 섞고, In [7]은 슬라이싱으로 배열을 뒤집어 배열 A를 내림차순으로 정 렬하여 반환한다.

⑤ In [8]은 무작위로 섞은 2차원 배열 A를 생성하고, In [9]는 axis = 0의 값을 정렬한다. 결과적으로 배열 A의 각 열을 오름차순으로 정렬한다. In [10]은 axis = 1의 값을 정렬하여 결과적으로 배열 A의 각 행을 오름차순으로 정렬한다.

[step14_2] 배열 탐색: searchsorted()	
In [1]:	import numpy as np np.searchsorted([1, 2, 5], 3)
Out[1]:	2
In [2]:	np.searchsorted([1, 2, 3, 5], 3, side = 'right')
Out [2]:	3
In [3]:	A = np.array([[1, 3, 5], [3, 5, 5], [3, 3, 3]]) A
Out[3]:	array([[1, 3, 5], [3, 5, 5], [3, 3, 3]])
In [4]:	label = np.unique(A) label
Out[4]:	array([1, 3, 5])
In [5]:	np.searchsorted(label, A)
Out[5]:	array([[0, 1, 2], [1, 2, 2], [1, 1, 1]], dtype=int64)

프로그램 설명

① In [1]에서 np.searchsorted([1, 2, 5], 3)는 [1, 2, 5]에서 3이 들어갈 위치의 인덱스 2를 반환한다.

② In [2]는 [1, 2, 3, 5]에서 3이 들어갈 오른쪽(side = 'right') 위치의 인덱스 3를 반환한다.

③ In [4]는 2차원 배열 A에서 유일 요소를 label에 생성한다.

④ In [5]는 배열 A의 요소 1, 3, 5를 label의 인덱스로 재조정한 배열을 반환한다. 즉, 1 -> 0, 3 -> 1, 5 -> 2로 변경한다.

[step14_3] 배열 탐색, extract(), where()	
In [1]:	import numpy as np A = np.array([2, 1, 4, 5]) cond = A % 2 == 0 cond
Out[1]:	array([True, False, True, False])
In [2]:	np.extract(cond, A) # A[cond]
Out[2]:	array([2, 4])
In [3]:	np.where(cond) # cond.nonzero()
Out[3]:	(array([0, 2], dtype=int64),)
In [4]:	np.where(cond, A, 0)
Out[4]:	array([2, 0, 4, 0])
In [5]:	np.where(cond, 0, A)
Out[5]:	array([0, 1, 0, 5])
In [6]:	np.where(cond, 1, -1)
Out[6]:	array([1, -1, 1, -1])
In [7]:	B = np.array([0, 10, 20, 30]) np.where(cond, A, B)
Out[7]:	array([2, 10, 4, 30])

프로그램 설명

① np.where(condition[, x, y])는 조건이 True이면 x, False이면 y를 반환한다. x, y는 배열 또는 스칼라이다. 배열인 경우는 condition 위치의 배열 요소를 사용한다. np.where(condition)은 condition.nonzero()를 반환한다.

② In [1]은 배열 A에서 짝수는 True, 홀수는 False인 불리안 배열 cond를 생성한다.

③ In [2]는 배열 cond에서 True인 A의 요소만을 추출하여 배열로 반환한다. 즉 배열 A에서 짝수만 추출한다. A[cond]와 같은 값이다.

④ In [3]은 배열 cond에서 True인 위치(인덱스)로 이루어진 배열을 반환한다.

⑤ In [4]는 배열 cond에서 True인 요소는 대응되는 배열 A의 값과 False인 요소를 스칼라 0으로 하는 배열을 생성하여 반환한다. In [5]의 np.where(cond, 0, A)는 배열 cond에서 True인 요소는 스칼라 0, False인 배열 A의 대응 요소로하는 배열을 생성하여 반환한다. In [6]의 np.where(cond, 1, −1)는 배열 cond에서 True인 요소는 1, False이면 −1로 하는 배열을 생성하여 반환한다.

⑥ In [7]의 np.where(cond, A, B)는 배열 cond에서 True이면 배열 A의 요소, False이면 B의 요소로 배열을 생성하여 반환한다.

Step 15 ─○ 파일 입출력

[표 15.1]은 넘파이의 주요 파일 입출력 함수이다. load(), save(), savez(), savez_compressed() 함수는 이진 파일(binary file) 함수이고, loadtxt(), savetxt() 함수는 텍스트 파일(text file) 입출력 함수이다.

▼[표 15.1] numpy 주요 파일 입출력 함수

함수	설명
load(file, mmap_mode = None, allow_pickle = True, 　　　fix_imports = True, encoding = 'ASCII')	이진 파일(.npy, .npz)을 배열에 입력
save(file, arr, allow_pickle = True, 　　　fix_imports = True)	이진 파일(.npy)에 배열을 저장
savez(file, *args, **kwds)	여러 개의 배열을 하나의 이진 파일(.npz)에 비압축 저장
savez_compressed(file, *args, **kwds)	여러 개의 배열을 하나의 이진 파일(.npz)에 압축 저장
loadtxt(fname, dtype = ⟨type 'float'⟩, comments='#', 　　　delimiter = None, converters = None, 　　　skiprows = 0, usecols = None, 　　　unpack = False, ndmin = 0)	텍스트 파일을 배열에 입력
savetxt(fname, X, fmt = '%.18e', delimiter = ", 　　　newline = '\n', header = ", footer = ", 　　　comments = '#')	텍스트 파일에 배열 저장

[step15_1] 이진파일 입출력	
In [1]:	import numpy as np A = np.arange(12).reshape(3, 4)
In [2]:	np.save("dataA", A) # dataA.npy
In [3]:	np.load("dataA.npy")

Out[3]:	array([[0, 1, 2, 3],
	        [4, 5, 6, 7],
	        [8, 9, 10, 11]])

In [4]:	B = np.arange(8).reshape(2, 4) np.savez("dataAB", arr1 = A, arr2 = B) # dataAB.npz
In [5]:	data = np.load("dataAB.npz")
In [6]:	data["arr1"]

Out[6]:	array([[0, 1, 2, 3],
	        [4, 5, 6, 7],
	        [8, 9, 10, 11]])

In [7]:	data["arr2"]
Out[7]:	array([[0, 1, 2, 3], [4, 5, 6, 7]])

프로그램 설명

① In [2]는 배열 A를 이진 파일 "dataA.npy"에 저장한다.

② In [3]은 이진 파일 "dataA.npy"에 저장된 행렬을 로드한다.

③ In [4]는 배열 A, B를 이진파일 "dataAB.npz"에 저장한다.

④ In [5]는 이진 파일 "dataAB.npz"에서 배열정보를 data에 로드한다.

⑤ In [6]의 data["arr1"]와 In [7]의 data["arr2"]로 배열을 구분한다.

[step15_2] 텍스트 파일 입출력	
In [1]:	`import numpy as np` `A = np.arange(12).reshape(3, 4)`
In [2]:	`np.save("dataA", A)         # dataA.npy`
In [3]:	`np.loadtxt("test.txt")`

Out[3]:	`array([[ 0., 1., 2., 3.],`
	`       [ 4., 5., 6., 7.],`
	`       [ 8., 9., 10., 11.]])`

In [4]:	`np.savetxt("test2.txt", A, fmt = "%.3f", delimiter = ",")`
In [5]:	`np.loadtxt("test2.txt", delimiter = ",")`

Out[5]:	`array([[ 0., 1., 2., 3.],`
	`       [ 4., 5., 6., 7.],`
	`       [ 8., 9., 10., 11.]])`

In [6]:	`np.loadtxt("test2.txt", delimiter = ",", usecols = (0, 2))`

Out[6]:	`array([[ 0., 2.],`
	`       [ 4., 6.],`
	`       [ 8., 10.]])`

In [7]:	`A = np.arange(4)`
	`B = np.arange(4, 8)`
	`C = np.arange(8, 12)`
	`np.savetxt("test3.txt", (A, B, C), fmt = "%.3f", delimiter = ",")`

In [8]:	`A = np.loadtxt("test3.txt", delimiter = ",")` `A`

Out[8]:	`array([[ 0., 1., 2., 3.],`
	`       [ 4., 5., 6., 7.],`
	`       [ 8., 9., 10., 11.]])`

In [9]:	`np.savetxt("test4.txt", A, fmt = "%4d", delimiter = ",",`
	`           header = "a, b, c, d",`
	`           footer = "end of file", comments = "##")`

In[10]:	`label = {'setosa':0, 'versicolor':1, 'virginica':2}`
	`data = np.loadtxt("iris.csv", skiprows = 1, delimiter = ',',`
	`           converters = {4: lambda name: label[name.decode()]})`
	`data`

| Out[10]: | array([[5.1, 3.5, 1.4, 0.2, 0.],
[4.9, 3. , 1.4, 0.2, 0.],
[4.7, 3.2, 1.3, 0.2, 0.],
[4.6, 3.1, 1.5, 0.2, 0.],
.... |

프로그램 설명

① In [2]는 배열 A를 텍스트 파일 "test.txt"에 저장한다.

② In [3]은 텍스트 파일 "test.txt"에 저장된 배열을 로드한다.

③ In [4]는 배열 A를 구분자 delimiter = ","와 fmt = "%.3f" 포맷으로 텍스트 파일 "test2.txt"에 저장한다.

④ In [5]는 텍스트 파일 "test2.txt"에서 구분자 delimiter = ","를 사용하여 배열을 로드한다. 이처럼 구분자를 이용하여 엑셀에서 읽을 수 있는 CSV(comma separated value) 파일 포맷을 읽을 수 있다.

⑤ In [6]은 텍스트 파일 "test2.txt"에서 usecols = (0, 2)로 0열과 2열을 로드한다.

⑥ In [7]은 (A, B, C)로 (4,)인 1차원 행렬 A, B, C를 차례로 "test3.txt" 텍스트 파일에 저장한다. 이때 행렬 A, B, C는 같은 크기의 1차원 배열이어야 한다.

⑦ In [8]은 텍스트 파일 "test3.txt"를 배열 A에 로드한다.

⑧ In [9]는 배열 A를 "test4.txt" 파일에 저장한다([그림 15.1]).

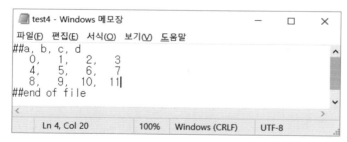

▲ **[그림 15.1]** "test4.txt" 파일

⑨ In [10]은 CSV(comma separate value) 포맷의 "iris.csv" 파일에서, skiprows = 1로 첫 번째 행을 스킵하고, delimiter = ','로 콤마를 구분자로 사용하여 읽고, converters = {4: lambda name: label[name.decode()]}는 문자열인 4-열(0부터 시작)을 label에 따라 숫자로 변환하여 읽는다.

3장

Matplotlib

John Hunter에 의해 개발된 Matplotlib는 파이썬에서 MATLAB과 유사한
2D, 3D 그래프를 지원하는 패키지이다.

여기서는 Matplotlib 기초, 간단한 수학 함수, 정규분포, 산점도(scatter), 텍
스트, 이미지 등을 그리고, 서브플롯에 그리기, 2D, 3D 그래픽, 애니메이
션 등의 예제를 설명한다.

matplotlib는 다음과 같이 import matplotlib.pyplot as plt로 임포트하여 사용한다.

```
import matplotlib.pyplot as plt
```

Step 16 ○ **Matplotlib 기초**

matplotlib에서 Figure는 전체영역을 나타낸다. 그래프/도형/그림을 그리기 위해서는 Figure 객체가 있어야 하며, 하나 이상의 Axes(2D 또는 3D) 객체가 있어야 한다.

plt.figure()는 Figure 객체를 생성하고, plt,subplot() 또는 Figure.add_subplot()로 Axes 객체를 추가할 수 있다. Figure 객체를 생성하지 않고, plt.plot() 함수를 사용하면, 필요한 Figure, Axes 객체를 자동으로 생성한다.

plt.gcf()는 현재 Figure 객체를 반환하고, plt.gca()는 현재 Axes 객체를 반환한다. plt.show()는 캔버스에 그리기 객체를 렌더링하여 표시한다.

[step16_1] 선 그리기 1	
In [1]:	%matplotlib inline
In [2]:	import matplotlib.pyplot as plt
In [3]:	plt.xlabel("x") plt.ylabel("y") plt.title("step16_1") plt.plot([1, 3, 5, 7, 9]) # "b-": 실선 plt.savefig("step16_1.png") plt.show()

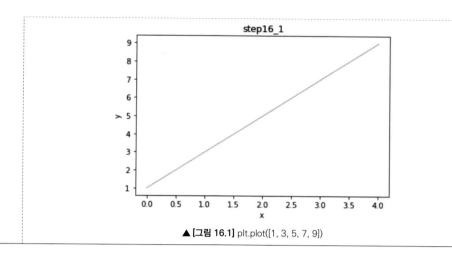

▲ [그림 16.1] plt.plot([1, 3, 5, 7, 9])

프로그램 설명

① In [1]은 %matplotlib inline으로 주피터 노트북에 포함시켜 그래프를 렌더링하고, matplotlib.pyplot를 plt로 임포트한다.

② In [2]는 plt.xlabel( ), plt.ylabel( ), plt.title( )로 각각 X축과 Y축의 레이블, 그래프의 타이틀을 문자열로 설정하고, plt.plot([1, 3, 5, 7, 9])는 x = [0, 1, 2, 3, 4], y = [1, 3, 5, 7, 9]의 좌표 쌍(pairs)을 파란색 실선("b–")으로 그린다. matplotlib는 내부에서 리스트 대신 numpy의 배열을 사용한다. plt.show( )는 같이 현재 그래프를 화면에 표시한다([그림 16.1]). 주피터 노트북에 인라인으로 표시할 때는 plt.show( ) 함수 호출을 생략할 수 있다. plt.savefig( )로 "step16_1.png" 파일에 그래프를 저장한다.

[step16_2] 선 그리기 2: 실선에 마커와 그리드 표시

In [1]:	```%matplotlib inline``` ```import matplotlib.pyplot as plt```

In [2]:	```import numpy as np```
	```x = np.arange(5)```
	```y = np.array([1, 3, 5, 7, 9])```

In [3]:	```plt.xlabel("x")```
	```plt.ylabel("y")```
	```plt.title("step16_2")```

```
plt.grid(True)
plt.plot(x, y, "b-", x, y, "ro")
plt.savefig("step16_2.png")
plt.show()
```

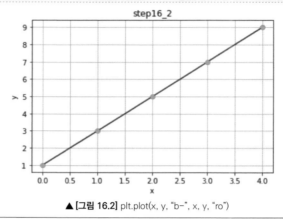

▲ [그림 16.2] plt.plot(x, y, "b-", x, y, "ro")

프로그램 설명

① In [1]은 %matplotlib inline으로 주피터 노트북에 포함시켜 그래프를 렌더링하고, matplotlib.pyplot를 plt로 임포트한다.

② In [2]는 x, y에 배열을 생성한다.

③ In [3]은 plt.grid(True)로 격자 그리드를 표시하고, 배열 x, y를 파란색 실선("b-")으로 그리고, 빨간색 원("ro") 마커를 표시한다. plt.savefig()로 "step16_2.png" 파일에 그래프를 저장하고, plt.show()는 그래프를 화면에 표시한다(그림 16.2)

	[step16_3] 선 그리기 3: 눈금(tick) 지정
In [1]:	%matplotlib inline import matplotlib.pyplot as plt
In [2]:	import numpy as np x = np.arange(5) y = np.array([1, 3, 5, 7, 9])
In [3]:	plt.plot(x, y, "b-", x, y, "ro") plt.tick_params(labelsize = 20)

```
plt.xticks(x, ('A', 'B', 'C', 'D', 'E'))
plt.yticks(np.arange(1, 10, 2))
plt.show()
```

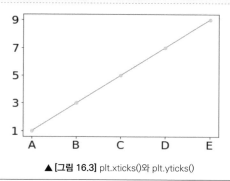

▲ [그림 16.3] plt.xticks()와 plt.yticks()

프로그램 설명

① In [1]은 %matplotlib inline으로 주피터 노트북에 포함시켜 그래프를 렌더링하고, matplotlib.pyplot를 plt로 임포트한다.

② In [3]에서 plt.tick_params()로 눈금의 크기를 20으로 설정하고, plt.xticks()로 X축의 눈금 위치를 배열 x로 설정하고, 이름을 ('A', 'B', 'C', 'D', 'E')로 설정한다. plt.yticks()로 Y축의 눈금을 np.arange(1, 10, 2)로 설정한다. plt.show()는 그래프를 화면에 표시한다([그림 16.3]).

[step16_4] $y = x^2$ 그래프와 X, Y 축의 범위 설정	
In [1]:	`%matplotlib inline` `import matplotlib.pyplot as plt`

In [2]:	`import numpy as np`
	`x = np.linspace(start = -1, stop = 1, num = 51)`
	`y = x ** 2`

In [3]:	`plt.xlabel("x")`
	`plt.ylabel("y")`
	`plt.title("step16_4")`
	
	`plt.axis([-1, 1, 0, 1])`
	`plt.plot(x, y, 'b-', x, y, 'r*')`
	
	`plt.text(x = 0.0, y = 0.5, s = r'$y = x ^ 2$', fontsize = 20)`

```
plt.savefig("step16_4.png")
plt.show()
```

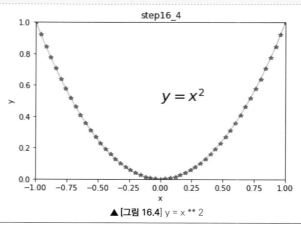

▲ [그림 16.4] y = x ** 2

프로그램 설명

① In [1]은 %matplotlib inline로 주피터 노트북에 포함시켜 그래프를 렌더링하고, matplotlib.pyplot를 plt로 임포트한다.

② In [2]는 −1에서 1의 범위에서 num = 51개의 x좌표를 균등 간격으로 배열 x에 생성하고, y = x ** 2에 의해 배열 x의 각 좌표를 제곱하여 배열 y를 생성한다.

③ In [3]에서 plt.axis([−1, 1, 0, 1])는 X축의 범위를 [−1, 1]로, Y축의 범위를 [0, 1]로 설정한다. 배열 x, y를 파란색 실선("b−")으로 그리고, 빨간색 스타("r*") 마커로 표시한다. plt.savefig()로 "step16_4.png" 파일에 그래프를 저장한 뒤에 plt.show()는 그래프를 화면에 표시한다([그림 16.4]).

[step16_5]	$y = \sin(x)$ 그래프와 선 두께, 선 색 설정
In [1]:	`%matplotlib inline` `import matplotlib.pyplot as plt`

In [2]:	`import numpy as np`
	`x = np.linspace(0, 2 * np.pi, num = 51)`
	`y = np.sin(x)`

In [3]:	`xmin, xmax, ymin, ymax = np.amin(x), np.amax(x), -1, 1`
	`# plt.xlim(xmin, xmax)`
	`# plt.ylim(ymin, ymax)`

```
plt.axis([xmin, xmax, ymin, ymax])
line = plt.plot(x, y)

plt.plot([xmin, xmax], [0, 0], color = 'black', linewidth = 2.0)
plt.plot([np.pi, np.pi], [ymin, ymax], color = 'black', linewidth = 2.0)

plt.text(x = 4, y = 0.5, s = r'$y = sin(x)$', fontsize = 20)
plt.setp(line, color = 'red', linewidth = 2.0)
plt.show()
```

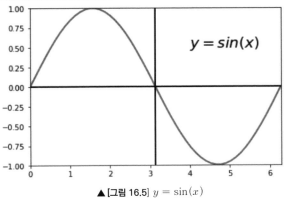

▲ [그림 16.5] $y = \sin(x)$

프로그램 설명

① In [1]은 %matplotlib inline로 주피터 노트북에 포함시켜 그래프를 렌더링하고, matplotlib.pyplot를 plt로 임포트한다.

② In [2]는 0에서 2 * np.pi의 범위에서 num = 51개의 x 좌표를 균등 간격으로 배열 x에 생성하고, y = np.sin(x)로 배열 x의 각 좌표의 사인(sine)값을 배열 y를 생성한다.

③ In [3]에서 xmin = np.amin(x), xmax = np.amax(x), ymin = −1, ymax = 1로 X축과 Y축의 범위를 설정한다.

④ In [3]에서 line = plt.plot(x, y)는 배열 x, y를 사용하여 그래프를 그리고, matplotlib.lines.Line2D 객체를 line에 저장한다.

⑤ In [3]에서 plt.plot()로 x = [xmin, xmax], y = [0, 0]의 직선을 color = 'black', linewidth = 2.0으로 그린다.

⑥ In [3]에서 plt.setp()로 line 객체의 속성을 color = 'red', linewidth = 2.0로 변경한다.

⑦ In [3]에서 plt.text()로 x = 4, y = 0.5 위치에 폰트 크기 fontsize = 20으로 문자열 s = r '$y = sin(x)$'를 표시한다.

⑧ plt.show()는 그래프를 화면에 표시한다([그림 16.5]).

[step16_6] $y1 = \sin(x), y2 = \cos(x)$ 그래프와 범례 생성	
In [1]:	%matplotlib inline import matplotlib.pyplot as plt
In [2]:	import numpy as np x = np.linspace(0, 2 * np.pi, num = 51) y1 = np.sin(x) y2 = np.cos(x)
In [3]:	xmin, xmax, ymin, ymax = x[0], x[-1], -1, 1 plt.axis([xmin, xmax, ymin, ymax]) plt.plot(x, y1, "k--", label = "y1 = sin(x)") plt.plot(x, y2, "b-", label = "y2 = cos(x)") plt.legend(loc = "best") plt.show()

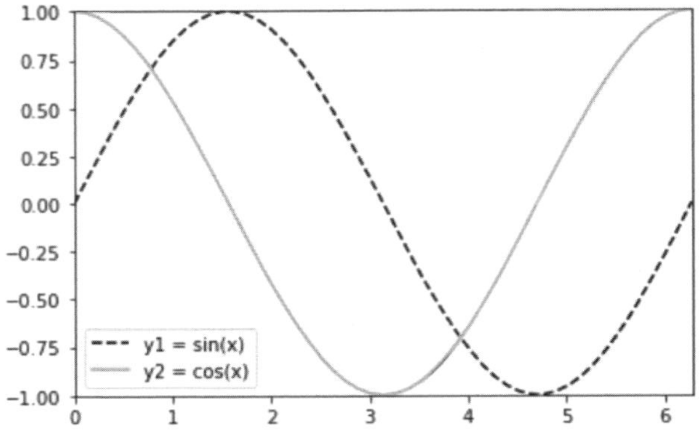

▲ [그림 16.6] $y1 = \sin(x), y2 = \cos(x)$

프로그램 설명

① In [1]은 %matplotlib inline로 주피터 노트북에 임베드시켜 그래프를 렌더링하도록 설정하고 matplotlib.pyplot를 plt로 임포트한다.

② In [2]는 0에서 2 * np.pi의 범위에서 num = 51개의 x 좌표를 균등 간격으로 배열 x에 생성하고, 배열 x의 각 좌표의 사인(sine)값을 배열 y1에 생성하고, 코사인(cosine)값을 배열 y2에 생성한다.

③ In [3]에서 xmin = x[0], xmax = x[-1], ymin = -1, ymax = 1로 X축과 Y축의 범위를 설정하고, 배열 x,

y1을 검은색 점선("k--")으로 그리고, label = "y1 = sin(x)"로 설정하며, 배열 x, y2를 파란색 실선("b-")
으로 그리고, label = "y2 = cos(x)"로 설정한다.

④ In [3]에서 plt.legend(loc = "best")는 범례(legend)를 최적의 위치에 표시한다. 범례는 plot() 함수의
label 인수의 문자열과 그래프의 스타일을 이용하여 생성한다. plt.show()는 그래프를 화면에 표시한다
([그림 16.6]).

[step16_7] 수평/수직선 그리기

| In [1]: | ```%matplotlib inline
import matplotlib.pyplot as plt
import numpy as np``` |
|---|---|
| In [2]: | ```x = np.linspace(0, 2 * np.pi, num = 51)
y = np.sin(x)``` |
| In [3]: | ```plt.plot(x, y)
plt.axhline(y = 0, color = 'k', linewidth = 1)
plt.axhline(y = 0.5, xmin = 0, xmax = 0.5, color = 'b')
plt.axhline(y = -0.5, xmin = 0.5, xmax = 1.0, color = 'b')

plt.axvline(x = np.pi, color = 'b', linestyle = '--')
plt.axvline(x = np.pi / 2, ymin = 0.5, ymax = 1.0, color = 'r')
plt.axvline(x = np.pi * 3 / 2, ymin = 0.0, ymax = 0.5, color = 'g')
plt.show()``` |

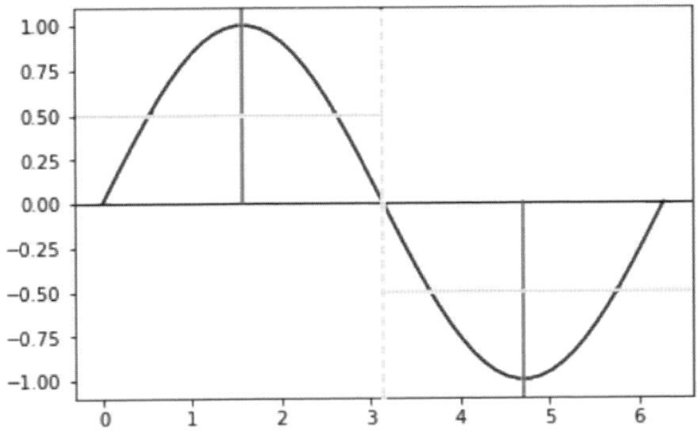

▲ [그림 16.7] 수직/수평선 그리기: plt.axhline(), plt.axvline()

| In [4]: | ```plt.plot(x, y)
plt.hlines(y = 0, xmin = 0, xmax = 2 * np.pi, color = 'k', linewidth = 1)``` |

```
plt.vlines(x = np.pi, ymin = -1, ymax = 1, color = 'b')
plt.vlines(x = [np.pi / 2, np.pi * 3 / 2],
           ymin = [0, -1], ymax = [1, 0],
           color = 'r', linestyle = '--')
plt.show()
```

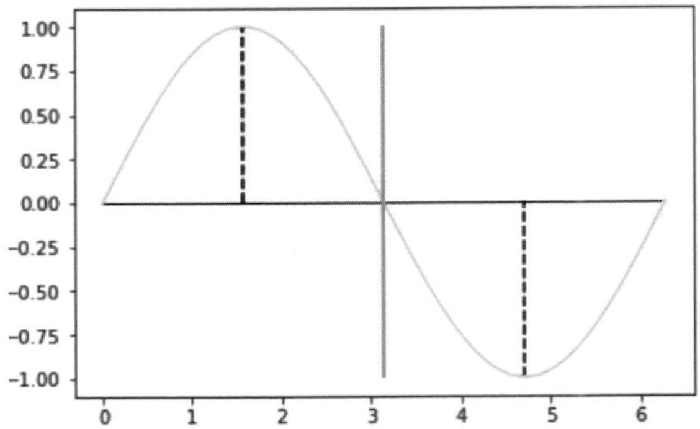

▲ [그림 16.8] 수직/수평선 그리기: plt.hlines(), plt.vlines()

프로그램 설명

① In [2]는 0에서 2 * np.pi의 범위에서 num = 51개의 x 좌표를 균등 간격으로 배열 x에 생성하고, 배열 x의 각 좌표의 사인(sine)값을 배열 y에 생성한다.

② In [3]은 plt.plot()로 사인(sine) 그래프를 그리고, plt.axhline()으로 y = 0의 수평선을 검은색(color = 'k') 실선으로 그리고, y = 0.5, −0.5에서 x값의 범위를 xmin, xmax로 설정하여 수평선을 파란색(color = 'b') 실선으로 그린다. plt.axvline()으로 x = np.pi, np.pi / 2, np.pi * 3 / 2에서 수직선을 그린다([그림 16.7]). ymin과 ymax로 수직선의 범위를 설정할 수 있다.

③ In [4]는 plt.plot()로 사인(sine) 그래프를 그리고, plt.hlines()로 y = 0의 수평선을 검은색(color = 'k') 실선으로 그린다. plt.vlines()로 x = np.pi, np.pi / 2, np.pi * 3 / 2에서 수직선을 그린다([그림 16.8]). plt.hlines()와 plt.vlines()는 하나 이상의 수평선과 수직선을 그릴 수 있다.

[step16_8] 그래프 채우기	
In [1]:	%matplotlib inline import matplotlib.pyplot as plt import numpy as np
In [2]:	x = np.linspace(0, 2 * np.pi, num = 101) y = np.sin(x)

In [3]:

```
plt.plot(x, y, color = 'b')
# y1: the first curve
# y2: the second curve
plt.fill_between(x, y1 = 0, y2 = y, where = y >= 0,
    color = 'b', alpha = 0.5)
plt.fill_between(x, y1 = 0, y2 = y, where = y < 0,
    color = 'r',  alpha=0.5)
plt.show()
```

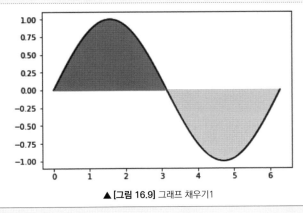

▲ [그림 16.9] 그래프 채우기1

In [4]:

```
plt.plot(x, y, color = 'b')
# y1: the first curve
# y2: the second curve
plt.fill_between(x, y1 = 0, y2 = y, where = y >= 0,
    color = 'b', alpha = 0.5)
plt.fill_between(x, y1 = 0, y2 = y, where = y < 0,
    color = 'r',  alpha=0.5)
plt.show()
```

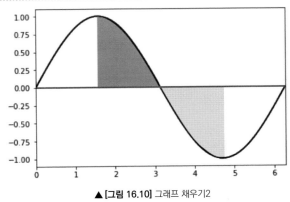

▲ [그림 16.10] 그래프 채우기2

프로그램 설명

① In [3]에서 plt.plot()로 사인(sine) 그래프를 그리고, plt.fill_between()으로 x에서 y1 = 0과 y2 = y 사이를 y >= 0이면 파란색(color = 'b'), 투명도 alpha = 0.5로 채워 그리고, y < 0이면 빨간색(color = 'r'), 투명도 alpha = 0.5로 채워 그린다([그림 16.9]).

② In [4]에서 plt.plot()로 사인(sine) 그래프를 그리고, 배열 x2에 np.pi / 2에서 3 * np.pi / 2의 범위에서 101개의 데이터를 생성한다. y2 = np.sin(x2)로 y2를 다시 계산하고, plt.fill_between()으로 x2에서 y1 = 0과 y2 = y2 사이를 y >= 0이면 파란색(color = 'b'), 투명도 alpha = 0.5로 채워 그리고, y < 0이면 빨간색(color = 'r'), 투명도 alpha = 0.5로 채워 그린다([그림 16.10]).

[step16_9] 활성화 함수(activation function) 그리기

In [1]:
```
%matplotlib inline
import matplotlib.pyplot as plt
import numpy as np
```

In [2]:
```
x = np.linspace(-1, 1, num = 51)
y1 = (x > 0).astype(np.float)        # Step function
plt.plot(x, y1, "k-")
plt.show()
```

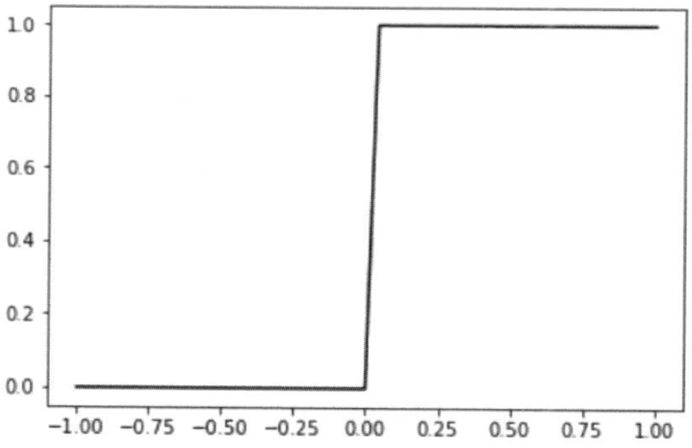

▲ [그림 16.11] Step(x)

In [3]:
```
# x = np.linspace(-1, 1, num = 51)
y2 = np.maximum(0, x)        # ReLU function
plt.plot(x, y2, "g-")
plt.show()
```

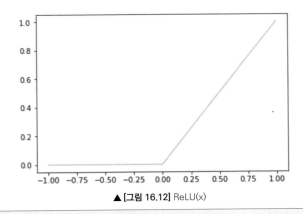

▲ [그림 16.12] ReLU(x)

In [4]:
```
x = np.linspace(-10, 10, num = 51)
y3 = 1 / (1 + np.exp(-x))        # Logistic, sigmoid function
y4 = np.tanh(x)                  # TanH function

plt.plot(x, y3, "r-", label = "y3 = sigmoid(x)")
plt.plot(x, y4, "b-", label = "y4 = TanH(x)")
```

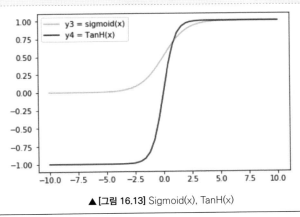

▲ [그림 16.13] Sigmoid(x), TanH(x)

프로그램 설명

① [Step 11_1]의 활성화 함수를 그래프로 그린다.

② In [2]는 배열 x에 −1에서 1의 범위에서 num = 51개의 x 좌표를 균등 간격으로 생성하고, x의 값이 음수이면 0, 양수이면 1인 계단(step) 함수를 배열 y1에 생성하여 검은색 실선("k−")으로 그린다([그림 16.11]).

③ In [3]은 x의 값이 음수이면 0, 양수이면 x인 ReLU(x) 함수를 배열 y2에 생성하여 녹색 실선("g−")으로 그린다([그림 16.12]).

④ In [4]는 배열 x에 −10에서 10의 범위에서 num = 51개의 x 좌표를 균등 간격으로 생성한다. 배열 y3에 시그모이드 함수값을 생성하고, 배열 y4에 TanH 함수값을 생성한다. 시그모이드 함수(y3)는 빨간색 실선("r−")으로 그리고, TanH 함수(y4)는 파란색 실선("b−")으로 그린다([그림 16.13]).

[step16_10] 정규분포	
In [1]:	``` %matplotlib inline import matplotlib.pyplot as plt import numpy as np ```

In [2]:	```
	def gauss(mu, sigma, x):
	y = np.exp(-((x - mu) ** 2) / (2 * sigma ** 2))
	y /= sigma * np.sqrt(2 * np.pi)
	return y
	``

In [3]:	``` #1 mu, sigma= 0, 2 x = np.linspace(-4 * sigma, 4 * sigma, num = 101) y1 = gauss(mu, sigma, x) plt.plot(x, y1, color = "#ff0000", label = "sigma = 2") #2 mu, sigma= 0, 1 y2 = gauss(mu, sigma, x) plt.plot(x, y2, color = "#00ff00", label = "sigma = 1") #3 mu, sigma = 0, 0.5 y3 = gauss(mu, sigma, x) plt.plot(x, y3, color = "#0000ff", label = "sigma = 0.5") #4 plt.title(" Normal dist. N(0, sigma)") plt.legend(loc = "best") plt.show() ```

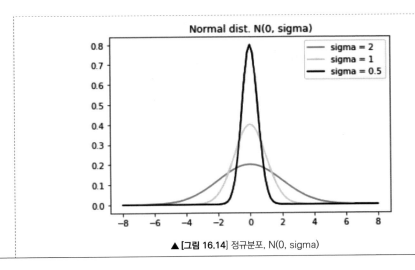

▲ [그림 16.14] 정규분포, N(0, sigma)

프로그램 설명

① In [2]의 gauss(mu, sigma, x) 함수는 배열 x에서의 평균(mu), 표준편차(sigma)의 정규분포 함수의 값을 배열 y에 계산하여 반환한다.

$$y = \frac{1}{\sigma \sqrt{2\pi}} \exp\left(-\frac{1}{2} \frac{(x-\mu)^2}{\sigma^2}\right)$$

② In [3]의 #1에서 −4 * sigma에서 4 * sigma까지를 균등 간격으로 num = 101개의 값을 배열 x에 생성한다. mu = 0, sigma = 2인 정규분포 함수값을 배열 y1에 생성한다. plt.plot() 함수로 배열 x, y1을 color = "#ff0000", label = "sigma = 2"로 그래프를 그린다.

③ In [3]의 #2에서 mu = 0, sigma = 1인 정규분포 함수값을 배열 y2에 생성한다. plt.plot() 함수로 배열 x, y2를 color = "#00ff00", label = "sigma = 1"로 그래프를 그린다.

④ In [3]의 #3에서 mu = 0, sigma = 0.5인 정규분포 함수값을 배열 y3에 생성한다. plt.plot() 함수로 배열 x, y3를 color = "#0000ff", label = "sigma = 0.5"로 그래프를 그린다.

⑤ In [3]의 #4에서 그래프의 타이틀을 설정하고, 범례를 최적("best")의 위치에 배치하고, plt.show()는 그래프를 화면에 표시한다([그림 16.14]).

[step16_11] 흩어진 산점도(scatter) 그리기	
In [1]:	%matplotlib inline import numpy as np import matplotlib.pyplot as plt
In [2]:	X = np.array([[0, 0], [0, 1], [1, 0], [1, 1]], dtype = np.float32) target = np.array([0,1, 1, 0], dtype = np.float32) # XOR
In [3]:	plt.gca().set_aspect('equal') #plt.scatter(x = X[:, 0], y = X[:, 1], c = target, s = 100) X0 = X[target == 0] plt.scatter(x=X0[:, 0], y = X0[:, 1], marker = 'o', s = 100) X1 = X[target == 1] plt.scatter(x=X1[:, 0], y = X1[:, 1], marker = '+', s = 100) plt.show()
	▲ [그림 16.15] 산점도(scatter) 그리기

프로그램 설명

① In [2]는 배열 X에 4개의 (x, y) 데이터와 target에 X의 XOR 결과를 생성한다.

② In [3]에서 plt.gca().set_aspect('equal')는 축의 종횡비를 같게 한다. plt.scatter()로 X 배열의 데이터를 target = 0이면 마커 marker = 'o'로 하고, target = 1이면 마커 marker = '+'로 하여 크기 s = 100으로 표시한다([그림 16.15]).

[step16_12] 텍스트 출력	
In [1]:	```%matplotlib inline
import matplotlib.pyplot as plt```
In [2]:	```plt.axis([0, 10, 0, 10])
plt.text(2, 8, "$e{^{ix}} = cos(x) + i\/sin(x) $",
style = 'italic', fontsize = 20,
bbox = {'facecolor': 'red', 'alpha': 0.5, 'pad': 10})
plt.text(2, 6, r"parabola: $y=ax^2 + bx+c$", fontsize = 20)
plt.text(2, 4, r"$\alpha_i > \beta_i$", fontsize = 40)
plt.text(2, 2, r"$\sum_{i=0}^\infty x_i$", fontsize = 20,
color = 'green')
plt.show()```

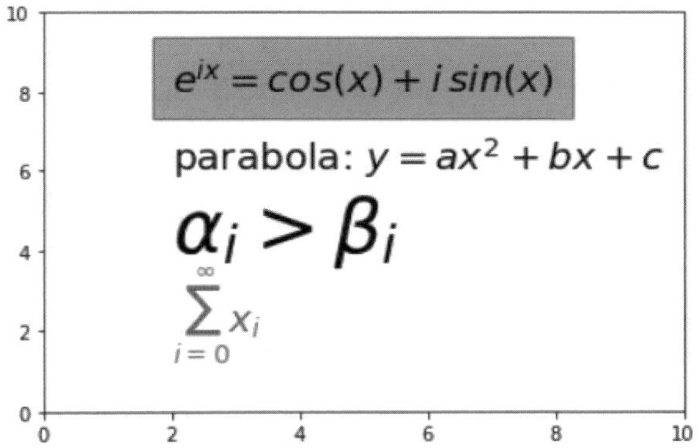

▲ [그림 16.16] 텍스트 출력

프로그램 설명

① In [2]에서 plt.axis([0, 10, 0, 10])는 X축과 Y축의 범위를 각각 [0, 10]으로 설정한다.

② In [2]에서 plt.text()는 주어진 (x, y) 위치에 문자열을 출력한다. 문자열에서 한 쌍의 $ 기호 사이에 TeX 수학기호를 표현한다. [그림 16.16]은 문자열을 출력한 결과이다.

[step16_13] 컬러 이미지 입출력

| In [1]: | ```
%matplotlib inline
import matplotlib.pyplot as plt
import matplotlib.image as image        # pip install pillow
``` |
|---|---|
| In [2]: | ```
!pip install pillow
``` |
| | Requirement already satisfied: pillow in.... |
| In [3]: | ```
img = image.imread("lena.jpg")
print("img.shape =", img.shape)

plt.axis("off")
plt.imshow(img)

image.imsave("lena.png", img)
plt.savefig("lena2.png")

plt.show()
``` |
| | image.shape = (512, 512, 3) |

▲ [그림 16.17] 이미지 출력
```

프로그램 설명

① matplotlib.image.imread(fname, format = None)은 fname 영상 파일을 읽어 numpy.array 배열을 반환한다. matplotlib는 기본적으로 PNG 파일만을 로드할 수 있으나, PILLOW가 설치되어 있으면 다양한 형식의 파일을 읽을 수 있다. 그레이스케일 영상은 M×N 배열을 반환하고, RGB 컬러영상은 M×N×3 배열, RGBA 컬러영상은 M×N×4 배열을 반환한다.

② matplotlib.image.imsave(fname, arr, vmin = None, vmax = None, cmap = None, format = None, origin = None, dpi = 100)는 arr 배열을 fname 영상 파일에 저장한다. origin = 'upper'이면 arr[0, 0]의 위치가 왼쪽-위(upper-left)이고, origin = 'lower'이면 arr[0, 0]의 위치가 왼쪽-아래(lower-left)이다.

③ In [2]는 !pip install pillow로 주피터 노트북에서 Pillow/PIL를 설치한다. 표시된 메시지는 Pillow/PIL이 이미 설치되어 있음을 나타낸다.

④ In [3]은 image.imread()로 "lena.jpg" 파일을 img 배열에 로드한다. Pillow/PIL를 설치하였기 때문에 jpg 파일을 로드할 수 있다. type(img)은 〈class 'numpy.ndarray'〉이다. img.shape은 (512, 512, 3)이다.

⑤ plt.axis("off")는 축을 표시하지 않고, plt.imshow(img)는 현재 Axes 객체에 img 배열을 표시한다([그림 16.17]). image.imsave()로 img 배열을 "lena.png" 파일에 저장한다. plt.savefig()로 Axes 객체를 "lena2.png" 파일에 저장한다.

[step16_14] 그레이스케일 이미지 입출력	
In [1]:	``` %matplotlib inline import numpy as np import matplotlib.pyplot as plt from PIL import Image # pip install pillow ```

In [2]:	```
	img = Image.open("lena.jpg").convert("L") # RGB to Grayscale
	print("type(img) =", type(img))
	
	imgArr = np.asarray(img)
	print("imgArr.shape =", imgArr.shape)
	
	plt.axis("off")
	plt.imshow(imgArr, cmap = 'gray')
	plt.show()
	
	type(img) = <class 'PIL.Image.Image'>
	imgArr.shape = (512, 512)
	``

▲ [그림 16.18] 그레이스케일 이미지 출력

프로그램 설명

① Pillow/PIL의 Image 클래스를 이용하여 컬러영상을 읽고, 그레이스케일로 변환하여 matplotlib를 이용하여 화면에 표시한다.

② In [2]는 "lena.jpg" 파일을 개방하고, 그레이스케일("L")로 변환하여 img 객체를 생성한다. type(img)는 ⟨class 'PIL.Image.Image'⟩이다. np.asarray()로 img를 넘파이 배열 imgArr로 변환한다. imgArr는 imgArr.shape = (512, 512)인 2차원 배열이다. plt.imshow(imgArr, cmap = 'gray')은 imgArr을 그레이스케일로 화면에 표시한다([그림 16.18]).

Step 17 ─○ **Figure와 서브플롯**

matplotlib는 그래프/도형/그림을 그리기 위해서는 Figure 객체가 있어야 하며, 하나 이상의 Axes 객체가 있어야 한다. Matplotlib에서 Text, Line2D, Patch 등 보이는 요소는 Artist 객체이며, Artist 객체는 Axes에 묶여있다. plt.show()로 렌더링하면 모든 Artist 객체들이 캔버스(canvas)위에 그려진다.

[Step 16]에서처럼 Figure 객체를 생성하지 않고 plt.plot() 함수를 사용하면, 처음 호출에서 자동으로 필요한 Figure 객체를 생성하고, Figure.add_subplot(1, 1, 1)에 의해 하나의 서브플롯(subplot)과 Axes 객체를 생성한다.

여기서는 plt.figure()로 Figure 객체를 생성하고, plt.subplot() 또는 Figure.add_subplot()로 Axes 객체를 생성하여 서브플롯에 그림을 그리는 방법을 설명한다.

① **plt.gcf(), plt.gca()**
plt.gcf()는 현재(current)의 Figure 객체를 반환하고, plt.gca()는 현재의 Axes 객체를 반환한다.

② **plt.figure(num = None, figsize = None, dpi = None, facecolor = None, edgecolor = None, ...)**
plt.figure()는 새로운 Figure 객체를 생성한다. num은 Figure 객체 번호 또는 문자열이다. num = None이면 1부터 자동으로 증가시켜 Figure 객체를 생성한다. 그리기 객체는 number 속성에 num 값을 저장한다. figsize는 정수 튜플로 인치 단위의 가로(width)와 세로(height) 크기이다. dpi는 인치당 화소 수이다. facecolor는 배경색이고, edgecolor는 테두리 색이다. Figure 객체에 하나 이상의 서브플롯을 생성하고, 그 위에 그래프를 그린다.

③ **Figure.add_subplot(nrows, ncols, plot_number)**
Figure.add_subplot() 또는 plt,subplot()는 Axes 객체를 반환한다. nrows, ncols, plot_number는 각각 행과 열 그리고 플롯번호로 1에서 9까지의 정수를 사용한다. 예를 들어, Figure.add_subplot(2, 1, 1) 또는 Figure.add_subplot(211)은 2×1 서브플롯 중에서 1번 플롯의 Axes 객체를 반환한다.

④ **plt.subplots_adjust**(left = None, bottom = None, right = None, top = None, wspace = None, hspace = None)

plt.subplots_adjust()는 레이아웃을 조정한다. left, bottom, right, top으로 Figure의 위치를 설정하고, wspace와 hspace로 서브플롯 사이의 공백을 조정한다.

⑤ **plt.clf(), plt.cla()**

plt.clf()는 현재 Figure를 삭제하고, plt.cla()는 현재 Axes를 삭제한다.

[step17_1] Figure, 서브플롯, size, dpi, pixel size	
In [1]:	```%matplotlib inline import matplotlib.pyplot as plt```

In [2]:	```#1```
	```# fig = plt.figure()```
	```# ax = fig.add_subplot(111)```
	```fig = plt.gcf()```
	```ax = plt.gca()```
	```ax.plot([1, 3, 5, 7, 9], "b-")```
	
	```#2```
	```size = fig.get_size_inches()```
	```dpi = fig.get_dpi()```
	```print("size = ", size)```
	```print("dpi = ", dpi)```
	```print("pixel size = ", size * dpi)```
	
	```#3```
	```ax.set_xlabel("x") # plt.xlabel("x")```
	```ax.set_ylabel("y") # plt.ylabel("y")```
	```ax.set_title("step17_1") # plt.title("step17_1")```
	```plt.show()```

	```size = [6. 4.]```
	```dpi = 72.0```
	```pixel size = [432. 288.]```

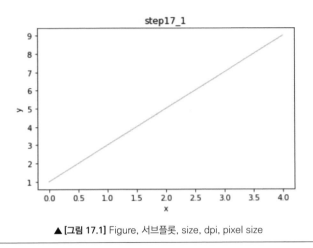

▲ **[그림 17.1]** Figure, 서브플롯, size, dpi, pixel size

프로그램 설명

① In [2]의 #1에서 fig = plt.figure()는 Figure 객체 fig를 생성한다. fig = plt.gcf()는 현재 Figure 객체를 fig에 저장한다. ax = fig.add_subplot(111)은 1×1 서브플롯 중에서 plot_number = 1로 서브플롯(Axes 객체) ax를 생성한다. ax = plt.gca()는 현재 Axes 객체를 가져와 ax에 저장하고, X = [0, 1, 2, 3, 4], Y = [1, 3, 5, 7, 9] 좌표로 파란색 실선("b–")으로 그래프를 그린다([그림 17.1]).

② In [2]의 #2에서 Figure의 현재 크기를 인치로 size = [6. 4.]에 저장하고, 인치당 화소 수를 dpi = 72.0에 저장한다. Figure의 화소 크기는 size * dpi = [432. 288.]이다.

③ In [2]의 #3에서 X축과 Y축의 레이블 그리고 그래프의 타이틀을 주어진 문자열로 설정한다.

[step17_2] Figure, 2×1 서브플롯	
In [1]:	``` %matplotlib inline import matplotlib.pyplot as plt ```
In [2]:	``` import numpy as np x = np.linspace(0, 2 * np.pi, num = 51) y1 = np.sin(x) y2 = np.cos(x) ```
In [3]:	``` #1 fig = plt.figure(num = 1, figsize = (6, 6), dpi = 300, facecolor="#f0f0f0") ```

```
#2
ax1 = fig.add_subplot(2, 1, 1)
ax2 = fig.add_subplot(2, 1, 2)

#3
ax1.plot(x, y1, "r-", label = "y1 = sin(x)")
ax2.plot(x, y2, "b-", label = "y2 = cos(x)")

#4
ax1.set_title("y1 = sin(x)")
ax2.set_title("y2 = cos(x)")
ax1.legend(loc = "best")
ax2.legend(loc = "best")

plt.show()
```

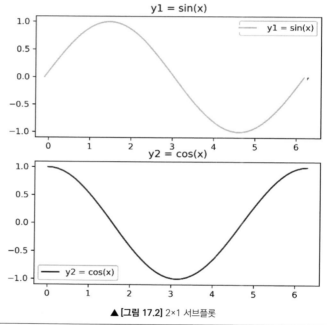

▲ [그림 17.2] 2×1 서브플롯

프로그램 설명

① In [2]는 0에서 2 * np.pi의 범위에서 num = 51개의 x 좌표를 균등 간격으로 배열 x에 생성하고, np.sin(x)와 np.cos(x)로 배열 y1, y2를 생성한다.

② In [3]의 #1에서 num = 1, 인치 크기 figsize = (6, 6), 인치당 화소 수 dpi = 100, 배경색 facecolor = "#f0f0f0"으로 Figure 객체 fig를 생성한다.

③ In [3]의 #2에서 2×1 서브플롯 중에서 plot_number = 1로 Axes 객체 ax1을 생성한다. 2×1 서브플롯 중에서 plot_number = 2로 Axes 객체 ax2를 생성한다.

④ In [3]의 #3에서 ax1에 (x, y1)로 사인(sine) 그래프를 빨간색 실선으로 그리고, ax2에 (x, y2)로 코사인 (cosine) 그래프를 파란색 실선으로 그린다.

⑤ In [3]의 #4에서 ax1rhk ax2에 타이틀을 출력하고, 범례를 출력한다([그림 17.2]).

[step17_3] Figure, 2×2 서브플롯

| In [1]: | ```
%matplotlib inline
import matplotlib.pyplot as plt
import numpy as np
``` |
|---|---|
| In [2]: | ```
#1
fig = plt.figure(num = 1, figsize = (6, 6), dpi = 100,
      facecolor = "#f0f0f0")
#ax1 = plt.subplot(2, 2, 1, facecolor = 'r')
#ax1 = fig.add_subplot(2, 2, 1, facecolor = 'r')
ax1 = fig.add_subplot(2, 2, 1)
ax1.plot(range(12))

#2
ax2 = fig.add_subplot(2, 2, 2)
x = np.linspace(start = -1, stop = 1, num = 51)
y = x ** 2
ax2.pl ot(x, y, 'b-')

#3
ax3 = fig.add_subplot(2, 2, 3)
x = np.linspace(0, 2 * np.pi, num = 51)
y = np.sin(x)
ax3.plot(x, y, 'r-')

#4
ax4 = fig.add_subplot(2, 2, 4)
``` |

```
y = np.cos(x)
ax4.plot(x, y, 'r-')
plt.show()
```

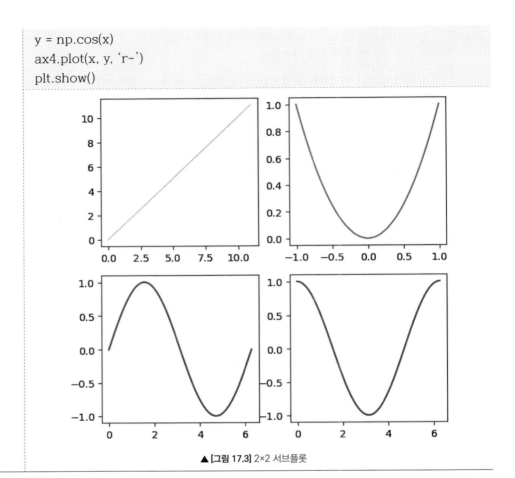

▲ [그림 17.3] 2×2 서브플롯

프로그램 설명

① ln [2]의 #1은 num = 1, figsize = (6, 6), dpi = 100, 배경색 facecolor = "#f0f0f0"으로 Figure 객체 fig를 생성한다. 2×2 서브플롯 중에서 1번 서브플롯에 Axes 객체 ax1을 생성하고, ax1.plot(range(12))로 직선을 그린다.

② ln [2]의 #2는 2번 서브플롯에 Axes 객체 ax2를 생성하고, ax2.plot(x, y, 'b-')로 y = x ** 2의 그래프를 그린다.

③ ln [2]의 #3은 3번 서브플롯에 Axes 객체 ax3을 생성하고, ax3.plot(x, y, 'r-')로 y = np.sin(x)을 그린다.

④ ln [2]의 #4는 4번 서브플롯에 Axes 객체 ax4를 생성하고, ax4.plot(x, y, 'r-')로 y = np.cos(x)를 그린다 ([그림 17.3]).

[step17_4] 2×2 서브플롯, 서브플롯 사이의 배치 간격

| In [1]: | ```%matplotlib inline
import matplotlib.pyplot as plt
import numpy as np``` |

In [2]:

```
#1
fig, ax = plt.subplots(2, 2, figsize = (6,6))
#ax[0][0].set_facecolor('r')
ax[0][0].plot(range(12))

#2
x = np.linspace(start = -1, stop = 1, num = 51)
y = x ** 2
ax[0][1].plot(x, y, 'b-')

#3
x = np.linspace(0, 2 * np.pi, num = 51)
y = np.sin(x)
ax[1][0].plot(x, y, 'r-')

#4
y = np.cos(x)
ax[1][1].plot(x, y, 'r-')

#5
plt.subplots_adjust(left = 0, bottom = 0, right = 1, top = 1,
                    wspace = 0.05, hspace = 0.05)
plt.savefig("step17_4.png", bbox_inches = 'tight')
plt.show()
```

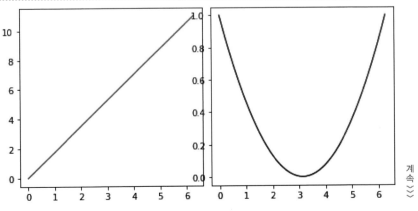

계속 >>

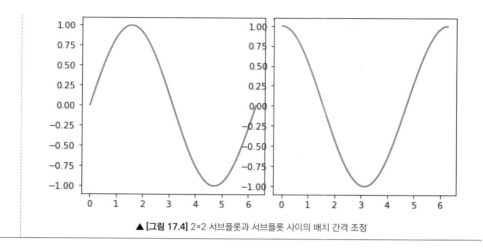

▲ [그림 17.4] 2×2 서브플롯과 서브플롯 사이의 배치 간격 조정

프로그램 설명

① In [2]의 #1은 Figure 객체 fig를 생성하고 2×2 서브플롯의 Axes 객체 배열 ax를 생성한다. ax[0][0].plot(range(12))로 직선을 그린다.

② In [2]의 #2는 ax[0][1].plot(x, y, 'b-')로 y = x**2의 그래프를 그린다.

③ In [2]의 #3은 ax[1][0].plot(x, y, 'r-')로 y = np.sin(x)을 그린다.

④ In [2]의 #4는 ax[1][1].plot(x, y, 'r-')로 y = np.cos(x)를 그린다.

⑤ In [2]의 #5에서 plt.subplots_adjust() 메서드로 서브플롯 사이의 배치 간격을 조정한다. 서브플롯의 위치 및 크기를 left = 0, bottom = 0, right = 1, top = 1로 설정하고, 서브플롯 사이의 가로 공백은 wspace = 0.05, 세로 공백은 hspace = 0.05로 조정한다. [그림 17.4]는 출력결과이다.

Step 18 ─○ **2D 그래픽**

Line2D, Rectangle, Circle, Ellipse, Rectangle, Polygon, RegularPolygon 등으로 간단한 2D 도형을 그릴 수 있다.

[step18_1] 라인 그리기

| In [1]: | ```%matplotlib inline
import matplotlib.pyplot as plt
from matplotlib.lines import Line2D``` |
| --- | --- |
| In [2]: | ```import numpy as np
x = np.linspace(-np.pi, np.pi, num = 51)
y1 = np.sin(x) * 2
y2 = np.cos(x) * 2``` |
| In [3]: | ```#1
fig = plt.figure()   # fig = plt.gcf()
ax = plt.gca(aspect = 'equal')

fig.suptitle("Graphics1", color = 'b', fontsize = 20)
ax.set_title("Line", color = 'g', fontsize = 10)

#2
ax.add_line(Line2D([0, 0], [min(y1), max(y1)],
            linewidth = 2, linestyle = '-', color = 'k')) # solid

ax.add_line(Line2D([min(x), max(x)], [0, 0],
            linewidth = 2, linestyle = '-', color = 'k')) # solid

#3
ax.add_line(Line2D(x, y1,linewidth = 2, linestyle = '--',
            color = 'r', label = "y1=2sin(x)"))   # dashed

ax.add_line(Line2D(x, y2,linewidth = 2, linestyle = '-.',
            color = 'b', label = "y2=2cos(x)"))   # dashdot

#4
ax.set_xlim(min(x), max(x))
ax.set_ylim(min(y1), max(y1))
ax.legend(loc = "best")
plt.show()``` |

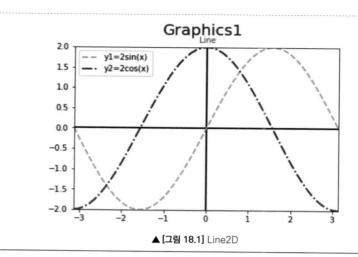

▲ [그림 18.1] Line2D

프로그램 설명

① In [1]에서 matplotlib.lines에서 Line2D를 임포트한다.

② In [2]는 배열 x에 대한 y1 = np.sin(x) * 2, y2 = np.cos(x) * 2 배열을 생성한다.

③ In [3]의 #1은 Figure 객체 fig를 생성하고, 현재 Axes 객체를 ax에 저장하고, fig와 ax의 타이틀을 출력한다.

④ In [3]의 #2는 Line2D로 검은색(color = 'k') 실선으로 중심선 2개를 ax에 추가한다.

⑤ In [3]의 #3은 Line2D로 y1 = 2sin(x)을 빨간색(color = 'r') dashed 선으로 그려 ax에 추가하고, Line2D로 y1 = 2cos(x)를 파란색(color = 'b') dashdot 선으로 그려 ax에 추가한다.

⑥ In [3]의 #4는 ax의 X, Y 축의 범위를 설정한다. [그림 18.1]은 출력결과이다.

[step18_2] 사각형 그리기

In [1]:	%matplotlib inline import matplotlib.pyplot as plt from matplotlib.patches import Rectangle

In [2]:	#1
	fig = plt.figure() # fig = plt.gcf()
	ax = plt.gca(aspect = 'equal')

```
fig.suptitle("Graphics2", color = 'b', fontsize = 20)
ax.set_title("Rectange", color = 'g', fontsize = 10)

#2
ax.add_patch(Rectangle((0.1, 0.1),      # (x,y)
                          0.2, 0.2,      # width, height
                facecolor = 'blue', edgecolor = 'black'))

ax.add_patch(Rectangle((0.4, 0.1), 0.2, 0.2,
                linewidth = None, alpha = 0.5))

ax.add_patch(Rectangle( (0.7, 0.1), 0.2, 0.2,
                linestyle = 'solid', fill = False, linewidth = 2))

#3
ax.add_patch(Rectangle((0.1, 0.4), 0.2, 0.2,
                fill = False, linestyle = 'dashed', linewidth = 2))
ax.add_patch(Rectangle((0.4, 0.4), 0.2, 0.2,
                fill = False, linestyle = 'dashdot', linewidth = 2))
ax.add_patch(Rectangle((0.7, 0.4), 0.2, 0.2,
                fill = False, linestyle = 'dotted', linewidth = 2))

#4
ax.add_patch(Rectangle((0.1, 0.7), 0.2, 0.2, fill = False, hatch = '/'))
ax.add_patch(Rectangle((0.4, 0.7), 0.2, 0.2, fill = False, hatch = '\\'))
ax.add_patch(Rectangle((0.7, 0.7), 0.2, 0.2, fill = False, hatch = 'O'))
plt.show()
```

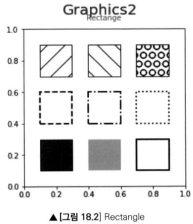

▲ [그림 18.2] Rectangle

프로그램 설명

① In [1]에서 matplotlib.patches에서 Rectangle를 임포트한다.

② In [2]의 #1에서 Figure 객체 fig를 생성하고, 현재 Axes 객체를 ax에 저장하고, fig, ax의 타이틀을 출력한다.

③ In [2]의 #2는 Rectangle()로 사각형을 생성하고, ax.add_patch()로 ax에 추가한다. 사각형은 위치(x, y)와 가로/세로 크기를 설정하고, facecolor는 배경색, edgecolor는 테두리 선색, linewidth는 라인 두께, alpha는 투명도, linestyle는 선의 종류, fill은 채우기를 설정한다. y = 0.1에, 파란색(facecolor = 'blue')으로 채운 사각형, 투명도 alpha = 0.5인 사각형, 채우지 않는(fill = False)인 가로 크기 0.2, 세로 크기 0.2인 정사각형을 그린다.

④ In [2]의 #3은 y = 0.4에 linestyle을 'dashed', 'dashdot', 'dotted'로 테두리 스타일로 정사각형을 그린다.

⑤ In [2]의 #4는 y = 0.7에 hatch 패턴 종류를 '/', '\\', 'O'으로 빗금친 사각형을 그린다. hatch 패턴 종류는 '/', '\\', 'O', 'o', '−', '+', 'x', '.', '*' 등이 있다. [그림 18.2]는 출력결과이다.

[step18_3] 원, 타원, 다각형 그리기
In [1]:
| ```
%matplotlib inline
import matplotlib.pyplot as plt
from matplotlib.patches import Circle, Ellipse
from matplotlib.patches import Polygon, RegularPolygon
``` |
| In [2]: |
| ```
#1
fig = plt.figure()    # fig = plt.gcf()
ax = plt.gca(aspect = 'equal')

fig.suptitle("Graphics3", color = 'b', fontsize = 20)
ax.set_title("Circle, Ellipse, Polygon", color = 'g', fontsize = 10)

#2
ax.add_patch(Circle((0.2, 0.2), 0.1,    # (x,y), radius
                     color = 'blue'))

ax.add_patch(Circle((0.5, 0 .2), 0.1,
                      linewidth = None, alpha = 0.5))
ax.add_patch(Circle((0.8, 0.2), 0.1,
                      linestyle = 'solid', fill = False, linewidth = 2))

#3
w, h = 0.6, 0.4
``` |

```
ax.add_patch(Ellipse((0.5, 0.5), w, h,
                    facecolor = '#ffff00', edgecolor = 'r',
                    linewidth = 4))

#4
x = [0.2, 0.5, 0.8]
y = [0.7, 0.9, 0.7]
ax.add_patch(Polygon(list(zip(x, y)),
                    fill = True, facecolor = 'y', edgecolor = 'none'))

#5
ax.add_patch(RegularPolygon((0.5, 0.5),   # (x,y)
                    4, 0.2,               # number of vertices, radius
                    facecolor = '#00ffff', alpha = 0.5))

plt.show()
```

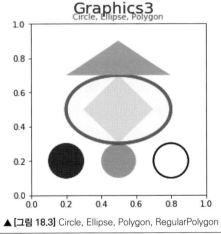

▲ [그림 18.3] Circle, Ellipse, Polygon, RegularPolygon

프로그램 설명

① In [1]에서 matplotlib.patches에서 Circle, Ellipse, Polygon, RegularPolygon를 임포트한다.

② In [2]의 #1은 Figure 객체 fig를 생성하고, 현재 Axes 객체를 ax에 저장하고, fig, ax의 타이틀을 출력한다.

③ In [2]의 #2는 Circle로 3개의 원을 그린다.

④ In [2]의 #3은 Ellipse로 타원을 그린다.

⑤ In [2]의 #4는 Polygon으로 x, y를 이용하여 삼각형을 그린다.

⑥ In [2]의 #5는 RegularPolygon으로 중심좌표(0.5, 0.5), 꼭지점의 개수(4), 반지름(0.2)로 정사각형을 그린다. [그림 18.3]은 출력결과이다.

[step18_4] 벡터 그리기

| In [1]: | ```python
%matplotlib notebook
import numpy as np
import matplotlib.pyplot as plt
``` |
|---------|------|
| In [2]: | ```python
fig = plt.figure()          # fig = plt.gcf()
ax  = plt.gca(aspect = 'equal')

x = np.linspace(0,10, num = 11)
y = np.linspace(0,10, num = 11)
X, Y = np.meshgrid(x, y)
u = np.zeros((11, 11))
v = np.zeros((11, 11))

u[5, 4] = -2
v[5, 4] = 1

u[5, 6] = 2
v[5, 6] = 1

# ax.quiver(x, y, u, v, angles = 'xy', scale_units = 'xy', scale = 1)
ax.quiver(X, Y, u, v, angles = 'xy', scale_units = 'xy', scale = 1)
plt.show()
``` |

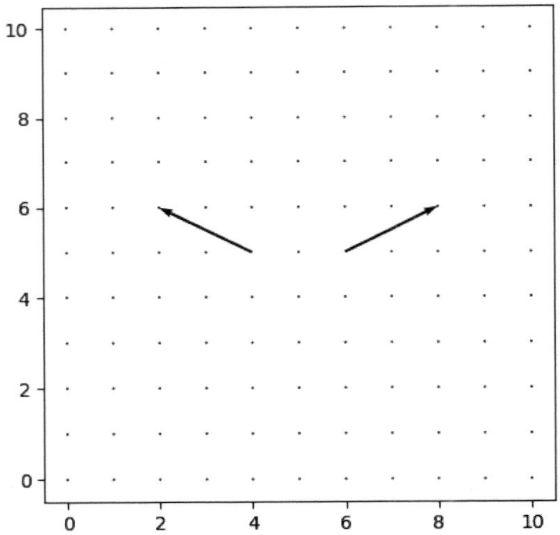

▲ [그림 18.4] quiver()로 벡터 그리기

프로그램 설명

① In [2]에서 배열 x, y에 0에서 10까지 11개의 데이터를 균등하게 생성한다. 0으로 초기화된 11×11의 2차원 배열 u와 v를 생성한다. u[5, 4], v[5, 4]에 벡터 (−2, 1)을 초기화한다. u[5, 6], v[5, 6]에 벡터 (2, 1)를 초기화한다.

② ax.quiver()로 (x, y) 또는 (X, Y) 위치에서 배열 u, v의 벡터를 화살표로 그린다([그림 18.4]). angles = 'xy'는 (x, y)에서 (x + u, y + v)로 화살표를 그린다. scale_units는 x축과 y축의 스케일 단위, scale은 스케일 값이다.

[step18_5] 삼각분할 1

In [1]:	```%matplotlib notebook```
	```import numpy as np```
	```import matplotlib.pyplot as plt```
	```from matplotlib.tri import Triangulation```

In [2]:	```x = np.array([0, 1, 1, 0.5, 0])```
	```y = np.array([0, 0, 1, 1, 1])```
	```triangles = [[0, 1, 3], [0, 3, 4], [1, 2, 3]]```
	
	```#triang = Triangulation(x, y, triangles)```
	```triang = Triangulation(x, y) # Delaunay triangulation```
	```triang.triangles```

Out[2]:	```array([[0, 1, 3],```
	``` [1, 2, 3],```
	``` [0, 3, 4]], dtype=int32)```

In [3]:	```fig = plt.figure() # fig = plt.gcf()```
	```ax = plt.gca(aspect = 'equal')```
	```ax.triplot(triang, 'bo-') # color = 'blue', marker = 'o'```
	```plt.show()```

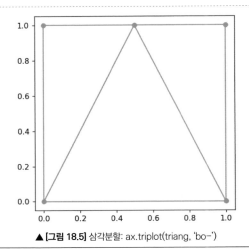

▲ [그림 18.5] 삼각분할: ax.triplot(triang, 'bo-')

프로그램 설명

① In [2]는 배열 x와 y에 5개의 2차원 좌표를 저장하고, triangles 배열에 삼각형 인덱스 정보를 생성한다. Triangulation(x, y, triangles)은 triangles 배열의 인덱스 정보를 이용하여 삼각형 객체 triang를 생성하고, Triangulation(x, y)은 Delaunay 삼각분할한 객체 triang를 생성한다. triang.x, triang.y에 좌표, triang.triangles에 삼각형 인덱스 정보가 있다.

② In [3]은 ax.triplot()로 color = 'blue', marker = 'o'로 삼각형 객체 triang을 그린다([그림 18.5]).

[step18_6] 삼각분할 2	

In [1]:	`%matplotlib notebook`
	`import numpy as np`
	`import matplotlib.pyplot as plt`
	`from matplotlib.tri import Triangulation`

In [2]:	`N = 10`
	`x = np.random.random(N)`
	`y = np.random.random(N)`
	`triang = Triangulation(x, y)     # Delaunay triangulation`

In [3]:	`fig = plt.figure()                # fig = plt.gcf()` `ax = plt.gca(aspect = 'equal')`

```
n = triang.triangles.shape[0]
C = np.arange(n)
plt.tripcolor(x, y, triang.triangles, facecolors = C,
          cmap = plt.cm.rainbow , edgecolors = 'k')
#                  plt.cm.RdYlGn
plt.show()
```

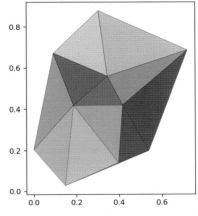

▲ **[그림 18.6]** 삼각분할: plt.tripcolor(x, y, triangle, facecolors=C, ...)

프로그램 설명

① In [2]는 배열 x, y에 난수를 사용하여 N개의 2차원 좌표를 저장하고, Triangulation(x, y)로 Delaunay 삼각분할한 객체 triang를 생성한다.

② In [3]은 plt.tripcolor()로 각 삼각형의 면색(facecolors)은 배열 C, 경계선 색은 검은색으로 채워 그린다 ([그림 18.6]). 난수를 사용하기 때문에 결과는 실행할 때마다 달라질 수 있다.

Step 19 — ○ 3D 그래픽

mpl_toolkits.mplot3d에서 3D 그래픽을 지원한다. 3D Axes 객체는 Axes3D()로 생성하거나 서브플롯을 생성할 때 projection = '3d' 인수로 생성한다.

① ax = Axes3D(plt.figure())

② ax = plt.axes(projection = '3d')   # ax = plt.gca(projection = '3d')

③ 카메라의 위치는 고도각(ax.elev), 방위각(ax.azim), 거리(ax.dist)에 의해 결정된다. ax.view_init()는 고도각과 방위각을 설정한다. 거리의 기본값은 ax.dist = 10이다.

④ 투영 방법은 원근투영(persp)과 정사투영(ortho)이 있다. 원근투영이 기본투영이다. ax.set_proj_type('ortho')로 정사투영으로 변경할 수 있다.

⑤ notebook 백앤드를 설정하면 왼쪽 마우스 드래그는 방위각과 고도각을 변경하고, 오른쪽 마우스 드래그는 거리를 변경하여 줌인-아웃을 한다.

[step19_1] 사각뿔 그리기 1	
In [1]:	```%matplotlib notebook
import numpy as np
import matplotlib.pyplot as plt
from mpl_toolkits.mplot3d import Axes3D
from mpl_toolkits.mplot3d.art3d import Line3D```
In [2]:	```points = np.array([[0, 0, 1],
[1, 1, 0], [-1, 1, 0], [-1, -1, 0],[1, -1, 0]])
# indexes in lines
edges = np.array([[0, 1],[0, 2], [0, 3],[0, 4],
[1, 2],[2, 3], [3, 4],[4, 1]])
lines = points[edges]
lines```

Out[2]:

```
array([[[ 0,  0,  1],
        [ 1,  1,  0]],

       [[ 0,  0,  1],
        [-1,  1,  0]],

       [[ 0,  0,  1],
        [-1, -1,  0]],

       [[ 0,  0,  1],
        [ 1, -1,  0]],

       [[ 1,  1,  0],
        [-1,  1,  0]],

       [[-1,  1,  0],
        [-1, -1,  0]],

       [[-1, -1,  0],
        [ 1, -1,  0]],

       [[ 1, -1,  0],
        [ 1,  1,  0]]])
```

In [3]:

```python
#1
fig = plt.figure()
ax = Axes3D(fig)
# ax = plt.gca(projection = '3d')

#2
# ax.axis('off')        # 축 해제
ax.set_xlabel("X")
ax.set_ylabel("Y")
ax.set_zlabel("Z")

ax.set_xlim3d(left = -2, right = 2)
ax.set_ylim3d(bottom = -2, top = 2)
ax.set_zlim3d(bottom = 0, top = 1)

#3
for line in lines:
    x = line[:, 0]
    y = line[:, 1]
    z = line[:, 2]
    line3d = Line3D(x, y, z, color = 'blue', linewidth = 2)
    ax.add_line(line3d)
plt.show()
```

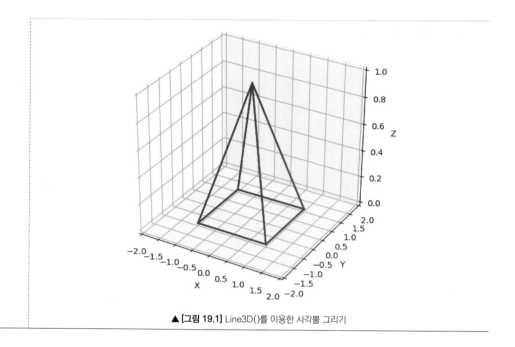

▲ [그림 19.1] Line3D()를 이용한 사각뿔 그리기

프로그램 설명

① In [1]에서 notebook 백앤드를 설정하면 왼쪽 마우스 드래그는 방위각과 고도각을 변경하고, 오른쪽 마우스를 드래그는 거리를 변경하여 줌인-아웃을 한다. Axes3D와 Line3D를 임포트한다.

② In [2]는 사각뿔의 5개의 꼭지점 좌표를 points 배열에 정의하고, edges 배열에 8개 직선의 points 배열 인덱스를 저장한다. lines는 8개 선분 좌표의 8×2×3 배열이다.

③ In [3]의 #1은 Axes3D 객체 ax를 생성한다. plt.gca(projection = '3d')로 ax를 생성할 수 있다.

④ In [3]의 #2는 축의 이름 설정하고 축의 범위를 설정한다. ax.axis('off')는 축을 보이지 않게 한다.

⑤ In [3]의 #3은 lines 배열에서 각 라인의 x, y, z 좌표 배열을 Line3D(x, y, z)로 직선(선분)을 생성하여 ax에 추가한다. [그림 19.1]은 출력결과이다.

[step19_2] 사각뿔 그리기 2	
In [1]:	%matplotlib notebook import numpy as np import matplotlib.pyplot as plt from mpl_toolkits.mplot3d import Axes3D from mpl_toolkits.mplot3d.art3d import Line3DCollection

In [2]:	points = np.array([[0, 0, 1],
	          [1, 1, 0], [-1, 1, 0], [-1, -1, 0],[1, -1, 0]])
	# indexes in lines
	edges = np.array([[0, 1],[0, 2], [0, 3],[0, 4],
	          [1, 2],[2, 3], [3, 4],[4, 1]])
	lines = points[edges]
	lines.shape

Out[2]:	(8, 2, 3)

In [3]:	```
	#1
	# fig = plt.figure()
	# ax = Axes3D(fig)
	ax = plt.gca(projection = '3d')
	
	#2
	#ax.axis('off')
	ax.set_xlabel("X")
	ax.set_ylabel("Y")
	ax.set_zlabel("Z")
	
	ax.set_xlim3d(left = -2, right = 2)
	ax.set_ylim3d(bottom = -2, top = 2)
	ax.set_zlim3d(bottom = 0, top = 1)
	
	#3
	line_c = Line3DCollection(lines, colors = 'green')
	ax.add_collection3d(line_c)
	
	#4
	X = points[:,0]
	Y = points[:,1]
	Z = points[:,2]
	ax.scatter3D(X, Y, Z, s = 100, marker = 'o')
	``

```
#5
x, y, z = X[1], Y[1], Z[1]     # location
u = X[3] - X[1]                # vector
v = Y[3] - Y[1]
w = Z[3] - Z[1]
ax.quiver3D(x, y, z, u, v, w, arrow_length_ratio = 0.1)
plt.show()
```

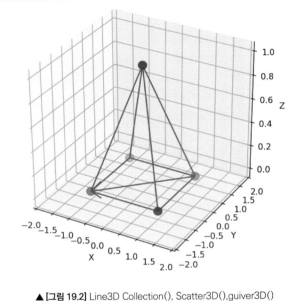

▲ [그림 19.2] Line3D Collection(), Scatter3D(),guiver3D()

프로그램 설명

① In [1]에서 notebook 백앤드를 설정하고, Axes3D와 Line3DCollection을 임포트한다.

② In [2]는 사각뿔의 5개 꼭지점 좌표를 points 배열에 정의하고, edges 배열에 8개 직선의 points 배열 인덱스를 저장한다. lines는 8개 선분 좌표의 8×2×3 배열이다.

③ In [3]의 #1은 plt.gca(projection = '3d')로 Axes3D 객체 ax를 생성한다.

④ In [3]의 #2는 축의 이름 설정하고 축의 범위를 설정한다. ax.axis('off')는 축을 보이지 않게 한다.

⑤ In [3]의 #3은 Line3DCollection()로 lines 배열의 직선 쌍을 한 번에 그린 linc_c 컬렉션을 생성하여 ax에 추가한다.

⑥ In [3]의 #4는 ax.scatter3D()로 5개의 꼭지점을 s = 100 크기의 원으로 그린다.

⑦ In [3]의 #5는 quiver3D()로 벡터(u, v, w)를 (x, y, z) 위치에 그린다. [그림 19.2]는 출력결과이다.

[step19_3] 3D 나선 그리기	
In [1]:	``` %matplotlib notebook import numpy as np import matplotlib.pyplot as plt from mpl_toolkits.mplot3d import Axes3D ```
In [2]:	``` r = 2 t = np.linspace(0, 4 * np.pi, 100) x = r * np.sin(t) y = r * np.cos(t) z = np.linspace(-2, 2, 100) ```

In [3]:	```
	#1
	fig = plt.figure()
	# ax = Axes3D(fig)
	# ax = plt.gca(projection = '3d')
	ax = fig.gca(projection = '3d')
	
	# ax.axis('off')
	ax.set_xlabel("X")
	ax.set_ylabel("Y")
	ax.set_zlabel("Z")
	
	# ax.set_xlim3d(left = -2, right = 2)
	# ax.set_ylim3d(bottom = -2, top = 2)
	# ax.set_zlim3d(bottom = -2, top = 2)
	
	#2
	ax.plot(x, y, z)
	# ax.plot(x, y, z, color = 'g', marker = 'o',linewidth = 2,
	# linestyle = 'dashed')
	plt.show()
	``

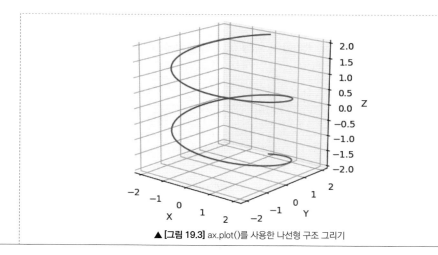

▲ [그림 19.3] ax.plot()를 사용한 나선형 구조 그리기

프로그램 설명

① In [2]는 3차원 나선(spral)의 연속좌표 100개를 배열 x, y, z에 생성한다. 0에서 4 * np.pi에 의해 2바퀴 나선이다.

② In [3]의 #1은 fig.gca()로 Figure 객체 fig를 이용하여 Axes3D 객체 ax를 생성한다.

③ In [3]의 #2는 ax.plot()로 x, y, z 배열의 3차원 좌표를 연속으로 그린다. [그림 19.3]은 출력결과이다.

[step19_4] 직육면체 그리기와 카메라 위치 변경

In [1]:	```%matplotlib notebook
import numpy as np
import matplotlib.pyplot as plt
from mpl_toolkits.mplot3d import Axes3D
from mpl_toolkits.mplot3d.art3d import Poly3DCollection```
In [2]:	```points = np.array(
[[1, 1, -1], [-1, 1, -1], [-1, -1, -1],[1, -1, -1],
[1, 1, 1], [-1, 1, 1], [-1, -1, 1], [1, -1, 1]])
polygons = np.array([[3, 2, 1, 0],   # indexes in polygon
[4, 5, 6, 7],
[0, 1, 5, 4],
[0, 4, 7, 3],
[1, 2, 6, 5],
[2, 3, 7, 6]])
segs = points[polygons]```

	segs.shape
Out [2]:	(6, 4, 3)

In [3]:

```
#1
fig = plt.figure()
ax = fig.gca(projection = '3d')

#2
ax.set_xlabel("X")
ax.set_ylabel("Y")
ax.set_zlabel("Z")

ax.set_xlim3d(left = -2, right = 2)
ax.set_ylim3d(bottom = -2, top = 2)
ax.set_zlim3d(bottom = -2, top = 2)

#3
ax.view_init(elev = 45, azim = 45)
#ax.view_init(elev = 90, azim = 45)
#ax.dist= 10          # default

#4
colors = ["red", "green", "blue", "yellow", "purple", "cyan"]
face = Poly3DCollection(segs,
        facecolor = colors,  edgecolor = 'black',
        linewidths = 2)
#face.set_edgecolor('red')
ax.add_collection3d(face)
plt.show()
```

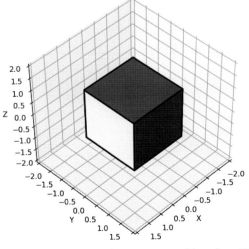

▲ [그림 19.4] ax.view_init(elev = 45, azim = 45), ax.dist = 10

계
속
≫
≫

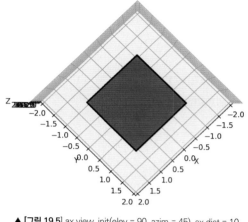

▲ [그림 19.5] ax.view_init(elev = 90, azim = 45), ax.dist = 10

프로그램 설명

① In [1]에서 Axes3D와 Poly3DCollection을 임포트한다.

② In [2]는 직육면체의 8개 꼭지점 좌표를 points 배열에 저장하고, 6개 사각면의 인덱스를 polygons 배열에 저장한다. 6×4×3의 segs 배열에 직육면체의 6면의 좌표를 저장한다.

③ In [3]의 #2에서 축의 범위를 각 축에서 −2에서 2로 제한한다.

④ ax.elev, ax.azim, ax.dist는 뷰포인트(카메라의 위치)의 위치를 설정한다. [그림 19.4]는 ax.elev = 45, ax.azim = 45를 설정한 결과이다. ax.elev는 x−y 평면과의 −90에서 90 사이의 고도각이고, ax.azim은 x−y 평면에서의 360도의 방위각이다. 카메라 거리는 기본값 ax.dist = 10이다. ax.dist의 거리가 작으면 물체는 크게 보이고, 거리가 크면 물체는 작게 보인다. [그림 19.5]는 기본값 ax.dist = 10, ax.elev = 90, ax.azim = 45로 설정한 결과이다.

⑤ In [3]의 #4는 Poly3DCollection()로 segs의 사각면을 face에 생성하여 ax에 추가한다. 카메라의 위치에 따라 다르게 보인다([그림 19.4], [그림 19.5]).

[step19_5] 3차원 곡면 1

| In [1]: | ```
%matplotlib notebook
import numpy as np
import matplotlib.pyplot as plt
from mpl_toolkits.mplot3d import Axes3D
``` |
| In [2]: | ```
#1
u = np.linspace(0, 2 * np.pi, num = 10)
v = np.linspace(0, np.pi, num = 7)

r = 5
x = r * np.outer(np.sin(v), np.cos(u))
y = r * np.outer(np.sin(v), np.sin(u))
z = r * np.outer(np.cos(v), np.ones(np.size(u)))

#2
U,V = np.meshgrid(u, v)
x2 = r * np.cos(U) * np.sin(V)
y2 = r * np.sin(U) * np.sin(V)
z2 = r * np.cos(V)
``` |
| In [3]: | ```
np.allclose(x, x2)        # np.isclose(x, x2)는 개별항목 비교
``` |
| Out [3]: | True |
| In [4]: | ```
#1
fig = plt.figure()
ax1 = fig.add_subplot(121, projection = '3d')

ax1.set_xlabel("X")
ax1.set_ylabel("Y")
ax1.set_zlabel("Z")
ax1.plot_surface(x, y, z, rstride = 1, cstride = 1, color = 'w',
                 edgecolor = 'k', shade = 0)
# ax1.plot_wireframe(x, y, z)

#2
ax2 = fig.add_subplot(122, projection = '3d')
ax2.set_xlabel("X")
ax2.set_ylabel("Y")
ax2.set_zlabel("Z")
``` |

```
ax2.plot_surface(x2, y2, z2, rstride = 1, cstride = 1, color = 'w',
                 edgecolor = 'k', shade = 0)
#ax2.plot_wireframe(x2, y2, z2)
plt.show()
```

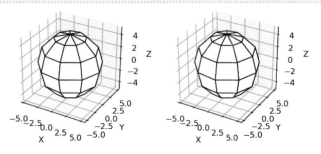

▲ [그림 19.6] plot_surface()

프로그램 설명

① In [1]에서 3차원 그래픽을 위해 Axes3D를 임포트한다.

② In [2]는 구(sphere)의 좌표를 계산한다. #1은 np.outer()로 구의 좌표 x, y, z 배열을 계산하고, #2는 np.meshgrid()를 이용하여 x2, y2, z2 배열을 계산한다.

$$x = r \sin(v) \cos(u)$$
$$y = r \sin(v) \sin(u)$$
$$z = a \cos(v)$$

여기서, $0 \le u \le 2\pi, 0 \le v \le \pi$

③ In [3]은 배열 x와 x2가 같음을 보인다. y와 y2가 같고, z와 z2가 같다. x, y, z, x2, y2, z2, U, V 배열의 모양은 모두 (7, 10)이다.

④ In [4]의 #1은 fig 객체를 생성하고, 1×2 서브플롯의 1번에, projection = '3d'로 Axes3D 객체 ax1을 생성한다. ax1.plot_surface()로 x, y, z 배열에 대한 곡면을 흰색 면(color = 'w'), 검은색 에지(edgecolor = 'k'), 음영 없이(shade = 0) 생성한다. rstride와 cstride은 곡면을 얼마나 자세히 처리하는가를 결정하는 배열의 행의 보폭과 열의 보폭을 결정한다. ax1.plot_wireframe()는 와이어 프레임을 생성한다.

⑤ In [4]의 #2는 1×2 서브플롯의 2번에, projection = '3d'로 Axes3D 객체 ax2를 생성한다. ax2.plot_surface()로 x2, y2, z2 배열에 대한 곡면을 흰색 면(color = 'w'), 검은색 에지(edgecolor = 'k'), 음영 없이(shade = 0) 생성한다.

⑥ [그림 19.6]은 plot_surface()의 곡면결과이다. plot_wireframe()는 와이어 프레임으로 그린다.

[step19_6] 3차원 곡면 2	
| In [1]: | ```python
%matplotlib notebook
import numpy as np
import matplotlib.pyplot as plt
from mpl_toolkits.mplot3d import Axes3D
from matplotlib import cm
``` |
| In [2]: | ```python
#1
x = np.linspace(-5, 5, num = 11)
y = np.linspace(-5, 5, num = 11)
X, Y = np.meshgrid(x, y)
Z  = X ** 2 + Y ** 2
Z1 = X ** 2 - Y ** 2
#2
'''ref: 2D Gaussian Function:
        https://en.wikipedia.org/wiki/Gaussian_function'''
A = 1
mX = 0
mY = 0
sX = 1
sY = 1
X2 = ((X - mX) ** 2) / (2 * sX ** 2)
Y2 = ((Y - mY) ** 2) / (2 * sY ** 2)
Z2 = A * np.exp( - (X2 + Y2) )
``` |
| In [3]: | ```python
#1
fig = plt.figure()
fig.suptitle("$ z = f(x, y)$", color = 'b', fontsize = 20)

#2
ax1 = fig.add_subplot(221, projection = '3d')
ax1.plot_wireframe(X, Y, Z)
# surf1 = ax1.plot_wireframe(X, Y, Z)
# ax1.plot_wireframe(X, Y, Z1)
# ax1.plot_wireframe(X, Y, Z2)
ax1.set_title("wireframe")

#3
ax2 = fig.add_subplot(222, projection = '3d')
surf2 = ax2.plot_surface(X, Y, Z, rstride = 1, cstride = 1,
``` |
```

```
                                    cmap = cm.RdPu)
# surf2 = ax2.plot_surface(X, Y, Z1, rstride = 1, cstride = 1,
#                                  cmap = cm.RdPu)
# surf2 = ax2.plot_surface(X2, Y2, Z2, rstride = 1, cstride = 1,
#                                  cmap = cm.RdPu)
fig.colorbar(surf2)
ax2.set_title("surface")

#4
ax3 = fig.add_subplot(223, projection = '3d')
ax3.contour(X, Y, Z)          # contour lines
#ax3.contourf(X, Y, Z)        # filled contours

#ax3.contour(X, Y, Z1)        # contour lines
#ax3.contour(X, Y, Z2)        # contour lines
ax3.set_title("contour")

#5
ax4 = fig.add_subplot(224, projection = '3d')
ax4.scatter(X, Y, Z)
#ax4.scatter(X, Y, Z1)
#ax4.scatter(X, Y, Z2)
ax4.set_title("scatter")
plt.show()
```

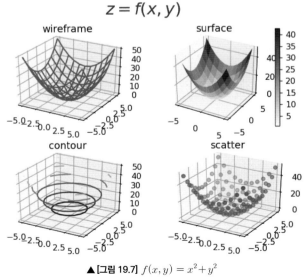

▲ [그림 19.7] $f(x, y) = x^2 + y^2$

프로그램 설명

① In [1]에서 컬러맵을 사용하기 위해 cm을 임포트하고, 3차원 그래픽을 위해 Axes3D를 임포트한다.

② In [2]는 3차원 곡면 데이터를 생성한다. #1에서 [−5, 5]의 범위에서 균등 간격으로 11개의 데이터를 x, y 배열에 생성한다. X, Y = np.meshgrid(x, y)는 배열 x, y를 이용하여 격자구조의 (11, 11)의 2차원 좌표 배열 X, Y를 생성하고, $Z = f(x,y) = x^2 + y^2$을 구현한다. 즉, $Z(i,j) = X(i,j)^2 + Y(i,j)^2$을 계산하고 $Z1 = f(x,y) = x^2 - y^2$을 구현한다.

#2는 $Z2 = f(x,y) = A\exp(-(\frac{(x-m_X)^2}{2s_X^2} + \frac{(y-m_Y)^2}{2s_Y^2}))$에서 A=1, mX = 0, mY = 0, sX = 1, sY = 1인 가우시안 함수를 계산한다.

③ In [3]의 #1은 fig 객체를 생성하고, 타이틀을 출력한다.

④ In [3]의 #2는 2×2의 1번 서브플롯에, projection='3d'로 Axes3D 객체 ax1을 생성한다. X, Y, Z 배열에 대한 3D 와이어 프레임을 생성한다.

⑤ In [3]의 #3은 2×2의 2번 서브플롯에 projection = '3d'로 Axes3D 객체 ax2를 생성한다. X, Y, Z 배열에 대한 곡면을 생성하고, Poly3DCollection 객체를 surf2에 저장한다. rstride, cstride는 곡면을 얼마나 자세히 처리하는가를 결정하는 배열의 행, 열의 보폭을 결정한다. 기본값은 rstride = 10, cstride = 10이다.

⑥ In [3]의 #4는 2×2의 3번 서브플롯에 projection = '3d'로 Axes3D 객체 ax3을 생성한다. contour()는 등고선, contourf()는 채워진 등고선을 생성한다.

⑦ In [3]의 #5는 2×2의 4번 서브플롯에 projection = '3d'로 Axes3D 객체 ax4를 생성한다. X, Y, Z 배열에 대한 3D 산포도를 생성한다. [그림 19.7]은 $f(x,y) = x^2 + y^2$의 결과이다.

[step19_7] 불규칙한 데이터의 삼각분할 곡면	

In [1]:	```%matplotlib notebook``
	```import numpy as np``
	```import matplotlib.pyplot as plt``
	```from mpl_toolkits.mplot3d import Axes3D```

In [2]:	```def f(x, y):``
	``` z = x ** 2 + y ** 2``
	```# z = x ** 2 - y ** 2``
	``` return z```

In [3]:	```N = 100``
	```theta = np.linspace(0, 2 * np.pi, num = N, endpoint = False)``
	```r = 10 * np.random.random(N)```

```
x = np.ravel(r * np.sin(theta))
y = np.ravel(r * np.cos(theta))
z = f(x, y)

ax = plt.axes(projection = '3d')
ax.plot_trisurf(x, y, z, linewidth = 0.5, edgecolor = 'k')
ax.scatter(x, y, z, color = 'r')
plt.show()
```

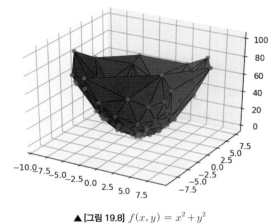

▲ [그림 19.8] $f(x, y) = x^2 + y^2$

프로그램 설명

① In [2]는 배열 x, y의 3차원 함수값 f(x, y)를 계산하여 반환한다.

② In [3]은 0에서 2 * np.pi 범위에서 N = 100개의 각도를 theta 배열에 생성한다. 난수를 이용하여 0에서 10 범위에서 N = 100개의 반지름을 r 배열에 생성한다. 배열 x, y, r을 이용하여 서로 다른 크기의 원의 좌표를 생성하고, z = f(x, y)로 x, y에서 함수값 z를 계산한다.

③ In [4]의 ax.plot_trisurf()는 3차원 좌표의 삼각분할 곡면을 그리고, ax.scatter()를 이용하여 빨간간색 점으로 좌표를 그린다. [그림 19.8]은 $f(x, y) = x^2 + y^2$의 결과이다.

[step19_8] 3D 곡면의 그래디언트 벡터 그리기

In [1]:
```python
%matplotlib notebook
import numpy as np
import matplotlib.pyplot as plt
from mpl_toolkits.mplot3d import Axes3D
from matplotlib import cm
```

In [2]:
```python
def f(X, Y):
    return X ** 2 + Y ** 2

def gradient1(X, Y):
    dX = 2 * X
    dY = 2 * Y
    return dX, dY

def gradient2(f, X, Y):     # 중심차분
    h = 0.001
    dX = (f(X + h, Y) - f(X - h, Y)) / (2 * h)
    dY = (f(X, Y + h) - f(X, Y - h)) / (2 * h)
    return dX, dY
```

In [3]:
```python
#1
x = np.linspace(-5, 5, num = 11)
y = np.linspace(-5, 5, num = 11)
X, Y = np.meshgrid(x, y, indexing = 'ij')
Z  = f(X, Y)

#2
dX, dY   = gradient1(X, Y)
dX2, dY2 = gradient2(f, X, Y)
dX3, dY3 = np.gradient(Z)
```

In [4]:
```python
#1
fig = plt.figure(figsize = (8, 8))
ax1 = fig.add_subplot(221, projection = '3d')
ax1.plot_surface(X, Y, Z, rstride = 1, cstride = 1, cmap = cm.RdPu)
ax1.set_title("$Z(X, Y) = X^2 + Y^2$")

#2
ax2 = fig.add_subplot(222, aspect = 'equal')
ax2.quiver(X, Y, dX, dY)
```

```
#ax2.streamplot(X, Y, dX, dY, density = 1)
ax2.set_title("$gradient:dX = 2X,dY = 2Y$")

#3
ax3 = fig.add_subplot(223, aspect = 'equal')
ax3.quiver(X, Y, dX2, dY2)
#ax3.streamplot(X, Y, dX2, dY2, density = 1)
ax3.set_title("$dX2,dY2 = np.gradient2(X, Y)$")

#4
ax4 = fig.add_subplot(224, aspect = 'equal')
ax4.quiver(X, Y, dX3, dY3)
#ax4.streamplot(X, Y, dX3, dY3, density = 1)
ax4.set_title("$dY3,dX3 = np.gradient(Z)$")

plt.show()
```

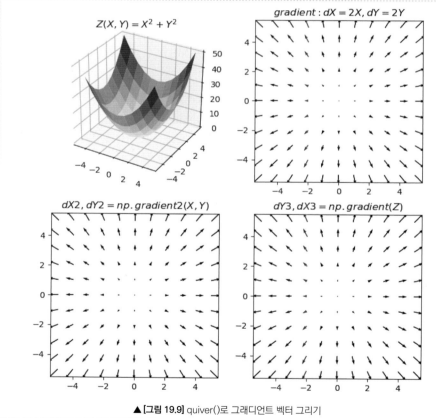

▲ [그림 19.9] quiver()로 그래디언트 벡터 그리기

프로그램 설명

① In [2]에서 $f(X, Y) = X^2 + Y^2$의 함수를 정의하고, gradient1() 함수는 다음과 같이 편미분을 계산하여 그래디언트 벡터를 반환한다.

$$\nabla f(X, Y) = \begin{pmatrix} \dfrac{\partial f(X, Y)}{\partial X} \\ \dfrac{\partial f(X, Y)}{\partial Y} \end{pmatrix} = \begin{pmatrix} \dfrac{\partial (X^2 + Y^2)}{\partial X} \\ \dfrac{\partial (X^2 + Y^2)}{\partial Y} \end{pmatrix} = \begin{pmatrix} 2X \\ 2Y \end{pmatrix}$$

gradient2() 함수는 함수 f()의 편미분을 중심차분을 이용하여 근사적으로 계산하여 그래디언트 벡터를 반환한다.

$$\frac{\partial f(X, Y)}{\partial X} = \frac{f(X+h, Y) - f(X-h, Y)}{2h}$$

$$\frac{\partial f(X, Y)}{\partial Y} = \frac{f(X, Y+h) - f(X, Y-h)}{2h}$$

② In [3]의 #1은 −5에서 5 범위에서 num = 11개의 데이터를 배열 x, y에 생성한다. np.meshgrid()에서 행렬 인덱싱(indexing = 'ij')으로 2차원 좌표 배열 X, Y에 생성한다. XY−좌표계 인덱싱으로 X, Y 배열을 생성하면, dY3, dX3 = np.gradient(Z)로 그래디언트를 계산해야 한다. Z = func(X, Y)는 2차원 좌표에서 함수값을 Z에 계산한다.

③ In [3]의 #2는 그래디언트 벡터를 계산한다. gradient1()로 dX, dY에 그래디언트 벡터를 계산하고, gradient2()로 dX2, dY2에 그래디언트 벡터를 계산하고, np.gradient()로 dX3, dY3에 그래디언트 벡터를 계산한다.

④ In [4]는 함수와 그래디언트 벡터를 그린다. #1은 8×8인치의 Figure를 생성하고, ax1.plot_surface()로 ax1에 $Z(X, Y) = X^2 + Y^2$함수를 3D 곡면으로 그린다.

⑤ #2는 ax2.quiver()로 (X, Y) 위치에 그래디언트 벡터 (dX, dY)를 그린다.

⑥ #3은 ax3.quiver()로 (X, Y) 위치에 그래디언트 벡터 (dX2, dY2)를 그린다.

⑦ #4는 ax2.quiver()로 (X, Y) 위치에 그래디언트 벡터 (dX3, dY3)를 그린다.

⑧ [그림 19.9]는 3D 곡면과 그래디언트 벡터의 결과이다. 수식을 미분하여 정확히 계산한 그래디언트 (dX,dY)와 중심차분에 의해 근사적으로 계산한 그래디언트 (dX2, dY2), (dX3, dY3)가 같은 방향을 가리킨다.

[step19_9] 3D 막대그래프	
In [1]:	``` %matplotlib notebook import numpy as np import matplotlib.pyplot as plt from mpl_toolkits.mplot3d import Axes3D ```

In [2]:	```
	x = np.arange(4)
	y = np.arange(4)
	xx, yy=np.meshgrid(x, y)
	
	X, Y = xx.ravel(), yy.ravel()
	Z = np.zeros_like(X)
	
	data = np.array([[0, 0, 0, 0],
	                 [0, 2, 1, 0],
	                 [0, 3, 4, 0],
	                 [0, 0, 0, 0]])
	
	dx = 0.8 * np.ones_like(Z)
	dy = dx.copy()
	dz = data.flatten()
	colors = plt.cm.jet(dz / dz.max()) # colors.shape = (16, 4)
	``

In [3]:	``` ax = plt.gca(projection = '3d') ax.bar3d(X, Y, Z, dx, dy, dz, color = colors) plt.show() ```

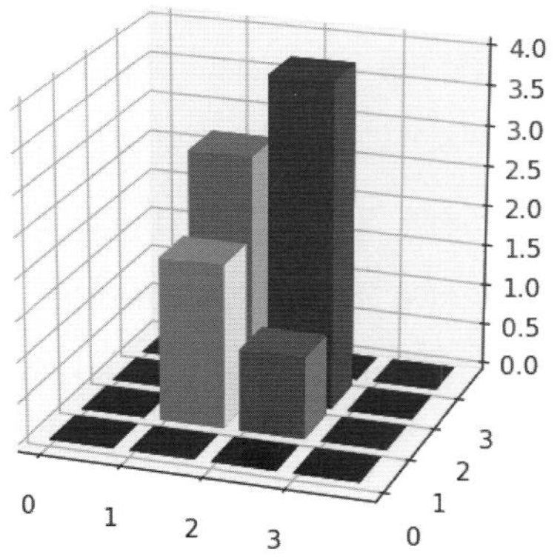

▲ [그림 19.10] 막대그래프 그리기

프로그램 설명

① In [2]에서 3D 막대그래프의 위치 좌표를 XY 평면의 0에서 3까지를 그리드로 생성하고, ravel()로 1차원 배열 X, Y에 생성한다. Z는 배열 X와 같은 크기의 0인 배열로 생성한다.

② 막대그래프의 가로, 세로 크기 dx, dy를 0.8로 하고, 배열 data를 막대그래프의 높이 dz로 설정한다.

③ dz의 최대값으로 정규화하여 colors 배열에 저장하고, 막대그래프의 색상으로 사용한다.

④ In [3]은 projection = '3d'로 ax 객체를 생성하고, ax.bar3d()로 X, Y, Z 위치에 dx, dy, dz 크기인 막대그 래프를 colors 컬러로 그린다([그림 19.10]).

[step19_10] 복셀 그리기	
In [1]:	```%matplotlib notebook\nimport numpy as np\nimport matplotlib.pyplot as plt\nfrom mpl_toolkits.mplot3d import Axes3D```
In [2]:	```voxels = np.ones((5, 4, 3)) # XYZ\nvoxels[1:4, 1:3,:] = 0\ncolors = np.full_like(voxels, 'gray', dtype = object)\ncolors[:, :, 1] = 'red'\ncolors[:, :, 2] = 'green'```
In [3]:	```fig = plt.figure()\nax = fig.gca(projection = '3d')\nax.voxels(voxels, facecolors = colors, edgecolor = 'k')\nax.set_xlabel('X')\nax.set_ylabel('Y')\nax.set_zlabel('Z')\nplt.show()```

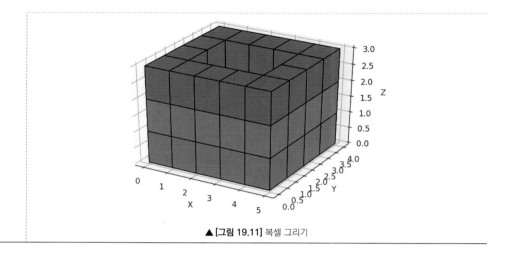

▲ [그림 19.11] 복셀 그리기

프로그램 설명

① In [2]에서 np.ones()로 5×4×3의 3차원 배열 voxels를 1로 초기화하여 생성한다. voxels[1:4, 1:3,:] 을 0으로 변경한다. voxels과 같은 모양의 colors 배열을 'gray'로 초기화하여 생성한다. colors[:, :, 1] 을 'red'로 변경하고, colors[:, :, 2]를 'green'으로 변경한다.

② In [3]은 projection = '3d'로 ax 객체를 생성하고, ax.voxels()로 3차원 배열 voxels를 colors 색상으로 복셀을 그린다([그림 19.11]). voxels 배열에서 0인 위치는 그리지 않는다.

[step19_11] 3D 텍스트	

In [1]:	```%matplotlib notebook```
	 ```import numpy as np```
	 ```import matplotlib.pyplot as plt```
	 ```from mpl_toolkits.mplot3d import Axes3D```
	 ```from mpl_toolkits.mplot3d.art3d import Line3DCollection```

In [2]:	```points = np.array([[1, 1, -1], [-1, 1, -1], [-1, -1, -1],[1, -1, -1],```
	 ``` [1, 1, 1], [-1, 1, 1], [-1, -1, 1], [1, -1, 1]])```
	
	 ```lines = np.array([[0, 1],[1, 2], [2, 3],[3, 0],```
	 ``` [4, 5],[5, 6], [6, 7],[7, 4],```
	 ``` [0, 4],[1, 5], [2, 6],[3, 7]])```
	 ```segs = points[lines]```

```
In [3]:     #1
            ax = plt.gca(projection = '3d')
            ax.axis('off')
            ax.scatter3D(points[:, 0], points[:, 1], points[:, 2],
                         s = 100, marker = 'o')

            #2
            line_c = Line3DCollection(segs, colors = 'green')
            ax.add_collection3d(line_c)

            #3
            for i, (x, y, z) in enumerate(points):
                ax.text3D(x, y, z, str(i), color = 'r', fontsize = 15)

            #4
            ax.text2D(0.01, 0.9, s = "Solid Cube", transform=ax.transAxes)
            #ax.text2D(0.01, 0.9, s = "Solid Cube",
            #  box=dict(facecolor='red', alpha=0.5), transform=ax.transAxes)
            plt.show()
```

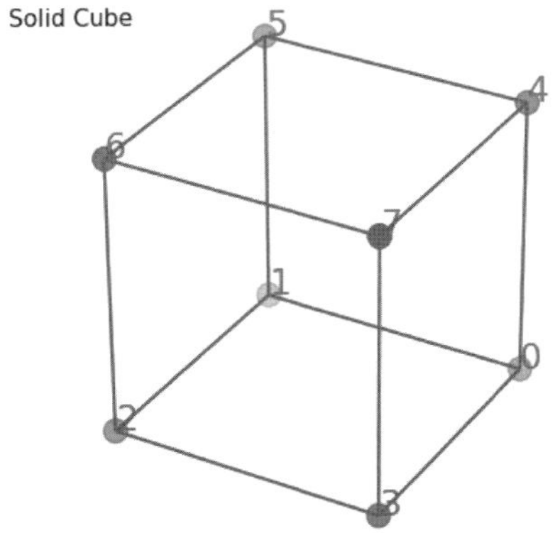

▲ [그림 19.12] 3D 텍스트

프로그램 설명

① In [2]는 직육면체의 8개 꼭지점 좌표를 points 배열에 저장하고, 12개 에지의 인덱스를 lines 배열에 저장한다. segs 배열에 직육면체의 12개 에지의 좌표를 저장한다.

② In [3]의 #1은 projection = '3d'로 ax 객체를 생성하고, ax.scatter3D()로 직육면체의 꼭지점을 표시한다.

③ In [3]의 #2는 Line3DCollection()으로 라인 컬렉션 line_c를 생성하여 ax에 추가한다.

④ In [3]의 #3은 ax.text3D()로 각 꼭지점의 번호를 빨간색으로 추가한다.

⑤ In [3]의 #4는 (0.01, 0.9) 위치에 2D 텍스트를 출력한다. [그림 19.12]는 결과이다.

Step 20 ── 애니메이션

matplotlib.animation으로 애니메이션을 지원한다. animation.FuncAnimation()은 함수를 반복적으로 호출하는 방식으로 애니메이션을 구현한다. 여기서는 간단한 함수 애니메이션과 애니메이션을 mp4 동영상 파일로 생성하는 방법을 설명한다.

[step20_1] 애니메이션 1: 움직이는 원

In [1]:
```python
%matplotlib notebook
import numpy as np
import matplotlib.pyplot as plt
import matplotlib.animation as animation
```

In [2]:
```python
cx, cy, r = 0, 0, 1
N = 360
t = np.linspace(0, 2 * np.pi, num = N)
X = r * np.sin(t) + cx
Y = r * np.cos(t) + cy
```

In [3]:
```python
#1
fig = plt.figure()
ax = plt.gca(aspect = 'equal')   # plt.axes().set_aspect('equal')
circle, = plt.plot([], [], "ro", markersize = 10)

#2
def init():
    circle.set_data([], [])
    return circle
def update(i):
    circle.set_data(X[i], Y[i])
```

```
      return circle
anim = animation.FuncAnimation(fig, update, init_func = init,
                    frames = N, interval = 20,
                    blit = True)

#3
plt.plot(X, Y)
plt.show()
```

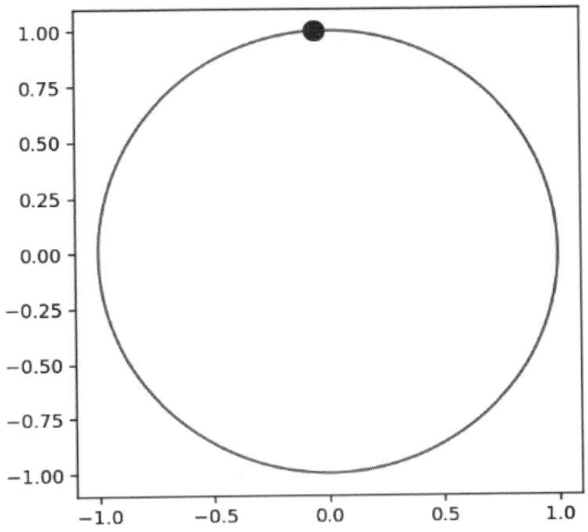

▲ [그림 20.1] 움직이는 원

프로그램 설명

① In [1]은 애니메이션을 위해 matplotlib.animation를 animation로 임포트한다.

② In [2]는 중심점 cx, cy, 반지름 r인 원 위의 좌표를 배열 X, Y에 생성한다.

③ In [3]의 #1은 fig와 ax를 생성하고, 큰 원 위를 애니메이션할 빨간색 작은 원 circle을 빈 원(현재는 보이지 않는다)으로 생성한다.

④ In [3]의 #2에서 초기화 함수 init()는 circle의 좌표를 ([ ], [ ])로 초기화 설정하고, update() 함수는 빨간색 작은 원 circle의 좌표를 (X[i], Y[i])로 변경하고, 애니메이션 객체 circle을 반환한다. animation. FuncAnimation() 함수에서 init_func = init는 초기화 함수를 init()로 설정하고, frames = N은 update() 함수의 매개변수 i에 0에서 N−1까지 반복적으로 전달한다. interval = 20은 20 밀리 초 간격으로 update() 함수를 호출한다. blit = True는 최적화하여 그린다.

⑤ In [3]은 plt.plot(X, Y)로 큰 원을 그린다. 실행결과는 배열 X, Y에 의한 큰 원 위를 빨간색 작은 원(circle)이 시계방향으로 회전한다([그림 20.1]).

[step20_2] 애니메이션 2: 움직이는 2개의 원

In [1]:
```
%matplotlib notebook
import numpy as np
import matplotlib.pyplot as plt
import matplotlib.animation as animation
```

In [2]:
```
cx, cy, r = 0, 0, 1
N = 360
t = np.linspace(0, 2 * np.pi, num = N)
X = r * np.sin(t) + cx
Y = r * np.cos(t) + cy
```

In [3]:
```
#1
fig = plt.figure()
ax = plt.gca(aspect = 'equal')   # plt.axes().set_aspect('equal')
circle, = plt.plot([], [], "ro", markersize = 10)
circle2, = plt.plot([], [], "bo", markersize = 20)

#2
def init():
    circle.set_data([], [])
    circle2.set_data([], [])
    return circle, circle2
def update(i):
    circle.set_data(X[i], Y[i])
    circle2.set_data(X[N - 1 - i], Y[N - 1 - i])
    return circle, circle2

anim = animation.FuncAnimation(fig, update, init_func = init,
                                frames = 360, interval = 20,
                                blit = True)

#3
plt.plot(X, Y)
plt.show()
```

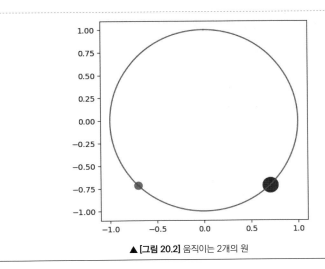

▲ [그림 20.2] 움직이는 2개의 원

프로그램 설명

① In [2]는 중심점 cx, cy, 반지름 r인 원 위의 좌표를 배열 X, Y에 생성한다.

② In [3]의 #1은 fig와 ax를 생성하고, 큰 원 위를 시계방향으로 애니메이션할 빨간색 작은 원 circle과 반시계방향으로 움직일 파란색 작은 원 circle2를 빈 원(현재는 보이지 않는다)으로 생성한다.

③ In [3]의 #2에서 초기화 함수 init()는 circle과 circle2의 좌표를 ([ ], [ ])로 초기화하여 설정하고, update() 함수는 circle의 좌표는 (X[i], Y[i]), circle2의 좌표는 (X[N − 1 − i], Y[N − 1 − i])로 변경하고, 애니메이션 객체 circle, circle2를 반환한다. animation.FuncAnimation() 함수에서 init_func = init는 초기화 함수를 init()로 설정하고, frames = N은 update() 함수의 매개변수 i에 0에서 N − 1까지 반복적으로 전달한다. interval = 20은 20 밀리 초 간격으로 update() 함수를 호출한다. blit = True는 최적화하여 그린다.

④ In [3]의 #3은 plt.plot(X, Y)로 큰 원을 그린다. 실행결과는 배열 X, Y에 의한 큰 원 위를 빨간색 원(circle)은 시계방향으로, 파란색 원(circle2)은 반시계방향으로 회전한다([그림 20.2]).

[step20_3] 애니메이션 3: 움직이는 2개의 원과 2개의 선

```
In [1]:    %matplotlib notebook
           import numpy as np
           import matplotlib.pyplot as plt
           import matplotlib.animation as animation
```

In [2]:

```
cx, cy = 0, 0
r1 = 5
r2 = 8
```

In [3]:

```
#1
fig = plt.figure()
ax  = plt.gca(aspect = 'equal')
circle, = plt.plot([], [], "ro", markersize = 10)
circle2, = plt.plot([], [], "bo", markersize = 10)

line, = plt.plot([], [], "r", lw = 2)
line2, = plt.plot([], [], "b",lw = 2)

#ax.set_xlim(cx - 10, cx + 10)
#ax.set_ylim(cy - 10, cy + 10)

#2
def init():
    ax.set_xlim(cx - 10, cx + 10)
    ax.set_ylim(cy - 10, cy + 10)
    return circle, circle2, line, line2

def update(t):
    x1 = r1 * np.sin(t) + cx
    y1 = r1 * np.cos(t) + cy

    circle.set_data(x1, y1)
    line.set_data([cx, x1], [cy, y1])

x2 = r2 * np.sin(2 * np.pi-t) + cx
    y2 = r2 * np.cos(2 * np.pi-t) + cy
    circle2.set_data(x2, y2)
    line2.set_data([cx, x2], [cy, y2])

    return circle, circle2, line, line2

anim = animation.FuncAnimation(fig, update, init_func = init,
                frames = np.linspace(0, 2 * np.pi, num = 360),
                interval = 20, blit = True)
plt.show()
```

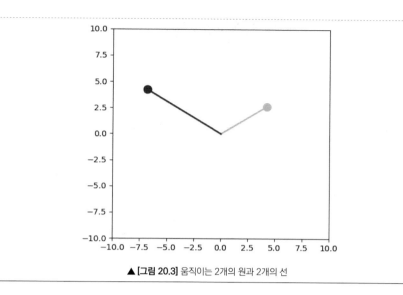

▲ [그림 20.3] 움직이는 2개의 원과 2개의 선

프로그램 설명

① In [2]는 중심점 cx, cy과 2개의 반지름 r1, r2를 초기화한다.

② In [3]의 #1은 fig와 ax를 생성하고, 애니메이션 객체 circle, circle2, line, line2의 좌표를 ([ ], [ ])로 생성한다.

③ In [3]의 #2에서 초기화 함수 init()는 x, y축의 범위를 설정한다. update() 함수는 circle, circle2, line, line2의 좌표를 매개변수 t에 의해 변경하고 애니메이션 객체를 반환한다. animation.FuncAnimation() 함수에서 init_func = init는 초기화 함수를 init()로 설정하고, frames = np.linspace(0, 2 * np.pi, num = 360)은 update() 함수의 매개변수 t에 배열의 값을 반복적으로 전달한다. interval = 20은 20 밀리 초 간격으로 update() 함수를 호출한다. blit = True는 최적화하여 그린다.

④ In [3]의 #3의 실행결과는 2개의 원과 2개의 직선이 시계방향과 반시계방향으로 회전한다([그림 20.3]).

[step20_4] 애니메이션 4: ffmpeg을 이용한 동영상 파일 생성

In [1]:
```
%matplotlib notebook
import numpy as np
import matplotlib.pyplot as plt
import matplotlib.animation as animation
```

In [2]:
```python
cx, cy = 0, 0
r1 = 5
r2 = 8
```

In [3]:
```python
#1
fig = plt.figure()
ax  = plt.gca(aspect = 'equal')
circle, = plt.plot([], [], "ro", markersize = 10)
circle2, = plt.plot([], [], "bo", markersize = 10)

line, = plt.plot([], [], "r", lw = 2)
line2, = plt.plot([], [], "b",lw = 2)

#ax.set_xlim(cx - 10, cx + 10)
#ax.set_ylim(cy - 10, cy + 10)

#2
def init():
    ax.set_xlim(cx - 10, cx + 10)
    ax.set_ylim(cy - 10, cy + 10)
    return circle, circle2, line, line2

def update(t):
    x1 = r1 * np.sin(t) + cx
    y1 = r1 * np.cos(t) + cy
    circle.set_data(x1, y1)
    line.set_data([cx, x1], [cy, y1])

    x2 = r2 * np.sin(2 * np.pi - t) + cx
    y2 = r2 * np.cos(2 * np.pi - t) + cy
    circle2.set_data(x2, y2)
    line2.set_data([cx, x2], [cy, y2])

    return circle, circle2, line, line2

anim = animation.FuncAnimation(fig, update, init_func = init,
                    frames = np.linspace(0, 2 * np.pi, num = 360),
                    interval = 20, blit = True)

#3
plt.rcParams['animation.ffmpeg_path'] = 'C:/ffmpeg/bin/ffmpeg.exe'
```

```
Writer = animation.writers['ffmpeg']
writer = Writer(fps = 24, metadata = dict(artist = 'Me'))
anim.save('step20.mp4', writer = writer)
plt.show()
```

프로그램 설명

① [step20_3]의 애니메이션에 ffmpeg을 이용한 동영상 파일 생성을 추가한다.

② FFmpeg 패키지 다운로드 페이지인 https://ffmpeg.org/download.html에서 자신의 운영체제 버전에 맞는 빌드 파일을 다운로드한다. 여기서는, Windows 64-bit/Shared 파일인 "ffmpeg-20190711-2601eef-win64-shared" 파일을 다운로드하고, "C:/ffmpeg/" 폴더에 압축을 푼다.

③ In [3]의 #3은 FFmpeg을 이용하여 초당 24프레임으로 "step20.mp4" 파일을 생성한다. plt.rcParams['animation.ffmpeg_path']에 FFmpeg의 실행 파일을 설정한다. 즉, "C:/ffmpeg/bin/ffmpeg.exe"에 ffmpeg 실행 파일이 있어야 한다. [그림 20.4]는 동영상 재생 애플리케이션을 이용하여 생성된 동영상 파일을 재생한 결과이다.

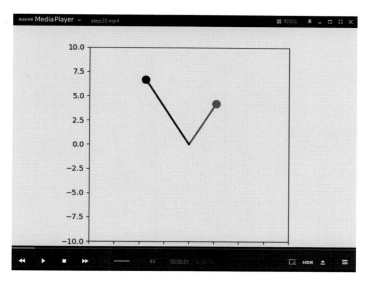

▲ [그림 20.4] step20.mp4 파일 재생

4장

선형대수
(numpy.linalg, scipy.linalg)

NumPy의 numpy.linalg에는 선형대수 모듈이 구현되어 있다. SciPy의 scipy.linalg는 고급함수가 추가 구현되어 있다.

여기서는, NumPy와 SciPy를 이용하여 벡터 연산, 행렬연산, 선형방정식의 해, 역행렬, LU 분해, Cholesky 분해, QR 분해, SVD 분해, PCA 투영, 차원 축소, 근사, 최소자승법, 고유값, 고유벡터, 고유 얼굴(Eigenface) 등의 선형대수와 관련된 내용을 설명한다.

다음과 같이 NumPy의 선형대수 모듈은 np로 접근하고, Scipy의 선형대수 모듈은 linalg로 접근한다.

```
import numpy as np
import scipy.linalg as linalg
```

Step 21 ──○ **선형대수 기초**

2장에서 NumPy의 ndarray를 사용하여 1차원 배열인 벡터(vector)와 2차원 배열인 행렬(matrix)을 생성하는 방법, 전치행렬, 요소별 연산 등에 관하여 설명하였다.

여기서는 벡터와 행렬의 기본 연산과 벡터의 길이, 벡터 사이의 각도, 행렬 곱셈에 관하여 설명한다. [표 21.1]은 numpy의 벡터 및 행렬 곱셈 관련 주요 함수이다.

dot()는 1D 배열에서는 두 벡터의 내적을 계산하고, 2D 배열에서는 두 행렬의 행렬 곱셈을 계산한다. cross()는 두 3차원 벡터에 수직인 벡터를 계산한다.

▼[표 21.1] numpy의 벡터 행렬의 주요 곱셈 함수

함수	설명
dot(a, b, out = None)	1D 배열에서는 내적, 2D 배열에서는 행렬 곱셈
vdot(a, b)	벡터의 내적
inner(a, b)	배열의 내적
outer(a, b, out = None)	배열의 외적
cross(a, b,...)	3차원 벡터 a, b에 수직 벡터
matmul(a, b, out = None)matmul(a, b, out = None)	a, b의 행렬 곱셈

[step21_1] 벡터 연산

| In [1]: | ```python
import numpy as np
u = np.array([1, 2, 3])
v = np.array([1, 1, 0])
``` |
|---|---|
In [2]:	`u + v`
Out[2]:	`array([2, 3, 3])`
In [3]:	`u - v`
Out[3]:	`array([0, 1, 3])`
In [4]:	`u * v`
Out[4]:	`array([1, 2, 0])`
In [5]:	`2 * u`
Out[5]:	`array([2, 4, 6])`
In [6]:	`np.dot(u, v)` # u.dot(v), np.vdot(u, v)
Out[6]:	`3`
| In [7]: | ```python
x = np.cross(u, v)
x
``` |
Out[7]:	`array([-3, 3, -1])`
In [8]:	`x.dot(u)` # x perpendicular to u
Out[8]:	`0`
In [9]:	`x.dot(v)` # x perpendicular to v
Out[9]:	`0`
In[10]:	`np.outer(u, v)`

Out[10]:	`array([[1, 1, 0],`
	`       [2, 2, 0],`
	`       [3, 3, 0]])`

In[11]:	`np.linalg.norm(u)` # np.sqrt(u.dot(u))
Out[11]:	`3.7416573867739413`
| In[12]: | ```python
t = np.arccos(np.dot(u, v) / (np.linalg.norm(u) * np.linalg.norm(v)))
theta = np.degrees(t)
theta
``` |
| Out[12]: | `55.46241621381916` |
```

In [13]:	t = np.arccos(np.dot(u, x) / (np.linalg.norm(u) * np.linalg.norm(x))) theta = np.degrees(t) theta
Out[13]:	90.0

프로그램 설명

① 벡터의 덧셈, 뺄셈, 스칼라 곱셈, 요소별(element-wise) 곱셈, 내적(inner/dot product), 외적(outer product), 벡터 곱/교차 곱(cross product)에 관하여 설명한다.

② In [1]은 3차원 벡터 u, v를 생성한다.

③ In [2]에서 In [5]까지는 벡터 u, v의 덧셈(u + v), 뺄셈(u − v), 요소별 곱셈(u * v), 스칼라 곱셈(2 * u)을 계산한다.

④ In [6]은 벡터 u, v의 내적을 계산한다. np.dot(u, v), u.dot(v), np.vdot(u, v)는 모두 내적을 계산한다. 벡터의 내적은 스칼라이다.

$$u \cdot v = 1 \times 1 + 2 \times 1 + 3 \times 0 = 3$$

⑤ In [7]은 벡터 u, v의 벡터 곱/교차 곱을 계산한다. u, v에 대한 벡터 곱의 결과 x는 u, v에 수직 벡터이다. 두 벡터의 내적이 0이면 두 벡터는 직각(수직)이다. In [8]에서 x.dot(u) = 0으로 x와 u는 수직이고, In [9]에서 x.dot(v) = 0으로 x와 v는 수직임을 확인한다.

⑥ In [10]은 u와 v 벡터의 외적을 계산한다. 외적의 1행은 u[0] * v, 2행은 u[1] * v, 3행은 u[2] * v이다.

⑦ In [11]에서 np.linalg.norm(u)와 np.sqrt(u.dot(u))는 벡터 u의 길이를 계산한다.

⑧ 코사인 법칙을 이용하여 In [12]는 벡터 u와 v 사이의 각도, In [13]은 벡터 u와 x 사이의 각도를 계산한다.

$$u \cdot v = |u| \, |v| \cos \theta$$

[step21_2] 행렬 연산	
In [1]:	import numpy as np A = np.array([[1, 2], [3, 4]]) B = np.array([[5, 6], [7, 8]])
In [2]:	A + B
Out[2]:	array([[6, 8], [10, 12]])

In [3]:	A - B
Out[3]:	array([[-4, -4], [-4, -4]])
In [4]:	2 * A
Out[4]:	array([1, 2, 0])
In [5]:	np.dot(A, B) # A.dot(B), np.matmul(A, B)
Out[5]:	array([[19, 22], [43, 50]])
In [6]:	np.inner(A, B)
Out[6]:	array([[17, 23], [39, 53]])
In [7]:	np.outer(A, B)

Out[7]:	array([[5, 6, 7, 8],
	       [10, 12, 14, 16],
	       [15, 18, 21, 24],
	       [20, 24, 28, 32]])

프로그램 설명

① 행렬의 덧셈, 뺄셈, 스칼라 곱셈 그리고 요소별(element—wise) 곱셈과 행렬 곱셈에 관하여 설명한다.

② In [1]은 2×2 행렬 A와 B를 생성한다.

③ In [2]에서 In [4]는 행렬 A와 B의 덧셈(A + B), 뺄셈(A − B), 요소별 곱셈(2 * A)을 계산한다.

④ In [5]에서 np.dot(A, B), A.dot(B), np.matmul(A, B)는 모두 행렬 A와 B의 행렬 곱셈을 수행한다.

$$np.dot(A,\ B) = \begin{bmatrix} 1\times5+2\times7 & 1\times6+2\times8 \\ 3\times5+4\times7 & 3\times6+4\times8 \end{bmatrix}$$

⑤ In [6]에서 np.inner(A, B)는 A[0]과 B[0] 행의 벡터 내적, A[0]과 B[1] 행의 벡터 내적, A[1]과 B[0] 행의 벡터 내적, A[1]과 B[1] 행의 벡터 내적으로 계산한다.

$$np.\in \neq r(A,\ B) = \begin{bmatrix} A[0]\ \cdot\ B[0] & A[0]\ \cdot\ B[1] \\ A[1]\ \cdot\ B[0] & A[1]\ \cdot\ B[1] \end{bmatrix}$$
$$= \begin{bmatrix} 1\times5+2\times6 & 1\times7+2\times8 \\ 3\times5+4\times6 & 3\times7+4\times8 \end{bmatrix}$$

⑥ In [7]에서 np.outer(A, B)는 2차원 배열 A와 B를 1차원으로 평탄화하여 벡터 외적을 계산한다.

$$np.outer(A,\ B) = np.outer([1,2,3,4],\ [5,6,7,8])$$

$$= \begin{bmatrix} 1\times 5 & 1\times 6 & 1\times 7 & 1\times 8 \\ 2\times 5 & 2\times 6 & 2\times 7 & 2\times 8 \\ 3\times 5 & 3\times 6 & 3\times 7 & 3\times 8 \\ 4\times 5 & 4\times 6 & 4\times 7 & 4\times 8 \end{bmatrix}$$

Step 22 ─ 선형방정식의 해

역행렬(inverse matrix)과 가우스 소거(Gauss elimination)를 이용한 선형방정식 $Ax = b$의 해(solution) x를 계산하는 방법을 설명한다.

$n \times n$ 정방행렬(square matrix) A가 유일한 해를 가지려면 다음을 만족해야 한다. 4가지 중 하나를 만족하면 나머지를 모두 만족한다. 즉, $rank(A) = n$ 이면, 행렬 A는 피봇이 n개이고, 각 열(또는 행)은 선형독립이며, 행렬식이 0이 아니고, $Ax = 0$인 영 공간(null space) $N(A)$에 $x = 0$ 벡터만 있다. [표 22.1]은 선형방정식의 해 관련 함수이다.

① $rank(A) = n$ 이면, 행렬의 랭크는 피봇의 개수이다. 즉, 모든 행과 모든 열에 피봇(pivot)이 있다.

② 행렬 A의 각 열(또는 행)이 선형독립(linearly independent)이다.

③ $N(A)$에 자명한 해(trivial solution) $x = 0$ 벡터만 있다.

④ $\det(A) \neq 0$, 행렬식(determinant)이 0이 아니다.

▼ **[표 22.1]** numpy.linalg 선형방정식의 해 관련 함수

함수	설명
matrix_rank(a)	행렬 a의 랭크
det(a)	a의 행렬식
inv(a)	a의 역행렬
solve(a, b)	ax = b의 선형방정식의 해

[step22_1] 선형방정식의 해	
In [1]:	import numpy as np A = np.array([[1., 4., 1.], 　　　　　　　　[1., 6., -1.], 　　　　　　　　[2., -1., 2.]])
In [2]:	np.linalg.matrix_rank(A)
Out[2]:	3
In [3]:	np.linalg.det(A)
Out[3]:	-17.999999999999996
In [4]:	b = np.array([7., 13., 5.]) x = np.linalg.solve(A, b) x
Out[4]:	array([5., 1., -2.])
In [5]:	np.allclose(np.dot(A, x), b)
Out[5]:	True

프로그램 설명

① 다음 선형방정식의 해를 계산한다.

$$x_1 + 4x_2 + x_3 = 7$$
$$x_1 + 6x_2 - x_3 = 13$$
$$2x_1 - x_2 + 2x_3 = 5$$

$Ax = b$의 행렬로 표현하면 다음과 같다.

$$Ax = \begin{bmatrix} 1 & 4 & 1 \\ 1 & 6 & -1 \\ 2 & -1 & 2 \end{bmatrix} \begin{bmatrix} x_1 \\ x_2 \\ x_3 \end{bmatrix} = \begin{bmatrix} 7 \\ 13 \\ 5 \end{bmatrix} = b$$

② In [1]은 3×3 행렬 A를 생성한다.

③ In [2]의 np.linalg.matrix_rank(A)는 행렬 A의 랭크를 계산한다. 행렬 A의 랭크가 3이므로 행렬 A는 완전 랭크(full rank)이다. 행렬 A의 모든 행과 모든 열에 피봇(pivot)이 있고, 독립이며 행렬 A는 역행렬을 갖는다.

④ In [3]의 np.linalg.det(A)는 행렬식 −17.999999999999996을 계산한다. 즉, 행렬 A의 행렬식이 0이 아니므로 행렬 A는 역행렬을 갖는다.

⑤ In [4]는 np.linalg.solve(A, b)로 선형방정식의 해 $x = \begin{bmatrix} 5 & 1 & -2 \end{bmatrix}$을 계산한다.

⑥ In [5]는 x해 를 확인하기 위해 np.dot(A, x)와 b가 같음을 np.allclose()로 확인한다.

[step22_2] 역행렬을 이용한 선형방정식의 해: $x = A^{-1}b$	

In [1]:	```import numpy as np
	A = np.array([[1., 4., 1.],
	              [1., 6., -1.],
	              [2., -1., 2.]])```

In [2]:	```invA = np.linalg.inv(A) invA```

Out[2]:	```array([[-0.61111111, 0.5 , 0.55555556],
	       [0.22222222, 0. , -0.11111111],
	       [0.72222222, -0.5 , -0.11111111]])```

In [3]:	```np.allclose(np.dot(A, invA), np.eye(3))```
Out[3]:	True
In [4]:	```b = np.array([7., 13., 5.]) x = np.dot(invA, b) x```
Out[4]:	```array([5., 1., -2.])```

프로그램 설명

① In [1]은 3×3 행렬 A를 생성한다.

② In [2]의 np.linalg.inv(A)로 역행렬을 invA에 계산한다.

③ In [3]은 np.dot(A, invA)는 단위행렬 np.eye(3)이다.

$$A^{-1}A = AA^{-1} = I$$

④ In [4]는 $x = A^{-1}b$로 선형방정식의 해 $x = [5 \quad 1 \quad -2]$을 계산한다.

[step22_3] scipy.linalg의 행렬식, 역행렬, 선형방정식의 해	

In [1]:	import numpy as np
	import scipy.linalg as linalg # from scipy import linalg
	A = np.array([[1., 4., 1.],
	              [1., 6., -1.],
	              [2., -1., 2.]])

In [2]:	linalg.det(A)
Out[2]:	-18.0
In [3]:	b = np.array([7., 13., 5.]) x = linalg.solve(A, b) x
Out[3]:	array([5., 1., -2.])
In [4]:	x = np.dot(linalg.inv(A), b) x
Out[4]:	array([5., 1., -2.])

프로그램 설명

① In [1]은 scipy의 선형대수 모듈 scipy.linalg를 linalg로 임포트하고, 3×3 행렬 A를 생성한다.

② In [2]의 linalg.det(A)는 행렬식 −18을 계산한다.

③ In [3]은 linalg.solve(A, b)로 선형방정식의 $x = [5 \quad 1 \quad -2]$를 계산한다.

④ In [4]는 $x = A^{-1}b$로 선형방정식의 해 를 계산한다.

[step22_4] scipy.linalg의 영 공간(null space) 벡터: $N(A)$

In [1]:	import numpy as np import scipy.linalg as linalg # from scipy import linalg
In [2]:	A = np.array([[1, 2], [3, 6]]) print("rank(A)=", np.linalg.matrix_rank(A))
	rank(A)= 1
In [3]:	x = linalg.null_space(A) x
Out[3]:	array([[-0.89442719], [0.4472136]])
In [4]:	np.dot(A, x) # Ax = 0
Out[4]:	array([[0.], [0.]])
In [5]:	B = np.array([[1, 2], [3, 8]]) print("rank(B)=", np.linalg.matrix_rank(B))
	rank(B)= 2
In [6]:	x = linalg.null_space(B) x
Out[6]:	array([], shape=(2, 0), dtype=float64)

In [7]:	C = np.array([[1, 1, 2, 4],
	             [1, 2, 2, 5],
	             [1, 3, 2, 6]])
	print("rank(C)=", np.linalg.matrix_rank(C))

	rank(C)= 2
In [8]:	x = linalg.null_space(C) x

Out[8]:	array([[0.9194268 , -0.22224133],
	       [0.04828384, -0.51071182],
	       [-0.38728763, -0.65494707],
	       [-0.04828384, 0.51071182]])

In [9]:	# linear combination: x[:,0], x[:,1]
	a, b = 1, 2 # for any value
	u = a * x[:, 0] + b * x[:, 1]
	np.allclose(np.dot(C, u),np.zeros(C.shape[0])) # Cx = 0

Out[9]:	True

프로그램 설명

① scipy.linalg.null_space(A, rcond = None)는 만족하는 x의 정규직교 기저벡터(orthonormal basis)를 반환한다. SVD 분해를 사용한다. rcond * max(s)보다 더 작은 특이값(singular value)은 0으로 처리한다.

② In [2]의 행렬 A에서 rank(A) = 1이다.

③ In [3]은 linalg.null_space()로 $Ax = 0$인 영공간 $N(A)$의 기저 벡터를 행렬 x의 열에 계산한다. rank(A) = 1이므로 $N(A)$는 1개의 열을 갖는 행렬로 반환한다.

④ In [4]는 $Ax = 0$을 확인한다. x 열벡터의 모든 선형조합 cx에 대해 $A(cx) = 0$을 만족한다.

⑤ In [5]의 행렬 B에서 rank(B) = 2이다.

⑥ In [6]은 linalg.null_space()로 $Bx = 0$인 영공간 $N(B)$의 기저벡터를 행렬 x의 열에 계산한다. rank(B) = 2이므로, 모든 열은 피봇을 가지며, 선형독립이다. 그러므로 $N(B)$는 자명한 해(trivial solution), $x = 0$밖에 없다. 이때는, array([], shape = (2, 0))와 같이 공백 배열을 반환한다.

⑦ In [7]의 3×4 행렬 C에서 rank(C) = 2이다.

⑧ In [8]은 linalg.null_space()로 $Cx = 0$인 영 공간 $N(C)$의 기저 벡터를 행렬 x의 열에 계산한다. rank(C) = 2이므로, $N(C)$는 2개의 열을 갖는 행렬 x를 반환한다.

⑨ In [9]는 x의 열벡터의 모든 선형조합 $u = a \times x[:, 0] + b \times x[:, 1]$에 대해 $Cx = 0$을 만족한다.

Step 23 ── LU 분해

LU 분해는 행렬 A를 하–삼각행렬(lower–triangular) L과 상–삼각행렬(upper–triangular) U의 곱셈으로 분해한다. [표 23.1]은 LU 행렬분해와 관련된 함수이다.

> ① scipy.linalg.lu()는 $A = PLU$로 분해한다. P는 가우스 소거 과정에서 행렬의 행 순서를 변경하는 순서행렬(permutation matrix)로 $P^{-1} = P^T$이다.
>
> ② scipy.linalg.solve_triangular()에서 lower = False이면 상–삼각행렬에서 후진 대입으로 해를 계산하고, lower = True이면 하–삼각행렬에서 전진 대입으로 선형방정식의 해를 계산한다.

m개의 방정식, n개의 미지수에서 $m > n$인 $A_{m \times n}$행렬에 대해 $Ax = b$의 선형방정식의 최소자승해는 $A^TAx = A^Tb$에 의해 계산한다.

① 선형방정식 의 해

$rank(A) = n$인 $n \times n$정방행렬 A에서 $A = PLU$로 분해하고, 전진 대입(forward–substitution)으로 $Ly = P^Tb$의 해 y를 계산하고, 후진 대입(back–substitution)으로 $L^Tx = y$의 해 x를 계산한다.

$$Ax = b$$

$$PLUx = b$$

$$LUx = P^Tb$$

$$Ly = P^Tb$$

$$Ux = y$$

② 최소자승해 $A^TAx = A^Tb$

m개의 방정식, n개의 미지수에서 $m > n$인 $A_{m \times n}$행렬에 대해 $A^TAx = A$의 선형방정식의 최소자승해(least square solution)는 $C = A^TA = PLU$로 계산한다. $Ly = P^TA^Tb$로 분해하고, 전진 대입으로 의 해 y를 계산하고, 후진 대입으로 $Ux = y$의 해 x를 계산한다.

$$A^TAx = A^Tb$$

$$Cx = A^Tb$$

$$PLUx = A^{T}b$$

$$LUx = P^{T}A^{T}b$$

$$Ly = P^{T}A^{T}b$$

$$Ux = y$$

▼**[표 23.1]** LU 행렬분해 관련 함수

함수	설명
scipy.linalg.lu(a, ...)	a = PLU
scipy.linalg.solve_triangular(a, b, lower = False,....)	ax = b 후진 대입(lower = False) 전진 대입(lower = True)

[step23_1] A = PLU 분해와 선형방정식의 해

In [1]:	`import numpy as np`
	`import scipy.linalg as linalg`
	`A = np.array([[1., 4., 1.],`
	`             [1., 6., -1.],`
	`             [2., -1., 2.]])`

In [2]:	`P, L, U = linalg.lu(A)`
In [3]:	`P`

Out[3]:	`array([[0., 0., 1.]`
	`        [0., 1., 0.],`
	`        [1., 0., 0.]])`

In [4]:	`L`

Out[4]:	`array([[1.      , 0.       , 0.      ],`
	`        [0.5     , 1.       , 0.      ],`
	`        [0.5     , 0.69230769, 1.      ]])`

In [5]:	`U`

Out [5]:	array([[2. , -1. , 2.],
	        [0. , 6.5 , -2.],
	        [0. , 0. , 1.38461538]])

In [6]:	np.dot(P, np.dot(L, U)) # A = PLU

Out [6]:	array([[1., 4., 1.],
	        [1., 6., -1.],
	        [2., -1., 2.]])

In [7]:	b = np.array([7., 13., 5.]) y = linalg.solve_triangular(L, np.dot(P.T, b), lower = True) y
Out [7]:	array([5. , 10.5 , -2.76923077])
In [8]:	x = linalg.solve_triangular(U, y) x
Out [8]:	array([5., 1., -2.])

프로그램 설명

① $Ax = b$의 선형방정식의 $A = PLU$해를 을 이용하여 계산한다.

② In [2]는 행렬 A를 PLU로 분해한다.

③ In [3]의 순서행렬 P의 역행렬은 전치행렬이다. 즉, $P^{-1} = P^T$이다.

④ In [4]는 하─삼각행렬 L이고, In [5]는 U는 상─삼각행렬이다.

⑤ In [6]은 $A = PLU$를 확인한다.

⑥ In [7]은 linalg.solve_triangular()에서 lower = True로 전진 대입으로 $Ly = P^Tb$의 해 y를 계산한다.

⑦ In [8]은 linalg.solve_triangular()에서 lower = False로 후진 대입으로 $Ux = y$로 해 $x = [5 \quad 1 \quad -2]$를 계산한다.

[step23_2] LU 분해: 최소자승해 직선 $b = mt + c$

| In [1]: | ```python
import numpy as np
import scipy.linalg as linalg
import matplotlib.pyplot as plt

A = np.array([[ 0., 1.],
              [ 1., 1.],
              [ 2., 1.]])
b = np.array([6., 0., 0.])
``` |
| In [2]: | ```python
C = np.dot(A.T, A)          # C = A.T * A
C
``` |
| Out[2]: | ```
array([[5., 3.],
       [3., 3.]])
``` |
| In [3]: | ```python
# Cx = (A.t)b  solution
x = linalg.solve(C, np.dot(A.T,b))
x
``` |
| Out[3]: | ```
array([-3.,  5.])
``` |
| In [4]: | ```python
# Pseudo inverse solution
pinv = np.dot(linalg.inv(C), A.T)     # linalg.pinv(A)
x = np.dot(pinv, b)
x
``` |
| Out[4]: | ```
array([-3.,  5.])
``` |
| In [5]: | ```python
# LU decomposition
P, L, U = linalg.lu(C)
``` |
| In [6]: | ```python
np.dot(P, np.dot(L, U))              # C = PLU
``` |
| Out[6]: | ```
array([[5., 3.],
       [3., 3.]])
``` |
| In [7]: | ```python
y = linalg.solve_triangular(L, np.dot(np.dot(P.T, A.T), b), lower= True)
y
``` |
| Out[7]: | ```
array([0., 6.])
``` |
| In [8]: | ```python
x = linalg.solve_triangular(U, y)   # LU decomposition solution
x
``` |
| Out[8]: | ```
array([-3.,  5.])
``` |

| In [9]: | ```
plt.gca().set_aspect('equal')
plt.scatter(x=A[:, 0], y = b)
m, c = x

t = np.linspace(-1, 3, num = 51)

b1 = m * t + c
plt.plot(t, b1, "b-")

plt.axis([-1, 10, -1, 10])
plt.show()
``` |
|---|---|

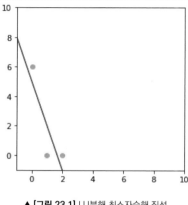

▲ **[그림 23.1]** LU분해 최소자승해 직선

프로그램 설명

① Gilbert strang의 "Introduction to LINEAR ALGEBRA, 4판"의 예제에 나오는 3개의 2차원 좌표 (0, 6), (1, 0), (2, 0)에 가장 가까운 직선 $b = mt + c$을 $A^T A x = A^T b$을 이용하여 linalg.solve(), 의사 역행렬(pseudo inverse matrix), $A = PLU$ 분해의 3가지 방법으로 계산한다(참고: [step24_2], [step25_2], [step26_3], [step27_1]). 2차원 좌표를 직선의 방정식에 적용하여 다음과 같이 행렬 표현으로 변경한다.

$$(0, 6) \ : \ 6 = m \times 0 + c$$

$$(1, 0) \ : \ 0 = m \times 1 + c$$

$$(2, 0) \ : \ 0 = m \times 2 + c$$
$$Ax = b$$
```

$$A = \begin{bmatrix} 0 & 1 \\ 1 & 1 \\ 2 & 1 \end{bmatrix}, \ x = \begin{bmatrix} m \\ c \end{bmatrix}, \ b = \begin{bmatrix} 6 \\ 0 \\ 0 \end{bmatrix}$$

$$A^{T}Ax = A^{T}b$$

$$Cx = A^{T}b$$

여기서, $C = A^{T}A = \begin{bmatrix} 0 & 1 & 2 \\ 1 & 1 & 1 \end{bmatrix} \begin{bmatrix} 0 & 1 \\ 1 & 1 \\ 2 & 1 \end{bmatrix} = \begin{bmatrix} 5 & 3 \\ 3 & 3 \end{bmatrix}$, $A^{T}b = \begin{bmatrix} 0 & 1 & 2 \\ 1 & 1 & 1 \end{bmatrix} \begin{bmatrix} 6 \\ 0 \\ 0 \end{bmatrix} = \begin{bmatrix} 0 \\ 6 \end{bmatrix}$

$$\begin{bmatrix} 5 & 3 \\ 3 & 3 \end{bmatrix} x = \begin{bmatrix} 0 \\ 6 \end{bmatrix}$$

$$x = \begin{bmatrix} m \\ c \end{bmatrix} = \begin{bmatrix} -3 \\ 5 \end{bmatrix}$$

② In [2]는 $C = A^{T}A$을 계산한다.

③ In [3]은 linalg.solve()로 $Cx = A^{T}b$의 해 x를 계산한다.

④ In [4]는 의사 역행렬(pseudo inverse matrix)인 $(A^{T}A)^{-1}A^{T}$을 pinv에 계산하여 해 x를 계산한다. linalg.pinv(A)는 의사 역행렬을 계산한다.

$$x = (A^{T}A)^{-1}A^{T}b = C^{-1}A^{T}b$$

⑤ In [4]부터 In[8]은 $C = PLU$로 분해하여 해 x를 계산한다.

⑥ In [5]는 linalg.lu()로 행렬 C를 P, L, U로 분해한다.

⑦ In [6]은 $C = PLU$를 확인한다.

⑧ In [7]은 전진 대입으로 $Ly = P^{T}A^{T}b$의 해 y를 계산한다.

⑨ In [8]은 후진 대입으로 $Ux = y$의 $x = [-3, 5]$해를 계산한다.

⑩ In [9]는 주어진 좌표를 plt.scatter(x = A[:, 0], y = b) 점으로 표시하고, 최소자승해 x를 m, c에 저장하고, 배열 t에서 직선의 좌표 b1을 생성하여, plt.plot()로 직선을 그린다([그림 23.1]).

Step 24 ⟶ Cholesky 분해

행렬 A에서 영(zero)벡터가 아닌 모든 열벡터 x에 대하여 $x^T A x > 0$이면, 양정부호(positive definite) 행렬이라 한다. 대칭행렬이고, 모든 고유값이 양수이면 양정부호 행렬이다. 대칭행렬이고, 모든 피봇 (pivots)이 양수이면 양정부호 행렬이다. AA^T행렬은 양정부호 행렬이다. 공분산 행렬(covariance matrix) 은 $x^T A x \geq 0$인 준 양정부호(semi positive-definite) 행렬이다.

예를 들어, 다음 행렬은 양정부호 행렬이다.

$$A = \begin{bmatrix} 2 & -1 \\ -1 & 2 \end{bmatrix}, \ A = \begin{bmatrix} 2 & -1 & 0 \\ -1 & 2 & -1 \\ 0 & -1 & 2 \end{bmatrix}$$

실수 대칭행렬(복소수를 포함하면 Hermitian 행렬) A이고 양정부호 행렬이면, Cholesky 분해는 $A = LL^*$ 이다. L은 하-삼각 행렬이고, $L^* = L^T = U$이다. numpy.linalg.cholesky(a), scipy.linalg. cholesky(a)는 행렬을 Cholesky 분해한다.

① 선형방정식 $Ax = b$의 해

$rank(A) = n$인 $n \times n$ 실수 정방행렬 A에서 $A = LL^*$로 분해하 고, $Ly = b$의 해 y를 전진 대입으로 계산하고, $L^T x = y$의 해 x를 후진 대입으로 계산한다.

$Ax = b$

$LL^T x = b$

$Ly = b$

$L^T x = y$

② 최소자승해 $A^T A x = A^T b$

m개의 방정식, n개의 미지수, $m > n$인 $A_{m \times n}$행렬에 대해 $Ax = b$ 의 선형방정식의 최소자승해(least square solution)는 $A^T A x = A^T b$ 로 계산한다.

$A^T A = LL^T$로 Cholesky 분해하고, 전진 대입으로 $Ly = A^T b$의 해 y를 계산하고, 후진 대입으로 $L^T x = y$의 해 x를 계산한다.

$A^T A x = A^T b$

$LL^T x = A^T b$

$Ly = A^T b$

$L^T x = y$

[step24_1] Cholesky 분해($A = LL^T$)와 선형방정식의 해

In [1]:	```
	import numpy as np
	import scipy.linalg as linalg
	
	A = np.array([[4., 12., -16.],
	              [12., 37., -43.],
	              [-16.,-43., 98.]])
	``

In [2]:	``` L = np.linalg.cholesky(A) L ```

Out[2]:	```
	array([[2., 0., 0.],
	       [6., 1., 0.],
	       [-8., 5., 3.]])
	``

In [3]:	``` L = linalg.cholesky(A, lower = True) # default: Lower = False L ```

Out[3]:	```
	array([[2., 0., 0.],
	       [6., 1., 0.],
	       [-8., 5., 3.]])
	``

In [4]:	``` np.dot(L, L.T) # A = L * L.T ```

Out[4]:	```
	array([[4., 12., -16.],
	       [12., 37., -43.],
	       [-16., -43., 98.]])
	``

In [5]:	``` x = linalg.solve_triangular(L.T, y) x ```
Out[5]:	``` y array([0.5, -2. , 5.]) ```
In [6]:	``` x = linalg.solve_triangular(L.T, y) x ```
Out[6]:	``` array([37.91666667, -10.33333333, 1.66666667]) ```
In [7]:	``` x= linalg.solve(A, b) x ```
Out[7]:	``` array([37.91666667, -10.33333333, 1.66666667]) ```

프로그램 설명

① In [1]은 3×3 양정부호(positive definite) 행렬 A를 생성한다.

② In [2]는 np.linalg.cholesky()로 행렬 A를 분해하여 L을 반환한다.

③ In [3]의 linalg.cholesky()에서 lower = True로 행렬 A를 분해하여 L을 반환한다.

④ In [4]는 $A = LL^T$을 확인한다.

⑤ In [5], In [6]은 선형방정식 $Ax = b$의 해를 Cholesky 분해로 계산한다. In [5]는 $Ly = b$의 해 y를 전진 대입으로 계산하고, In [6]은 의 해 x를 후진 대입으로 계산한다.

⑥ In [7]에서 linalg.solve()로 계산한 해와 같다.

[step24_2] Cholesky 분해: 최소자승해 직선 $b = mt + c$

In [1]:	```import numpy as np```
	```import scipy.linalg as linalg```
	```import matplotlib.pyplot as plt```
	
	```A = np.array([[0., 1.],```
	``` [1., 1.],```
	``` [2., 1.]])```
	```b = np.array([6., 0., 0.])```

In [2]:	```C = np.dot(A.T, A) # C = A.T * A``` ```C```
Out [2]:	```array([[5., 3.],``` ``` [3., 3.]])```

In [3]:	```# L = np.linalg.cholesky(C)```
	```L = linalg.cholesky(C, lower=True) # default: Lower = False```
	```L```

Out [3]:	```array([[2.23606798, 0.],``` ``` [1.34164079, 1.09544512]])```
In [4]:	```y = linalg.solve_triangular(L, np.dot(A.T,b), lower = True)``` ```y```

Out[4]:	array([0. , 5.47722558])
In [5]:	x = linalg.solve_triangular(L.T, y) x
Out[5]:	array([-3., 5.])
In [6]:	x= linalg.solve(C, np.dot(A.T,b)) x
Out[6]:	array([-3., 5.])
In [7]:	plt.gca().set_aspect('equal') plt.scatter(x = A[:, 0], y = b) m, c = x t = np.linspace(-1, 3, num = 51) b1 = m*t + c plt.plot(t, b1, "b-") plt.axis([-1, 10, -1, 10]) plt.show()

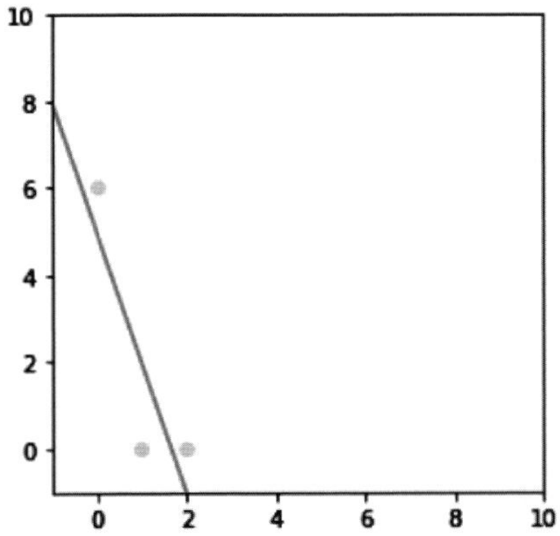

▲ [그림 24.1] Cholesky 분해 최소자승해 직선

프로그램 설명

① Gilbert strang의 "Introduction to LINEAR ALGEBRA", 4판의 예제에 나오는 3개의 2차원 좌표 $(0, 6)$, $(1, 0)$, $(2, 0)$에 가장 가까운 직선 $b = mt + c$를 Cholesky 분해로 계산한다(참고: [step23_2], [step25_2], [step26_3], [step27_1]).

$$Ax = b$$
$$A = \begin{bmatrix} 0 & 1 \\ 1 & 1 \\ 2 & 1 \end{bmatrix}, \quad x = \begin{bmatrix} m \\ c \end{bmatrix}, \quad b = \begin{bmatrix} 6 \\ 0 \\ 0 \end{bmatrix}$$

② In [2]는 양정부호행렬 $C = A^T A$을 계산한다.

③ In [3]의 linalg.cholesky()에서 lower = True로 $C = L L^T$ 분해하여 L을 반환한다.

④ In [4]는 전진 대입으로 $Ly = A^T b$의 해 y을 계산한다.

⑤ In [5]는 후진 대입으로 $L^T x = y$의 해 $x = [-3, 5]$을 계산한다.

⑥ In [6]은 linalg.solve()로 $A^T A x = A^T b$의 해를 계산한 결과와 같다.

⑦ In [7]은 주어진 좌표를 plt.scatter(x = A[:, 0], y = b)로 점으로 표시하고, 최소자승해 x를 m, c에 저장하고, 배열 t에서 직선의 좌표 b1을 생성하여, plt.plot()로 직선을 그린다([그림 24.1]).

Step 25 · QR 분해

$m \times n$ 행렬 A의 각 열이 선형독립(linearly independent) 즉, $rank(A) = n$이면, Gram-Schmidt 방법으로 정규 직교행렬(orthonormal matrix) Q와 상-삼각행렬 R의 곱셈인 $A = QR$로 분해한다. 정규 직교행렬 Q는 $Q^T Q = I$이다. numpy.linalg.qr(), scipy.linalg.qr(a)는 행렬을 QR 분해한다.

① 선형방정식 의 $Ax = b$ 해

$rank(A) = n$인 $n \times n$ 정방행렬 A에서 $A = QR$로 분해하고, 후진 대입으로 $Rx = Q^T b$의 해 x를 계산한다.

$$Ax = b$$
$$QRx = b$$
$$Rx = Q^T b$$

② **최소자승해** $A^TAx = A^Tb$

m개의 방정식, n개의 미지수, $m > n$인 $A_{m \times n}$ 행렬에 대해 선형방정식 $Ax = b$의 최소자승

해(least square solution)는 $A^TAx = A^Tb$로 계산한다.

$A = QR$ 분해하고, 후진 대입으로 $Rx = Q^Tb$로 계산한다.

$$A^TAx = A^Tb$$
$$R^TQ^TQRx = R^TQ^Tb$$
$$R^TRx = R^TQ^Tb$$
$$Rx = Q^Tb$$

[step25_1] $A = QR$ **분해와 선형방정식의 해**	

In [1]:	import numpy as np
	import scipy.linalg as linalg
	A = np.array([[1., 4., 1.],
	            [1., 6., -1.],
	            [2., -1., 2.]])

In [2]:	Q, R = np.linalg.qr(A)
In [3]:	Q

Out[3]:	array([[-0.40824829, -0.40985242, -0.81569255],
	      [-0.40824829, -0.71724173, 0.56471022],
	      [-0.81649658, 0.56354707, 0.12549116]])

In [4]:	R

Out[4]:	array([[-2.44948974, -3.26598632, -1.63299316],
	     [0. , -6.5064071 , 1.43448345],
	     [0. , 0. , -1.12942045]])

In [5]:	np.allclose(np.dot(Q, R), A) # A = QR
Out[5]:	True
In [6]:	np.allclose(np.dot(Q.T, Q), np.eye(3)) # orthonormal
Out[6]:	True

| In [7]: | ```
b = np.array([7., 13., 5.])
x = linalg.solve_triangular(R, np.dot(Q.T, b))
x
``` |
|---------|---|
| Out[7]: | array([5., 1., -2.]) |

프로그램 설명

① In [1]은 랭크 3인 3×3 행렬 A를 생성한다.

② In [2]는 np.linalg.qr()로 행렬 A를 Q, R로 분해한다.

③ In [3]의 Q는 정규 직교행렬(orthonormal matrix)이다. linalg.norm(Q[0]), linalg.norm(Q[1]), linalg.norm(Q[2])은 모두 1로 단위 벡터이고, np.dot(Q[0], Q[1]),np.dot(Q[0], Q[2]), np.dot(Q[1], Q[2])는 모두 0으로 직각이다.

④ In [4]의 R은 상-삼각행렬이다.

⑤ In [5]는 A = QR을 확인한다.

⑥ In [6]은 $Q^T Q = I$를 확인한다. 즉, $Q^{-1} = Q^T$이다.

⑦ In [7]은 linalg.solve_triangular()의 후진 대입으로 $Rx = Q^T b$의 해 $x = [5 \quad 1 \quad -2]$를 계산한다.

[step25_2] QR 분해: 최소자승해 직선 $b = mt + c$

| In [1]: | ```
import numpy as np
import scipy.linalg as linalg
import matplotlib.pyplot as plt

A = np.array([[ 0., 1.],
              [ 1., 1.],
              [ 2., 1.]])
b = np.array ([6., 0., 0.])
``` |
|---------|---|
| In [2]: | Q, R = np.linalg.qr(A) |

In [3]:	x = linalg.solve_triangular(R, np.dot(Q.T,b)) # default lower = False x
Out[3]:	array([-3., 5.])
In [4]:	plt.gca().set_aspect('equal') plt.scatter(x = A[:, 0], y = b) m, c = x t = np.linspace(-1, 3, num = 51) b1 = m * t + c plt.plot(t, b1, "b-") plt.axis([-1, 10, -1, 10]) plt.show()

프로그램 설명

① Gilbert strang의 "Introduction to LINEAR ALGEBRA", 4판의 예제에 나오는 3개의 2차원 좌표 (0, 6), (1, 0), (2, 0)에 가장 가까운 직선 $b = mt + c$을 QR 분해로 계산한다(참고: [step23_2], [step24_2], [step26_3], [step27_1]).

② In [2]는 np.linalg.qr()로 행렬 A를 Q, R로 분해한다.

$$Ax = b$$
$$A = \begin{bmatrix} 0 & 1 \\ 1 & 1 \\ 2 & 1 \end{bmatrix}, \quad x = \begin{bmatrix} m \\ c \end{bmatrix}, \quad b = \begin{bmatrix} 6 \\ 0 \\ 0 \end{bmatrix}$$

③ In [3]은 linalg.solve_triangular()의 후진 대입으로 $Rx = Q^T b$의 해 $x = [-3 \quad 5]$을 계산한다. [step23_2], [step24_2]의 결과와 같다.

④ In [4]는 주어진 좌표를 plt.scatter(x = A[:, 0], y = b)로 점으로 표시하고, 최소자승해 x를 m, c에 저장하고, 배열 t에서 직선의 좌표 b1을 생성하여, plt.plot()로 직선을 그리면 [그림 23.1], [그림 24.1]과 같다.

Step 26 —○ SVD 분해

$m \times n$ 행렬 A행렬을 $A_{m \times n} = U_{m \times m}\ S_{m \times n}\ V_{n \times n}^T$로 SVD(singular value decomposition)분해한다. 여기서 $U^T U = I_{m \times m}$, $V^T V = I_{n \times n}$이다. 즉 U, V는 직교행렬이다. numpy.linalg.svd(), scipy. linalg.svd()는 행렬을 SVD분해한다. 행렬 근사와 차원축소에서 데이터를 행렬 A의 행에 위치시키면 V^T의 행의 고유벡터를 사용하고, 데이터를 행렬 A의 열에 위치시키면 U의 열의 고유벡터를 사용한다.

이 책의 예제에서는 데이터를 행렬 A의 행에 위치시키고 V^T의 행의 고유벡터를 사용한다. SVD 분해는 [Step 28]의 고유값, 고유벡터와 밀접하게 연관되어 있다. 고유벡터는 유일하지 않다. 방향이 반대 방향일 수 있다.

① 행렬 U

행렬 U의 열 $u_1, \dots, u_m$은 좌-특이벡터(left singular vector)라 하며, AA^T의 정규직교(orthnormal) 고유벡터(eigen vector)이다. 특이값 s_i는 AA^T의 고유값(eigen value)의 제곱근이다. $rank(A) = r$이면 U의 처음 r개의 열벡터 는 A의 열공간(column space)인 $C(A)$의 정규직교 기저벡터이다.

$$AA^T = USV^T(USV^T)^T$$
$$= USV^T\, VS^T U^T$$
$$= US^2 U^T$$
$$= UDU^T$$
$$AA^T U = US^2 = \begin{bmatrix} s_1^2 u_1 & \cdots & s_m^2 u_m \end{bmatrix}$$

② 행렬 V

행렬의 V열(V^T의 행) $v_1, \dots, v_n$은 우-특이벡터(right singular vector)라 하며, $A^T A$의 정규직교 고유벡터이다. 특이값 s_i는 $A^T A$의 고유값(eigen value)의 제곱근이다. $rank(A) = r$이면 V의 처음 r개의 열벡터 $v_1, \dots, v_r$는 A의 행 공간(row space)인 $C(A)$의 정규직교 기저벡터이다. V의 마지막 $n - r$개의 열벡터 $v_{r+1}, \dots, v_n$는 A의 영공간(null space)인 $N(A)$의 정규직교 기저벡터이다.

$$A^T A = (USV^T)^T USV^T$$

$$= VS^T U^T USV^T$$

$$= VS^2 V^T$$

$$= VDV^T$$

$$A^T A V = VS^2 = \begin{bmatrix} s_1^2 v_1 & \cdots & s_n^2 v_n \end{bmatrix}$$

③ 행렬 S

행렬 S의 대각요소는 행렬 A의 특이값(singular values)으로 AA^T와 $A^T A$의 고유값(eigenvalue)의 제곱근(square root)이다. 특이값은 음수가 아니며, 0이 아닌 특이값의 개수는 $rank(A)$이다.

정방행렬 $A_{n \times n}$이면, $S_{n \times n}$는 정방행렬이고 대각행렬이다. s_i는 특이값이다.

$$S = \begin{bmatrix} s_1 & 0 & \cdots & 0 \\ 0 & s_2 & \cdots & 0 \\ & & \cdots & \\ 0 & 0 & \cdots & s_n \end{bmatrix}$$

$m > n$인 $A_{m \times n}$행렬이면, $S_{m \times n}$는 다음과 같은 모양이다.

$$S = \begin{bmatrix} s_1 & 0 & \cdots & 0 \\ 0 & s_2 & \cdots & 0 \\ & & \cdots & \\ 0 & 0 & \cdots & s_n \\ 0 & 0 & \cdots & 0 \end{bmatrix}$$

$m < n$인 $A_{m \times n}$행렬이면, $S_{m \times n}$는 다음과 같은 모양이다.

$$S = \begin{bmatrix} s_1 & 0 & \cdots & 0 & \cdots & 0 \\ 0 & s_2 & \cdots & 0 & \cdots & 0 \\ & & \cdots & & \cdots & \\ 0 & 0 & \cdots & s_m & \cdots & 0 \end{bmatrix}$$

④ 선형방정식 $Ax = b$의 해

$rank(A) = n$인 $n \times n$행렬 A에서 $A = USV^T$로 분해하고, 역행렬 $A^{-1} = VS^{-1}U^T$을 이용해서

해 $x = A^{-1}b = VS^{-1}U^Tb$을 계산한다. S^{-1}는 대각행렬 S의 대각요소를 역수로 계산한다.

$$Ax = b$$

$$USV^Tx = b$$

$$x = VS^{-1}U^Tb$$

⑤ 최소자승해

m개의 방정식, n개의 미지수, $m > n$이며 $rank(A) = n$인 $A_{m \times n}$ 행렬에 대하여 $A_{m \times n} = U_{m \times m}$ $S_{m \times n}$ $V_{n \times n}^T$로 분해하고, 최소자승해는 $x = A^+b = VS^+U^Tb$로 계산한다. 여기서, A^+는 행렬 A 의 의사역행렬이고 $A^+ = VS^+U^T$로 계산한다. S^+는 대각선의 특이값의 역수를 취하고, $n \times m$ 전 치행렬로 계산한다.

$$A_{m \times n}x = b$$

$$U_{m \times m} \ S_{m \times n} \ V_{n \times n}^T \ x = b$$

$$x = (U_{m \times m} \ S_{m \times n} \ V_{n \times n}^T)^{-1}b$$

$$x = V_{n \times n} \ S_{n \times m}^+ \ U_{m \times m}^T \ b$$

⑥ 근사행렬(row rank approximation)

$rank(A) = r$인 행렬에서 $A_{m \times n} = U_{m \times m} \ S_{m \times n} \ V_{n \times n}^T$ 행렬에 대해, 우—특이벡터 $v_1, ..., v_r$, 좌—특이벡터 $u_1, ..., u_r$, 특이값 $s_1, ..., s_r$로 분해되면, k개$(k \leq r \leq n)$의 큰 특이값에 대한 $U_{m \times k}, S_{k \times k}, V_{k \times n}^T$을 사용하여 행렬 A_k를 근사하는 를 계산한다.

$$A_k = U_{m \times k} \ S_{k \times k} \ V_{k \times n}^T = \sum_{i=1}^{k} s_i u_i v_i^T$$

⑦ PCA 투영, 차원축소(dimension reduction)

SVD 분해를 이용하여 주성분인 고유벡터로 데이터를 투영할 수 있다. 행렬 X의 m개의 행에 n 차원 벡터 $X_i = (x_{i,1}, ..., x_{i,n})$, $i = 1, ...m$을 위치시키고, 평균 벡터를 뺄셈한 행렬 A를 SVD 분해하여 주성분(고유벡터)로 투영한다. 또한, $k < n$개의 주성분만을 사용하여 k—차원 벡터로 차원을 축소할 수 있다. [Step 28]의 고유벡터를 사용한 PCA(principal components analysis) 차원축소와 같다.

ⓐ 각 데이터에서 평균 벡터 $\overline{X}$을 계산한다.

$$\overline{X} = \frac{1}{m} \sum_{i=1}^{m} X_i$$

ⓑ $m \times n$ 행렬 A의 각 행에서 평균을 뺄셈하여 평균을 원점으로 이동한다. $rank(A)$의 최대 값은 $\min(m-1, n)$이다. $m-1$은 평균 뺄셈 때문이다.

$$A = X - \overline{X}$$

ⓒ 행렬 $A = USV^T$ 분해한다. 행렬 A의 PCA투영은 $AV = US$에 의해, AV 또는 US 이다. k−차원축소는 AV, US 의 앞쪽 k개의 열벡터를 사용한다. 즉, 행렬 A의 각행에 주어진 n−차원 데이터의 k−차원 투영은 AV_k, US_k이다. 여기서, $V_k = V[:, :k]$, $S_k = S[:, :k]$ 이다.

$$A = USV^T$$

$$AV = USV^TV = US$$

[step26_1] SVD를 이용한 rank(A)와 null_space(A)

| In [1]: | ```
import numpy as np
import scipy.linalg as linalg
``` |
|---|---|
| In [2]: | ```
def rank(A, tol = None):
    # only singular value if tol is None:
    s = linalg.svd(A, compute_uv = False)
    tol = s.max() * np.max(A.shape) * np.finfo(float).eps
    return np.sum(s > tol)
``` |
| In [3]: | ```
def null_space(A, rcond = None):
    U, s, VT = linalg.svd(A)

    if rcond is None:
    rcond = np.max(A.shape) * np.finfo(float).eps
    tol = rcond * s[0]
    r = np.sum(s > tol)

    null_space = VT[r:,]
    return null_space.T
``` |
```

In [4]:	```A = np.array([[1, 2], [3, 6]]) print("rank(A)=", rank(A))```
	rank(A)= 1
In [5]:	```x = null_space(A) x```
Out[5]:	```array([[-0.89442719], [0.4472136]])```
In [6]:	```B = np.array([[1, 2], [3, 8]]) print("rank(B)=", rank(B))```
Out[6]:	rank(B)= 2
In [7]:	```x = null_space(B) x```
Out[7]:	array([], shape=(2, 0), dtype=float64)

In [8]:	```C = np.array([[1, 1, 2, 4],
	                 [1, 2, 2, 5],
	                 [1, 3, 2, 6]])
	print("rank(C)=", rank(C))```

Out[8]:	rank(C)= 2
In [9]:	```x = null_space(C) x```

Out[9]:	```array([[0.9194268 , -0.22224133],
	       [0.04828384, -0.51071182],
	       [-0.38728763, -0.65494707],
	       [-0.04828384, 0.51071182]])```

In [10]:	```# linear combination: x[:,0], x[:,1]
	a, b = 1, 2 # for any value
	u = a * x[:,0] + b * x[:,1]
	np.allclose(np.dot(C, u),np.zeros(C.shape[0])) # Cx = 0```

Out[10]:	True

프로그램 설명

① 행렬의 랭크를 계산하는 np.linalg.matrix_rank()와 영공간 $N(A)$를 계산하는 scipy.linalg.null_space()를 SVD를 이용하여 구현한다(참고: [step 22_4]).

② In [2]는 행렬 A의 랭크를 계산하는 rank() 함수를 정의한다. linalg.svd(A, compute_uv = False)로 행렬 A의 특이값 만을 s에 계산하고, np.sum(s > tol)로 tol 보다 큰 특이값의 개수를 카운트하여 랭크를 계산한다.

③ In [3]은 행렬 A의 영공간을 계산하는 null_space() 함수를 정의한다. linalg.svd()로 행렬 A를 U, s, VT로 분해하고, r = np.sum(s > tol)로 r에 랭크를 계산하고, VT[r:,]을 전치시켜 영공간을 계산한다.

④ In [4]의 행렬 A에서 rank(A) = 1이다.

⑤ In [5]는 null_space()로 $Ax = 0$인 영공간 $N(A)$의 기저벡터를 행렬 x의 열에 계산한다. rank(A) = 1이므로 $N(A)$는 1개의 열을 갖는 행렬로 반환한다. x의 열벡터의 모든 선형조합 cx에 대해 $A(cx) = 0$을 만족한다.

⑥ In [6]의 행렬 B에서 rank(B) = 2이다.

⑦ In [7]은 null_space()로 $Bx = 0$인 영공간 $N(B)$의 기저벡터를 행렬 의 열에 계산한다. 2×2 정방행렬 B에서 rank(B) = 2이므로, 모든 열은 피봇을 가지며 선형독립이다. 그러므로 $N(B)$는 자명한 해(trivial solution) $x = 0$밖에 없다. 이때는 array([], shape = (2, 0))와 같이 공백 배열을 반환한다.

⑧ In [8]의 행렬 C에서 rank(C) = 2이다.

⑨ In [9]는 null_space()로 $Cx = 0$인 영공간 $N(C)$의 기저벡터를 행렬 의 열에 계산한다. rank(C) = 2이므로, $N(C)$는 2개의 열을 갖는 행렬 x를 반환한다.

⑩ In [10]은 x의 열벡터의 모든 선형조합 $u = a \times x[:,0] + b \times x[:,1]$에 대해 $Cu = 0$을 만족한다.

[step26_2] 정방행렬 SVD 분해와 AX=b

| In [1]: | ```
import numpy as np
import scipy.linalg as linalg
A = np.array([[1., 4., 1.],
              [1., 6., -1.],
              [2., -1., 2.]])
``` |
| In [2]: | ```
# U, s, VT = np.linalg.svd(A)    # numpy
U, s, VT = linalg.svd(A)         # scipy
``` |

In [3]:	U

Out[3]:	array([[-0.54558698, 0.38056853, -0.74666086],
	        [-0.83087682, -0.12928042, 0.54123034],
	        [0.10944661, 0.91567143, 0.38673929]])

In [4]:	s
Out[4]:	array([7.38577728, 3.13801192, 0.77664349])
In [5]:	VT

Out[5]:	array([[-0.15672969, -0.98527957, 0.06826405],
	        [0.66367848, -0.05388118, 0.74607486],
	        [0.73141417, -0.16223746, -0.66235362]])

In [6]:	np.allclose(np.dot(U.T, U), np.eye(3))
Out[6]:	True
In [7]:	np.allclose(np.dot(VT, VT.T), np.eye(3)) # VT.T = V
Out[7]:	True
In [8]:	S = np.diag(s) S

Out[8]:	array([[7.38577728, 0. , 0.],
	        [0. , 3.13801192, 0.],
	        [0. , 0. , 0.77664349]])

In [9]:	np.allclose(np.dot(U, np.dot(S, VT)), A) # A = US(VT)
Out[9]:	True

In[10]:	b = np.array([7., 13., 5.])
	
	invS = np.diag(1/s) # a square and diagonal, np.diag(1/s).T
	invA = np.dot(VT.T, np.dot(invS, U.T))
	x = np.dot(invA, b)
	x

Out[10]:	array([5., 1., -2.])

프로그램 설명

① In [1]은 랭크 3인 3×3 행렬 A를 생성한다.

② In [2]는 linalg.svd()로 행렬 A를 U, s, VT로 분해한다. SVD는 V의 전치행렬 VT를 반환한다.

③ In [3]의 U는 3×3 행렬이고, 정규직교행렬이다.

④ In [4]의 s는 특이값이다. 0이 아닌 특이값이 3개이므로 $rank(A) = 3$을 알 수 있다.

⑤ In [5]의 VT는 3×3 행렬이고, 정규직교행렬이다.

⑥ In [6]은 $U^T U = I$을 확인한다.

⑦ In [7]은 $V^T V = I$을 확인한다. VT.T는 V이다.

⑧ In [8]은 특이값 벡터 s를 이용하여 대각행렬 S를 생성한다.

⑨ In [9]는 $A = U S V^T$을 확인한다.

⑩ In [10]은 3×3 행렬 A에서 선형방정식 $Ax = b$의 해 $x = [5 \quad 1 \quad -2]$을 계산한다. invA는 역행렬 $A^{-1} = V S^{-1} U$을 계산한다. VT.T는 V이다. invS는 대각행렬에 특이값의 역수를 취하여 S^{-1}을 계산한다. S가 정방행렬이고 대각행렬이므로 전치행렬을 취하지 않아도 된다.

[step26_3] SVD 분해: 최소자승해 직선 $b = mt + c$

| In [1]: | ```python
import numpy as np
import scipy.linalg as linalg
import matplotlib.pyplot as plt

A = np.array([[ 0., 1.],
              [ 1., 1.],
              [ 2., 1.]])
b = np.array([6., 0., 0.])
``` |
| In [2]: | ```python
U, s, VT = np.linalg.svd(A)
U
``` |
| Out[2]: | array([[-0.21848175, 0.88634026, 0.40824829],
        [-0.52160897, 0.24750235, -0.81649658],
        [-0.8247362 , -0.39133557, 0.40824829]]) |

In [3]:	s
Out[3]:	array([2.6762432 , 0.91527173])
In [4]:	VT
Out[4]:	array([[-0.81124219, -0.58471028], [-0.58471028, 0.81124219]])
| In [5]: | ```
S = np.zeros(A.shape)      # (3, 2)
k = len(s)                 # np.min(A.shape), 2
S[:k, :k] = np.diag(s)
S
``` |
Out[5]:	array([[2.6762432 , 0.],
	        [0. , 0.91527173],
	        [0. , 0.]])

In [6]:	np.allclose(np.dot(U, np.dot(S, VT)), A) # A = US(VT)
Out[6]:	True
| In [7]: | ```
S1 = np.zeros(A.shape)      # (3, 2)
S1[:2, :2] = np.diag(1 / s)
invS = S1.T
invA = np.dot(VT.T, np.dot(invS, U.T))      # pseudo inverse
x = np.dot(invA, b)
x
``` |
| Out[7]: | array([-3., 5.]) |
| In [8]: | ```
plt.gca().set_aspect('equal')
plt.scatter(x=A[:, 0], y = b)

m, c = x
t = np.linspace(-1, 3, num = 51)

b1 = m * t + c
plt.plot(t, b1, "b-")

plt.axis([-1, 10, -1, 10])
plt.show()
``` |
```

프로그램 설명

① Gilbert Strang의 "Introduction to LINEAR ALGEBRA", 4판의 예제에 나오는 3개의 2차원 좌표 (0, 6), (1, 0), (2, 0)에 가장 가까운 직선 $b = mt + c$을 SVD 분해로 계산한다(참고: [step 23_2], [step 24_2], [step 25_2], [step 27_1]).

$$Ax = b$$

$$A = \begin{bmatrix} 0 & 1 \\ 1 & 1 \\ 2 & 1 \end{bmatrix}, \quad x = \begin{bmatrix} m \\ c \end{bmatrix}, \quad b = \begin{bmatrix} 0 \\ 0 \\ 0 \end{bmatrix}$$

② In [2]는 np.linalg.svd(A)로 행렬 A를 U, s, VT로 분해한다. U는 3×3 행렬이고, 정규직교행렬이다.

③ In [3]의 s는 특이값이다. 0이 아닌 특이값이 2개이므로 $rank(A) = 2$로, 열의 개수와 같으므로 열벡터는 선형독립이다.

④ In [4]의 VT는 2×2행렬이고 정규직교행렬이며, VT의 행은 $A^T A$의 고유벡터이다.

⑤ In [5]는 3×2 행렬의 2×2 부분행렬의 대각선에 특이값 벡터 s를 갖는 특이행렬 S를 생성한다.

⑥ In [6]은 $A = USV^T$을 확인한다.

⑦ In [7]은 특이행렬 S를 의사역행렬(pseudo inverse)을 계산한다. S^{-1}인 invS는 대각행렬 S의 0이 아닌 값을 역수를 취하고, 전치행렬로 계산하여, 2×3 행렬이다. 의사역행렬을 사용한 해는 x = np.dot(invA, b)로 계산하면 [step 23_2], [step 24_2], [step 25_2]의 해 $x = [-3, 5]$과 같다.

⑧ In [8]은 주어진 좌표를 plt.scatter(x = A[:, 0], y = b)로 점으로 표시하고, 계산된 해를 이용하여 plt.plot()로 직선을 그리면 [그림 23.1] 그리고 [그림 24.1]과 같다.

[step26_4] SVD 분해: 고유벡터 그리기

```
In [1]:   %matplotlib inline
          import numpy as np
          import scipy.linalg as linalg
          import matplotlib.pyplot as plt

          # 2D coordinates
          A = np.array([[  0,   0],      # (x, y)
```

```
                          [  0,   50],
                          [  0,  -50],
                          [ 100,   0],
                          [ 100,  30],
                          [ 150,  100],
                          [-100,  -20],
                          [-150, -100]], dtype = np.float)
            m, n = A.shape              # (m, n) = (8, 2)
```

In [2]:
```
# full_matrices=True: U: m x m, S: m x n, VT:  n x n
# U, s, VT = np.linalg.svd(A)     # full_matrices = True

U, s, VT = linalg.svd(A)          # full_matrices = True

# full_matrices=False: U: m x k,  VT: k x n , k = min(m, n)
# U, s, VT = linalg.svd(A, full_matrices = False)
U.shape, s.shape, VT.shape
```

Out[2]:
```
((8, 8), (2,), (2, 2))
```

In [3]:
```
s              # sqrt of eigen values of (A.T * A)
```

Out[3]:
```
array([305.42937381, 89.51478991])
```

In [4]:
```
VT             # row: eigen vectors of (A.T * A)
```

Out[4]:
```
array([[-0.88631226, -0.46308809],
       [ 0.46308809, -0.88631226]])
```

In [5]:
```
k = len(s)    # np.min(A.shape)
S = np.zeros((U.shape[1], VT.shape[0]))
S[:k, :k] = np.diag(s)
S
```

Out[5]:
```
array([[305.42937381, 0.       ],
       [ 0.       , 89.51478991],
       [ 0.       , 0.       ],
       [ 0.       , 0.       ],
       [ 0.       , 0.       ],
       [ 0.       , 0.       ],
       [ 0.       , 0.       ],
       [ 0.       , 0.       ]])
```

In [6]:	`np.allclose(np.dot(U, np.dot(S, VT)), A)  # A = US(VT)`
Out[6]:	True

In [7]:	`# Pseudo Inverse`
	`k =len(s)          # np.min(A.shape)`
	`S1 = np.zeros((U.shape[1], VT.shape[0]))`
	`S1[:k, :k] = np.diag(1 / s)`
	`invS = S1.T        # pseudo inverse of S`
	`invA = np.dot(VT.T, np.dot(invS, U.T))  # pseudo inverse of US(VT)`
	`np.allclose(np.dot(invA, A), np.eye(2))`

Out[7]:	True
In [8]:	`np.allclose(np.dot(A, VT.T), np.dot(U, S))    # VT.T = V`
Out[8]:	True

In [9]:	`plt.gca().set_aspect('equal')`
	`plt.axhline(y = 0, color = 'k', linewidth = 1)`
	`plt.axvline(x = 0, color = 'k', linewidth = 1)`
	
	`plt.scatter(x = A[:, 0], y = A[:, 1], alpha = 0.6)`
	
	`p00 =  VT[0] * s[0]      # 1st eigen vector and scaling`
	`p01 = -p00`
	
	`x, y = zip(p00, p01)`
	`origin  = np.mean(A, axis = 0)`
	`x += origin[0]           # move to origin`
	`x += origin[1]`
	
	`plt.plot(x, y, color = 'r')`
	
	`p10 =  VT[1]*s[1]        # 2nd eigen vector`
	`p11 = -p10`
	`x, y = zip(p10, p11)`
	`x += origin[0]           # move to origin`
	`x += origin[1]`
	`plt.plot(x, y, color = 'b')`
	
	`plt.show()`

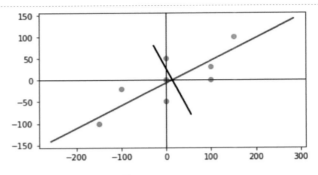

▲ [그림 26.1] A^TA의 고유벡터를 plt.plot()로 그리기

In[10]:

```
plt.gca().set_aspect('equal')
plt.axhline(y = 0, color = 'k', linewidth = 1)
plt.axvline(x = 0, color = 'k', linewidth = 1)
plt.scatter(x = A[:, 0], y = A[:, 1])
p0 =  VT[0] * s[0]                    # 1st eigen vector and scaling
origin  = np.mean(A, axis = 0)   # move to origin
# plt.quiver(origin[0], origin[1], p0[0], p0[1], scale_units = 'xy',
#               scale = 1, color='r')

xmin = np.min([p0[0], -p0[0]])
ymin = np.min([p0[1], -p0[1]])
ymax = np.max([p0[1], -p0[1]])
plt.axis([xmin, xmax, ymin, ymax])

p1 =  VT[1 * s[1]            # eigen eigen vector
# plt.quiver(origin[0], origin[1], p1[0], p1[1], scale_units = 'xy',
#               scale = 1, color='b')
x = [origin[0], origin[0]]
y = [origin[1], origin[1]]
u, v = zip(p0, p1)
plt.quiver(*origin, u, v, scale_units = 'xy', scale = 1,  color = ['r','b'])
# plt.quiver(x, y, u, v, angles = 'xy', scale_units = 'xy',
#               scale = 1,  color = ['r','b'])
plt.show()
```

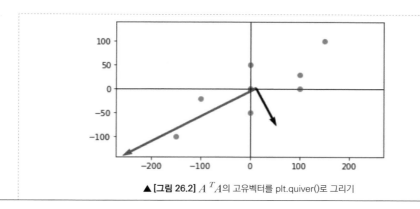

▲[그림 26.2] A^TA의 고유벡터를 plt.quiver()로 그리기

프로그램 설명

① In [1]은 8개의 2차원 좌표를 행에 위치시켜 8×2 행렬 A를 생성한다.

② In [2]는 행렬 A를 U, s, VT로 분해한다. full_matrices = True로 분해하면 U는 8×8 행렬이고 s는 2개의 특이값이며 VT는 2×2 행렬이다. full_matrices = False로 분해하면 U는 8×2 행렬이고 s는 2개의 특이값이며 VT는 2×2 행렬이다.

③ In [3]의 s는 특이값이다. 0이 아닌 특이값이 2개이므로 $rank(A) = 2$로, 열의 개수와 같으므로 열벡터는 선형독립이다. A^TA의 고유벡터의 제곱근이다.

④ In [4]의 VT는 2×2행렬이고, 정규직교행렬이며, VT의 행은 A^TA의 고유벡터이다.

⑤ In [5]는 8×2 행렬 S의 2×2 부분행렬의 대각선에 특이값 벡터 s를 갖는 특이행렬을 생성한다.

⑥ In [6]은 $A = USV^T$을 확인한다.

⑦ In [7]은 특이행렬 S를 의사역행렬(pseudo inverse)을 계산한다. S^{-1}인 invS는 대각행렬 S의 0이 아닌 값을 역수를 취하고 전치행렬로 계산하여 2×8 행렬이다. np.dot(invA, A)는 2×2 단위행렬이다.

⑧ In [8]은 $AV = US$을 확인한다.

⑨ In [9]는 데이터 좌표(A[:, 0], A[:, 1])를 점으로 표시하고, A^TA의 첫 고유벡터 VT[0]을 특이값 s[0]으로 스케일하여 p00을 계산하고, 반대쪽 대칭점을 p01에 계산하고, zip()으로 p00, p01의 축의 좌표를 x, y 배열에 계산하고, 중심점 origin을 고려하여 이동시켜 plt.plot()로 주대각선을 빨간색 직선으로 그린다. 두 번째 고유벡터 VT[1]에 대해 유사하게 파란색 직선으로 그린다([그림 26.1]). 빨간색 직선과 파란색 직선은 직각(orthogonal)이다.

⑩ In [10]은 데이터 좌표를 점으로 표시하고, A^TA의 고유벡터 VT[0], VT[1]을 plt.quiver()로 벡터로 그린다([그림 26.2]).

[step26_5] SVD 분해: PCA 투영

In [1]:
```
%matplotlib inline
import numpy as np
import scipy.linalg as linalg
import matplotlib.pyplot as plt

# 2D coordinates
X = np.array([[   0,    0],          # (x, y)
              [   0,   50],
              [   0,  -50],
              [ 100,    0],
              [ 100,   30],
              [ 150,  100],
              [-100,  -20],
              [-150, -100]], dtype=np.float)

m, n = X.shape          # (m, n) = (8, 2)
```

In [2]:
```
mX = np.mean(X, axis = 0)
A = X - mX
U, s, VT = linalg.svd(A)
U.shape, s.shape, VT.shape
```

Out[2]:
```
((8, 8), (2,), (2, 2))
```

In [3]:
```
print('s = ', s)        # sqrt of eigen values of (A.T * A)
r = np.linalg.matrix_rank(A)
r
```

Out[3]:
```
s =  [303.6480423  88.51760505]
2
```

In [4]:
```
VT                          # row: eigen vectors of (A.T * A)
```

Out[4]:
```
array([[ 0.88390424,  0.46766793],
       [ 0.46766793, -0.88390424]])
```

In [5]:
```
k = len(s)              # np.min(A.shape)
S = np.zeros((U.shape[1], VT.shape[0]))
S[:k, :k] = np.diag(s)
#S
```

In [6]:
```
np.allclose(np.dot(U, np.dot(S, VT)), A)      # A = US(VT)
```

Out[6]:
```
True
```

| In [7]: | ```
# SVD: PCA projection
Y = np.dot(U, S)          # Xp = np.dot(A, VT.T)
np.round(Y, 2)            # 반올림 소숫점 2자리 출력
``` |
| --- | --- |
| Out[7]: | ```
array([[ -11.63,   -4.74],
       [  11.75,  -48.94],
       [ -35.02,   39.45],
       [  76.76,   42.03],
       [  90.79,   15.51],
       [ 167.72,  -22.98],
       [-109.38,  -33.83],
       [-190.99,   13.5 ]])
``` |
| In [8]: | ```
plt.gca().set_aspect('equal')
plt.axhline(y = 0, color = 'k', linewidth = 1)
plt.axvline(x = 0, color = 'k', linewidth = 1)
plt.scatter(x = X[:, 0], y = X[:, 1])
p0 =  VT[0] * s[0]    # 1st eigen vector and scaling
origin  = mX          # np.mean(A, axis = 0) # move to origin

xmin = np.min([p0[0], -p0[0]])
xmax = np.max([p0[0], -p0[0]])
ymin = np.min([p0[1], -p0[1]])
ymax = np.max([p0[1], -p0[1]])
plt.axis([xmin, xmax, ymin, ymax])

p1 =  VT[1] * s[1]      # eigen eigen vector
x = [origin[0], origin[0]]
y = [origin[1], origin[1]]
u, v = zip(p0, p1)
plt.quiver(*origin, u, v, scale_units = 'xy', scale = 1,  color = ['r','b'])
plt.show()
``` |

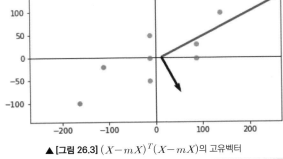

▲ [그림 26.3] $(X-mX)^T(X-mX)$의 고유벡터
```

In [9]:
```
plt.gca().set_aspect('equal')
plt.axhline(y = 0, color = 'r', linewidth = 1)
plt.axvline(x = 0, color = 'b', linewidth = 1)

plt.scatter(x = Y[:, 0], y = Y[:, 1])

plt.show()
```

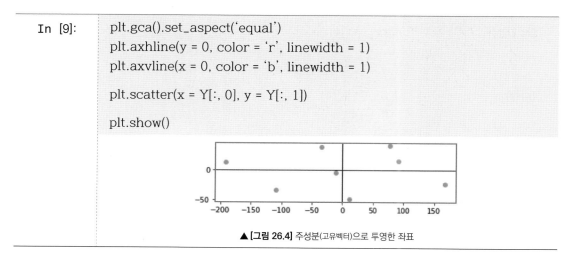

▲ [그림 26.4] 주성분(고유벡터)으로 투영한 좌표

프로그램 설명

① [step 26_4]와 같은 8개의 2차원 좌표를 X의 행에 위치시키고, 평균 mX를 뺄셈하여 원점으로 이동시킨 행렬 A에 대해 SVD를 수행하여 PCA 투영한다.

② In [2]는 평균 mX를 계산하고, A = X − mX로 좌표를 원점으로 이동한 행렬 A를 SVD 분해로 U, s, VT 로 분해한다. U.shape = (8, 8), s.shape = (2,), VT.shape = (2, 2)이다.

③ In [3]의 특이값 s는 s = [303.6480423   88.51760505]이다. 0이 아닌 특이값이 2개이므로 $rank(A) = 2$이다. 평균 mX로 뺄셈에 의해 rank(A)의 최대값은 min(m − 1 = 7, n = 2) = 2이다.

④ In [4]의 VT는 2×2 행렬이고 정규직교행렬이며, VT의 행은 $A^T A$의 고유벡터이다.

⑤ In [5]는 8×2 행렬 S의 2×2 부분행렬의 대각선에 특이값 벡터 s를 갖는 특이행렬을 생성한다.

⑥ In [6]은 $A = USV^T$을 확인한다.

⑦ In [7]은 US 또는 AV로 행렬 A의 좌표를 Y로 투영한다. Y의 좌표는 주성분(고유벡터)을 기준으로 하는 좌표이다.

⑧ In [8]은 주어진 좌표 (X[:, 0], X[:, 1])를 점으로 표시하고, $A^T A$의 고유벡터 VT[0], VT[1]을 스케일하여 벡터로 그린다([그림 26.3]).

⑨ In [9]는 PCA 투영 좌표 (Y[:, 0], Y[:, 1])를 점으로 표시한다([그림 26.4]).

⑩ 평균을 고려하지 않고 계산한 [step26_4]와 비교하면 특이값이 약간 다르고, 대응하는 VT의 고유벡터도 차이가 난다. 특히, 첫 번째 고유벡터 VT[0]의 방향이 반대 방향이다.

[step26_6] SVD 분해: 차원축소(dimension reduction)

| In [1]: | ```python
import numpy as np
import scipy.linalg as linalg

# 5 vectors with 10-dimension
# each row is a vector
# np.random.seed(1)
# X = np.arange(50)
# np.random.shuffle(X)
# X = X.reshape(-1, 10)
X = np.array([[27, 35, 40, 38,  2,  3, 48, 29, 46, 31],
              [32, 39, 21, 36, 19, 42, 49, 26, 22, 13],
              [41, 17, 45, 24, 23,  4, 33, 14, 30, 10],
              [28, 44, 34, 18, 20, 25,  6,  7, 47,  1],
              [16,  0, 15,  5, 11,  9,  8, 12, 43, 37]], dtype = np.float)
m, n = X.shape
``` |
| In [2]: | ```python
mX = np.mean(X, axis = 0)
A = X − mX
U, s, VT = linalg.svd(A)
U.shape, s.shape, VT.shape
``` |
| Out[2]: | ((5, 5), (5,), (10, 10)) |
| In [3]: | ```python
print('s = ', s)
r = np.linalg.matrix_rank(A)
r
``` |
| Out[3]: | s = [6.00036077e+01 4.63068162e+01 3.62809051e+01 2.96334567e+01
7.84669317e−15]

4 |
| In [4]: | ```python
k =len(s)               # np.min(A.shape)
S = np.zeros((U.shape[1], VT.shape[0]))
S[:k, :k] = np.diag(s)
``` |
| In [5]: | ```python
# SVD: Dimension Reduction
k = 3
Yk = np.dot(U, S[:,:k])
# V = VT.T
# Yk = np.dot(A, V[:, :k])
np.round(Yk, 2)
``` |
```

Out[5]:	array([[-16.35, 28.74, -9.22],
	       [-34.27, -7.41, 23.45],
	       [-1.65, 3.34, -18.62],
	       [6.25, -34.11, -10.55],
	       [46.01, 9.44, 14.95]])

프로그램 설명

① In [1]은 5×10 행렬 X를 생성한다. 행렬 X의 각 행을 10-차원 벡터로 생각하고, SVD 분해를 이용하여 고유벡터(주축)를 계산하고 고유벡터에 투영시켜 k-차원 벡터로 차원을 축소한다.

② In [2]는 X의 각 행에서 평균을 뺄셈하여 평균을 원점으로 이동시킨 행렬 A를 계산하고 linalg.svd()로 행렬 A를 U, s, VT로 분해한다. U.shape = (5, 5), s.shape = (5,), VT.shape = (10, 10)이다.

③ In [3]은 특이값 s를 출력하고 행렬 A의 랭크는 rank(A) = 4이다. 즉, 특이값 s에서 0이 아닌 특이값의 개수가 4개이다. 평균을 뺄셈해서 랭크가 4이다.

④ In [4]는 특이값 벡터 s를 이용하여 행렬 S를 생성한다. S.shape = (5, 10)이다.

⑤ In [5]는 SVD를 이용하여 A의 행의 10-차원 데이터를 k-차원으로 투영시켜 Yk를 계산한다. np.dot(U, S[:,:k])와 np.dot(A, V[:, :k])는 같다. 예를 들어, 10-차원 벡터 [27, 35, 40, 38, 2, 3, 48, 29, 46, 31]을 3-차원 벡터 [-16.35, 28.74, -9.22]로 축소한다.

	[step26_7] SVD 분해: 행렬 근사(low rank approximation)

In [1]:	```python
	import numpy as np
	import scipy.linalg as linalg
	
	# 5 vectors with 10-dimension, each row is a vector
	X = np.array([[27, 35, 40, 38, 2, 3, 48, 29, 46, 31],
	              [32, 39, 21, 36, 19, 42, 49, 26, 22, 13],
	              [41, 17, 45, 24, 23, 4, 33, 14, 30, 10],
	              [28, 44, 34, 18, 20, 25, 6, 7, 47, 1],
	              [16, 0, 15, 5, 11, 9, 8, 12, 43, 37]], dtype = np.float)
	m, n = X.shape```

In [2]:	```python U, s, VT = linalg.svd(X) U.shape, s.shape, VT.shape```

Out[2]:	((5, 5), (5,), (10, 10))
In [3]:	r = np.linalg.matrix_rank(X) r
Out[3]:	5

In [4]:	k =len(s) # np.min(A.shape)
	S = np.zeros((U.shape[1], VT.shape[0]))
	S[:k, :k] = np.diag(s)

In [5]:	# Row rank approximation
	k = 3 # 1, 2, 3, ..., rank(A)
	sTotal= np.sum(s)
	ratio = np.sum(s[:k]) / np.sum(s)
	print("Approximation:{}%".format(ratio * 100))
	
	Uk = U[:, 0:k] # Uk.shape = (5, k)
	Sk = S[:k, :k] # Sk.shape = (k, k)
	VTk =VT[:k, :] # Vtk.shape = (k, 10)
	Xk = np.dot(Uk, np.dot(Sk, VTk)) # Low Rank Approximation
	np.round(Xk)

Out[5]:	Approximation:82.16907146860241%
	array([[33., 25., 38., 35., 11., 10., 49., 29., 43., 34.],
	       [33., 42., 29., 38., 16., 30., 49., 24., 20., 6.],
	       [29., 27., 32., 25., 14., 15., 30., 18., 38., 19.],
	       [32., 39., 34., 17., 24., 27., 7., 7., 45., 2.],
	       [17., 4., 25., 8., 7., -5., 8., 10., 41., 28.]])

In [6]:	error = np.sqrt(np.sum((X - Xk) ** 2)) # Frobenius Norm error
Out[6]:	43.247581279345674

프로그램 설명

① SVD를 이용한 행렬 근사는 평균을 뺄셈하지 않고 수행할 수 있다.

② In [2]는 linalg.svd()로 행렬 X를 U, s, VT로 분해한다. U.shape = (5, 5), s.shape = (5,), VT.shape = (10, 10)이다.

③ In [3]은 행렬 X의 랭크를 r = 5로 계산한다. [step 26_5]에서 평균 벡터를 뺄셈한 행렬 A의 랭크는 4이다.

④ In [4]는 특이값 s를 이용하여 행렬 S를 생성한다. S.shape = (5, 10) 이다.

⑤ In [5]는 $rank(X) = r$인 행렬 A를 개($k \le r \le n$)의 큰 특이값을 사용하여 행렬 X_k로 근사한다. 특이값을 이용하여 근사 정도를 $ratio \times 100\%$로 계산한다.

$$X_k = U_{m \times k} \ S_{k \times k} \ V^T_{k \times n}$$

$$ratio_k = \frac{\sum_{i=1}^{k} s_i}{\sum_{i=1}^{n} s_i}$$

X_k 행렬은 k = 1이면 54%, k = 2이면 69%, k = 3이면 82%, k = 4이면 92%, k = 5이면 100% 정보를 유지한다.

⑥ In [6]은 Frobenius 놈을 이용하여 오차를 계산한다. k가 커질수록 X_k는 X를 근사하며, 오차는 줄어든다.

[step26_8] SVD 분해: 영상 근사(low rank approximation)	

In [1]:	```import numpy as np```
	```import scipy.linalg as linalg```
	
	```%matplotlib inline```
	```import matplotlib.pyplot as plt```
	```from PIL import Image # pip install pillow 필요```

In [2]:	```img = Image.open('Lena.jpg').convert(mode = 'L')```
	```A = np.array(img) # np.asarray(img)```
	```# plt.imshow(A, cmap = 'gray')```
	```# plt.axis('off')```
	```# plt.show()```
	```A.shape```

Out[2]:	(512, 512)
In [3]:	```U, s, VT = linalg.svd(A)``` ```U.shape, s.shape, VT.shape```
Out[3]:	((512, 512), (512,), (512, 512))

| In [4]: | ```k =len(s)   # np.min(A.shape)
S = np.zeros((U.shape[1], VT.shape[0]))
S[:k, :k] = np.diag(s)``` |
|---|---|
| In [5]: | ```fig, ax = plt.subplots(2, 4, figsize=(10,5))

K = [1, 5, 10, 20, 50, 100, 200, 500]
for i, k in enumerate(K):   # row rank approximation
    ratio = np.sum(s[:k])/np.sum(s)
Uk = U[:, 0:k]
Sk = S[:k, :k]

    VTk =VT[:k, :]
    Ak = np.dot(Uk, np.dot(Sk, VTk))   # Low Rank Approximation
    Ak = Ak.reshape(512, 512).astype('uint8')
    ax[i // 4, i % 4].axis('off')
    ax[i // 4, i % 4].imshow(Ak, cmap='gray')
    ax[i // 4, i % 4].set_title("k={},
                                Approx:{}%".format(k, round(ratio * 100)))

fig.tight_layout()
plt.subplots_adjust(left = 0, bottom = 0, right = 1, top = 1,
                    hspace = 0.1, wspace = 0.1)``` |

▲ **[그림 26.3]** SVD 분해: 영상 근사

프로그램 설명

① In [1]은 영상 입력을 위해 PIL 패키지의 Image를 임포트한다.

② In [2]는 컬러영상 'Lena.jpg'를 읽고, mode = 'L'로 그레이스케일 영상으로 변환하여 img에 저장한다. type(img)는 PIL.Image.Image 클래스이다. np.array()로 img를 넘파이 배열 A로 변환한다. A.shape = (512, 512)이다.

③ In [3]은 영상의 넘파이 배열 A를 U, s, VT로 분해한다. U.shape = (512, 512), s.shape = (512,), VT.shape = (512, 512)이다.

④ In [4]는 특이값 벡터 s를 이용하여 512×512 대각행렬 S를 생성한다.

⑤ In [5]는 2×4 서브플롯에 K 배열의 k 값을 이용하여 근사시킨 영상 Ak를 생성하여 표시한다([그림 26.3]). 예를 들어, K[3] = 20으로 근사하면, 원본 영상의 62%로 근사하고, K[6] = 200으로 근사하면, 원본 영상의 95%로 근사한다. Uk, Sk, VTk를 이용하여 영상을 압축할 수 있다.

Step 27 ○ 최소자승법

m개의 방정식, n개의 미지수에서 $m > n$인 $A_{m \times n}$행렬에 대해 $Ax = b$의 선형방정식의 최소자승해는 $\| b - Ax \|^2$을 최소화하는 x이다. 간단한 최소자승 해는 $A^T A x = A^T b$에 의해 계산할 수 있다.

[step 23_2], [step 24_2], [step 25_2], [step 26_3]에서 Gilbert Strang의 "Introduction to LINEAR ALGEBRA", 4판의 예제에 나오는 3개의 2차원 좌표 (0, 6), (1, 0), (2, 0)의 오차제곱을 최소화하는 직선을 의사역행렬과 LU, QR, SVD 분해로 계산하였다.

여기서는 linalg.lstsq() 함수를 이용하여 잡음(noise)이 포함된 2-차원 좌표 데이터에 적합(fitting)한 직선(line), 포물선(parabola), 원(circle), 타원(ellipse)을 찾는 예제를 작성하여 설명한다.

① numpy.linalg.lstsq(a, b, rcond = 'warn')
② scipy.linalg.lstsq(a, b, cond = None,…)

linalg.lstsq( ) 함수는 $ax = b$의 $\| b - Ax \|^2$을 최소화하는 최소자승해를 계산하여 해(x)와 잔차 (residue), 랭크(r) 그리고 특이값(s)을 반환한다. rcond와 cond는 0으로 할 특이값의 임계치를 결정한다.

[step27_1] 최소자승해 직선1: $b = mt + c$

| In [1]: | ```python
import numpy as np
import scipy.linalg as linalg
import matplotlib.pyplot as plt

A = np.array([[ 0., 1.],
              [ 1., 1.],
              [ 2., 1.]])
b = np.array([6., 0., 0.])
``` |
In [2]:	x, residue, r, s = linalg.lstsq(A, b)
In [3]:	x # solution
Out[3]:	array([-3., 5.])
In [4]:	residue # np.sum((b-np.dot(A, x))**2)
Out[4]:	5.999999999999999
In [5]:	r # np.linalg.matrix_rank(A)
Out[5]:	2
In [6]:	s # singular valuesTrue
Out[6]:	array([2.6762432 , 0.91527173])
| In [7]: | ```python
plt.gca().set_aspect('equal')
plt.scatter(x=A[:, 0], y=b)

m, c = x
t = np.linspace(-1, 3, num = 51)

b1 = m*t + c
plt.plot(t, b1, "b-")

plt.axis([-1, 10, -1, 10])
plt.show()
``` |

프로그램 설명

① Gilbert Strang의 "Introduction to LINEAR ALGEBRA", 4판의 예제에 나오는 3개의 2차원 좌표 (0, 6), (1, 0), (2, 0)에 가장 가까운 직선 $b = mt + c$을 linalg.lstsq() 함수로 계산한다(참고: [step23_2], [step24_2], [step25_2], [step26_3]).

② In [2]는 linalg.lstsq() 함수로 최소자승해 x와 잔차 residue, 랭크 r 그리고 특이값 s를 계산한다.

③ In [4]의 잔차 residue는 np.sum((b−np.dot(A, x)) ** 2)과 같은 결과이다.

$$residue = \sum \| b - Ax \|^2$$

④ In [7]은 주어진 좌표를 plt.scatter(x = A[:, 0], y = b)로 점으로 표시하고, 최소자승해 x를 m, c에 저장하고, 배열 t에서 직선의 좌표 b1을 생성하여, plt.plot()로 그리면 결과는 [그림 23.1] 그리고 [그림 24.1]과 같다.

[step27_2] 최소자승해 직선2: $y = mx + c$	
In [1]:	import numpy as np import scipy.linalg as linalg import matplotlib.pyplot as plt np.random.seed(1)
In [2]:	x = np.linspace(0.0, 10.0, num = 5) m, c = 3, -10 y = m*x + c + np.random.normal(0, 2.0, x.size) A = np.vstack([x, np.ones(len(x))]).T A

Out[2]:	array([[0. , 1.],
	       [2.5, 1.],
	       [5. , 1.],
	       [7.5, 1.],
	       [10. , 1.]])

In [3]:	X, residue, r, s = linalg.lstsq(A, y) X # solution
Out[3]:	array([2.84167299, -9.09762245])
In [4]:	residue # np.sum((y - np.dot(A, X)) ** 2)
Out[4]:	19.139570095888775

In [5]:
```
# plt.gca().set_aspect('equal')
plt.scatter(x, y)

m1, c1 = X        # solution
y1 = m1 * x + c1
plt.plot(x, y1, 'r-')
plt.show()
```

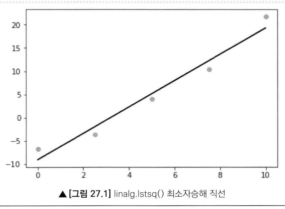

▲ [그림 27.1] linalg.lstsq() 최소자승해 직선

프로그램 설명

① 최소자승해를 계산하는 이전의 예제에서 2차원 좌표를 (t, b), 선형방정식으로 $Ax = b$ 을 사용하였다. 여기서는 수식의 편의성을 위해 2차원 좌표를 (x, y), 선형방정식으로 $AX = y$ 을 사용한다.

② In [2]는 $m = 3$, $c = -10$의 직선에 정규분포 난수 잡음 $N(0, 2)$을 추가하여 num = 5의 좌표점의 x 좌표을 생성하고, 배열 x에서 직선의 좌표 y를 생성하고, 선형방정식 $AX = y$의 행렬 A를 A = np.vstack([x, np.ones(len(x))]).T로 생성한다.

$$AX = y$$

$$\begin{bmatrix} x_1 & 1 \\ x_2 & 1 \\ ..... \\ x_n & 1 \end{bmatrix} \begin{bmatrix} m \\ c \end{bmatrix} = \begin{bmatrix} y_1 \\ y_2 \\ . \\ . \\ y_n \end{bmatrix}$$

③ In [3]은 linalg.lstsq() 함수로 최소자승해 X와 잔차 residue, 랭크 r 그리고 특이값 s를 계산한다. 최소자승해는 X = array([2.8, -9.0])이다. 데이터를 생성하기 위해 사용한 참값 m = 3, c = −10과 약간의 차이가 있다. 잡음의 표준편차가 작을수록 그리고 데이터가 많을수록 참값에 근사하며 잔차는 작아진다.

④ In [5]는 주어진 좌표를 plt.scatter(x, y)로 데이터 점을 표시하고 최소자승 해 X를 m1, c1에 저장하고, 배열 x에서 직선의 좌표 y1을 생성하여 plt.plot()로 직선을 그린다([그림 27.1]).

[step27_3] 최소자승해 포물선: $y = ax^2 + bx + c$

| In [1]: | ```python
import numpy as np
import scipy.linalg as linalg
import matplotlib.pyplot as plt
np.random.seed(1)
``` |
| In [2]: | ```python
x = np.linspace(-10.0, 10.0, num=5)
a, b, c = 1, -2, -3
y = a * x * x + b * x + c + np.random.normal(0, 2, x.size)
A = np.vstack([x * x, x, np.ones(len(x))]).T
A
``` |
| Out[2]: | ```
array([[100., -10.,  1.],
       [ 25.,  -5.,  1.],
       [  0.,   0.,  1.],
       [ 25.,   5.,  1.],
       [100.,  10.,  1.]])
``` |
| In [3]: | ```python
X, residue, r, s = linalg.lstsq(A, y)
X                          # solution
``` |
| Out[3]: | ```
array([ 1.04411757, -2.07916351, -5.09513595])
``` |
| In [4]: | ```python
residue                    # np.sum((y-np.dot(A, X))**2)
``` |
| Out[4]: | 2.1089212340912207 |
| In [5]: | ```python
plt.axhline(y = 0, color = 'k', linewidth = 1)
plt.axvline(x = 0, color = 'k', linewidth = 1)

plt.scatter(x, y)

x1 = np.linspace(-15.0, 15.0, num = 51)

a1, b1, c1 = X             # least square solution
y1 = a1 * x1 * x1 + b1 * x1 + c1
plt.plot(x1, y1, 'r-')
plt.show()
``` |
```

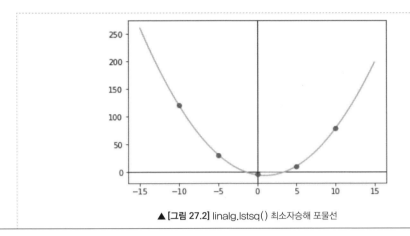

▲ [그림 27.2] linalg.lstsq( ) 최소자승해 포물선

프로그램 설명

① In [2]는 a = 1, b = −2, c = −3의 포물선 $y = ax^2 + bx + c$에 정규분포 난수 잡음 $N(0, 2)$을 추가
하여 num = 5의 좌표점의 x 좌표, y 좌표 배열을 생성하고, 선형방정식 $AX = y$의 행렬 A를 A = np.
vstack([x * x, x, np.ones(len(x))]).T로 생성한다.

$$AX \qquad = \quad y$$

$$\begin{bmatrix} x_1 & 1 \\ x_2 & 1 \\ ..... \\ x_n & 1 \end{bmatrix} \begin{bmatrix} m \\ c \end{bmatrix} = \begin{bmatrix} y_1 \\ y_2 \\ . \\ . \\ y_n \end{bmatrix}$$

② In [3]은 linalg.lstsq( ) 함수로 최소자승해 X와 잔차 residue, 랭크 r 그리고 특이값 s를 계산한다. 최소자
승해는 X = array([1.04, −2.07, −5.09])이다. 잡음의 표준편차가 작을수록 그리고 데이터가 많을수록
참값에 근사하며 잔차는 작아진다.

③ In [5]는 주어진 좌표를 plt.scatter(x, y)로 데이터 점을 표시하고, −15에서 15까지 num = 51개의 데이터
를 배열 x1에 생성한다. 최소자승해 X를 a1, b1, c1에 저장하고, 포물선의 좌표 x1, y1 배열을 plt.plot( )
로 그린다([그림 27.2]).

[step27_4] 최소자승해 원(circle): $(x - c_x)^2 + (y - c_y)^2 = r^2$

In [1]:
```python
import numpy as np
import scipy.linalg as linalg
import matplotlib.pyplot as plt
np.random.seed(1)
```

In [2]:
```python
# (x - cx) ** 2 + (y - cy) ** 2 = r ** 2
cx, cy, r = 5, 5, 10
t = np.linspace(0.0, 2 * np.pi, num = 10)
e = np.random.normal(0, 1, t.size)
x = (r + e) * np.cos(t) + cx
y = (r + e) * np.sin(t) + cy

b = x ** 2 + y ** 2
M = np.vstack([x, y, np.ones(len(x))]).T
M
```

Out[2]:
```
array([[16.62434536, 5.        , 1.        ],
       [12.19181183, 11.03464665, 1.        ],
       [ 6.64476571, 14.32792989, 1.        ],
       [ 0.53648431, 12.73103595, 1.        ],
       [-5.21014337,  8.71618827, 1.        ],
       [-2.23418728,  2.36697116, 1.        ],
       [-0.87240588, -5.17130535, 1.        ],
       [ 6.60429959, -4.09843507, 1.        ],
       [12.90484256, -1.63295047, 1.        ],
       [14.75062962, 5.        , 1.        ]])
```

In [3]:
```python
X, residue, r, s = linalg.lstsq(M, b)
X                    # solution
```

Out[3]:
```
array([10.49454074, 8.97031273, 51.39237134])
```

In [4]:
```python
residue          # np.sum((b - np.dot(M, X)) ** 2)
```

Out[4]:
```
5001.988534698158
```

In [5]:
```python
plt.gca().set_aspect('equal')
plt.axhline(y = 0, color = 'k', linewidth = 1)
plt.axvline(x = 0, color = 'k', linewidth = 1)

plt.scatter(x, y)
```

```
A, B, C = X          # least square solution
cx1 = A / 2
cy1 = B / 2
r1  = np.sqrt(4 * C + A * A + B * B) / 2

t = np.linspace(0.0, 2 * np.pi, num = 51)
x1 = r1 * np.cos(t) + cx1
y1 = r1 * np.sin(t) + cy1

plt.plot(x1, y1, 'r-')
plt.show()
```

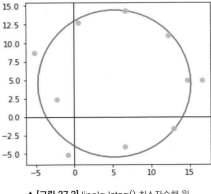

▲ [그림 27.3] linalg.lstsq() 최소자승해 원

프로그램 설명

① In [2]는 cx = 5, cy = 5, r = 10의 원에 정규분포 난수 잡음 $e = N(0, 1)$을 추가하여 num = 10의 2차원 좌표점을 배열 x, y에 생성하고, 선형방정식 $AX = b$의 행렬 M을 M = np.vstack([x, y, np.ones(len(x))]).T로 생성한다.

$$(x - c_x)^2 + (y - c_y)^2 = r^2$$

$$2c_x x + 2c_y y + r^2 - c_x^2 - c_y^2 = x^2 + y^2$$

$$Ax + By + C = x^2 + y^2$$

여기서, $c_x = A / 2, c_y = B / 2, r = \frac{1}{2} \sqrt{4C + A^2 + B^2}$

$$MX \qquad = b$$

$$\begin{bmatrix} x_1 & y_1 & 1 \\ x_2 & y_2 & 1 \\ ..... & & \\ x_n & y_n & 1 \end{bmatrix} \begin{bmatrix} A \\ B \\ C \end{bmatrix} = \begin{bmatrix} x_1^2 + y_1^2 \\ x_2^2 + y_2^2 \\ ..... \\ x_n^2 + y_n^2 \end{bmatrix}$$

② In [3]은 linalg.lstsq( ) 함수로 최소자승해 X와 잔차 residue, 랭크 r 그리고 특이값 s를 계산한다. 최소자 승해는 X = array([10.49, 8.97, 51.39])는 A, B, C의 값이다.

③ In [5]는 데이터 좌표를 plt.scatter(x, y)로 점으로 표시하고, 최소자승해 X를 A, B, C에 저장하고, 원의 중 심점 cx1 = A / 2, cy1 = B / 2와 반지름 r1 = np.sqrt(4 * C + A * A + B * B) / 2를 계산하여 원 위의 좌표를 x1, y1 배열에 계산하여 plt.plot( )로 그린다([그림 27.3]).

[step27_5] 최소자승해 타원(ellipse): $Ax^2 + Bxy + Cy^2 + Dx + Ey + 1 = 0$

In [1]:	```import numpy as np```

```
import numpy as np
import scipy.linalg as linalg
import matplotlib.pyplot as plt
np.random.seed(1)
```

In [2]:
```
xc, yc = 20, 10
a,  b = 4, 8

t = np.linspace(0.0, 2 * np.pi, num = 50)
e = np.random.normal(0, 1, t.size)

theta = 30
rad = np.deg2rad(theta)
c = np.cos(rad)
s = np.sin(rad)

x = c * ((a + e) * np.cos(t)) - s * ((b + e) * np.sin(t)) + xc
y = s * ((a + e) * np.cos(t)) + c * ((b + e) * np.sin(t)) + yc
```

In [3]:
```
F = 1                      # normalization
# Ax ** 2 + Bxy + Cy ** 2 + Dx + Ey + F = 0
b = -np.ones(len(x))
M = np.vstack([x * x, x * y, y * y, x, y]).T
X, residue, r, s = linalg.lstsq(M, b)
A, B, C, D, E = X        # least square solution
X
```

Out[3]:	array([0.00154619, 0.00143874, 0.00094263, -0.07740967, -0.04843464])
In [4]:	residue # np.sum((b-np.dot(M, X)) ** 2)
Out[4]:	0.0073043968968080734

In [5]:
```python
# ref: https:// www.cs.cornell.edu/cv/OtherPdf/Ellipse.pdf
# convert conic to parametric of ellipse
M0 = np.array([[F, D / 2, E / 2],
               [D / 2, A, B / 2],
               [E / 2, B / 2, C]])
M = np.array([[A, B / 2],
              [B / 2, C]])

eval1, eval2 = np.linalg.eigvals(M)     # |eval1 - A| <= |eval1 - C|
xc2 = (B * E - 2 * C * D) / (4 * A * C - B ** 2)
yc2 = (B * D - 2 * A * E) / (4 * A * C - B ** 2)
detM0 = linalg.det(M0)
detM  = linalg.det(M)
a2 = np.sqrt(-detM0 / (detM * eval1))
b2 = np.sqrt(-detM0 / (detM * eval2))
theta2 = np.arctan(B / (A - C)) / 2
xc2, yc2, a2, b2, np.rad2deg(theta2)
```

Out[5]:
```
(20.280108603027344,
 10.214434763746969,
 3.9945800848925264,
 8.34125130667926,
 33.62082386411556)
```

In [6]:
```python
# import matplotlib.patches as patches
ax = plt.gca()
ax.set_aspect('equal')

ax.scatter(x, y)
# angle: rotation in degrees anti-clockwise
'''
ax.add_patch(
    patches.Ellipse(xy = [xc2, yc2], width = 2 * a2, height = 2 * b2,
                    angle = np.rad2deg(theta2), linewidth = 2,
                    color = 'black', fill = False))
'''
```

```
c = np.cos(theta2)
s = np.sin(theta2)
x2 = c * (a2 * np.cos(t)) − s * (b2 * np.sin(t)) + xc2
y2 = s * (a2 * np.cos(t)) + c * (b2 * np.sin(t)) + yc2
plt.plot(x2, y2, color = 'black', linewidth = 2)

xmin, xmax = np.min(x) − 1, np.max(x) + 1
ymin, ymax = np.min(y) − 1, np.max(y) + 1

xx = np.linspace(xmin, xmax, 100)
yy = np.linspace(ymin, ymax, 100)

XX, YY = np.meshgrid(xx, yy)
ZZ = A * XX ** 2 + B * XX * YY + C * YY ** 2 + D * XX+ E * YY + F
plt.contour(XX, YY, ZZ, levels = [0], colors = ('r'),
            linewidths = 5,alpha = 0.5)
plt.show()
```

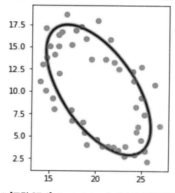

▲ [그림 27.4] linalg.lstsq() 최소자승해 타원

프로그램 설명

① 2차 방정식 $Ax^2 + Bxy + Cy^2 + Dx + Ey + F = 0$은 원뿔을 평면으로 잘랐을 때 나타나는 원, 타원, 포물선, 쌍곡선 등을 표현할 수 있다.

$B^2 - 4AC < 0$ 이면 타원(ellipse)

$B^2 - 4AC = 0$ 이면 포물선(parabola)

$B^2 - 4AC > 0$ 이면 쌍곡선(hyperbola)

$Ax^2 + Bxy + Cy^2 + Dx + Ey + F = 0$방정식을 사용하여 최소자승해를 계산하면 자명한 해(trivial solution)를 얻게 된다. 여기서는 F = 1을 사용하여 해를 계산한다.

$$Ax^2 + Bxy + Cy^2 + Dx + Ey + 1 = 0$$

$$MX \qquad = \quad b$$

$$\begin{bmatrix} x_1^2 & x_1y_1 & y_1^2 & x_1 & y_1 \\ x_2^2 & x_2y_2 & y_2^2 & x_2 & y_2 \\ \cdots \\ \\ \\ x_n^2 & x_ny_n & y_n^2 & x_n & y_n \end{bmatrix} \begin{bmatrix} A \\ B \\ C \\ D \\ E \end{bmatrix} = \begin{bmatrix} -1 \\ -1 \\ \cdots \\ \\ \\ -1 \end{bmatrix}$$

표준 타원 방정식 : $\dfrac{(x-x_c)^2}{a^2} + \dfrac{(y-y_c)^2}{b^2} = 1$

최소 자승해 A, B, C〈D, E와 F = 1로부터 표준 타원 방정식의 중심점 (x_c, y_c)과 장단축 길이 $(2a, 2b)$ 그리고 회전각 는 다음과 같이 계산한다(참고: https://www.cs.cornell.edu/cv/OtherPdf/Ellipse.pdf).

$$x_c = \frac{BE - 2CD}{4AC - B^2}$$

$$y_c = \frac{BD - 2AE}{4AC - B^2}$$

$$M_0 = \begin{bmatrix} F & D/2 & E/2 \\ D/2 & A & B/2 \\ E/2 & B/2 & C \end{bmatrix}, M = \begin{bmatrix} A & B/2 \\ B/2 & C \end{bmatrix}$$

$$a = \sqrt{-\det(M_0)/(\det(M)\lambda_1)}$$

$$b = \sqrt{-\det(M_0)/(\det(M)\lambda_2)}$$

$$\theta = \arctan(B/(A-C))/2$$

여기서 λ_1, λ_2는 행렬 M의 고유값이다. $|\lambda_1 - A| \le |\lambda_1 - C|, |\lambda_2 - C| \le |\lambda_2 - A|$ 조건을 만족한다.

② In [2]는 타원의 중심점 (xc, yc), 장단축 길이 (2a, 2b), 회전각 theta이며, 장단축의 길이에 정규분포 난수 잡음 $e = N(0, 1)$을 추가하여 num = 50개의 2차원 좌표점을 배열 x, y에 생성한다.

③ In [3]은 선형방정식 $MX = b$의 행렬 M을 생성하고, linalg.lstsq() 함수로 최소자승해 X, 잔차 residue, 랭크 r, 특이값 s를 계산한다. 최소자승해 X를 A, B, C, D, E에 저장한다.

④ In [5]는 최소자승해로 계산한 2차 방정식의 계수 A, B, C, D, E를 이용하여 표준 타원 방정식의 매개변수 xc2, yc2, a2, b2, np.rad2deg(theta2)를 계산한다. 행렬 M0, M을 정의하여 행렬식과 고유값을 사용하였다. 고유값은 [Step 28]을 참고한다.

⑤ In [6]은 데이터 좌표를 plt.scatter(x, y)로 점으로 표시하고, 최소자승해로 계산한 타원을 3가지 방법으로 그린다. patches.Ellipse()를 이용하여 그리거나 또는 표준 타원 방정식을 이용하여 2차원 좌표 배열 x2, y2를 상성하고 plt.plot()로 그리거나 또는 np.meshgrid()로 격자 XX, YY 좌표배열을 생성하고 2차방정식의 함수값을 ZZ 배열에 계산하여 plt.contour()로 XX, YY, ZZ에서 levels = [0]인 등고선으로 타원을 그린다([그림 27.4]).

Step 28 ─○ 고유값과 고유벡터

행렬 A와 x를 곱한 결과(선형조합) Ax가 x에 스칼라 λ를 곱한 결과와 같을 때 x는 고유벡터(eigen vector), λ는 고유값(eigen value)이다.

$$Ax = \lambda x$$

[표 28.1]은 고유값과 고유벡터 관련 함수이다. 고유값 w[i]에 대응하는 고유벡터는 vr[:, i] 열에 반환한다. 고유값은 복소수일 수 있다. linalg.eig() 함수는 고유값의 정렬이 보장되지 않는다. linalg.eigh() 함수는 대칭행렬에서 오름차순 정렬된 고유값과 고유벡터를 계산한다.

▼[표 28.1] 고유값과 고유벡터 관련 함수

함수	설명
numpy.linalg.eig(a) scipy.linalg.eig(a)	행렬 a의 고유값, 고유벡터
numpy.linalg.eigh(a) scipy.linalg.eigh(a)	대칭행렬 a의 고유값, 고유벡터, 고유값 오름차순 정렬
numpy.linalg.eigvals(a) scipy.linalg.eigvals(a)	행렬 a의 고유값
numpy.linalg.eigvalsh(a) scipy.linalg.eigvalsh(a)	대칭행렬 a의 고유값, 오름차순 정렬

① **실수 대칭행렬의 고유값은 실수이다.** 행렬 A의 고유값과 A^T의 고유값은 같다. 고유값의 합은 A의 대각선의 합인 $tr(A)$와 같다. 고유값의 곱은 $\det(A)$이다. 행렬 BA의 고유값과 의 고유값은 같다.

② **고유벡터는 유일하지 않다.** 예를 들어, x가 고유벡터일 때, 스칼라 곱셈한 ax도 고유벡터이고, 부호를 반전한 $-x$도 고유벡터이다. 대부분의 고유벡터 계산함수는 고유벡터를 단위 벡터로 정규화하여 반환한다. 고유벡터의 부호는 서로 다를 수 있다. 대응점의 그래프 매칭 등에서 이러한 문제를 다루고 있다 (eigen vector sign flipping problem).

③ **고유분해(eigen decomposition)**

$n \times n$행렬 A가 n개의 선형독립 고유벡터 $x_1, ..., x_n$을 갖는 행렬이면 $A = VDV^{-1}$로 분해될 수 있다. 여기서, 고유벡터 행렬 V의 i번째 열은 고유벡터 x_i이다. 행렬 D는 대각요소에 고유값을 갖는 대각행렬이다. 역행렬은 $A^{-1} = VD^{-1}V^{-1}$이다. D^{-1}은 D의 대각 요소만 역수를 취한다. 행렬의 고유분해는 SVD 분해와 밀접히 연관되어 있다([Step 26] 참고).

$$Ax = \lambda x$$

$$AV = VD$$

$$A = VDV^{-1}, \quad where \ D = \begin{bmatrix} \lambda_1 & & \\ & ... & \\ & & \lambda_n \end{bmatrix}, \ V = [x_1^T, ..., x_n^T]$$

④ **대칭(symmetric)행렬**

$n \times n$행렬 A가 실수 대칭행렬이면, 고유값은 모두 실수이고, 고유벡터는 직교(orthogonal) 벡터이다. 그러므로 $V^{-1} = V$이고, $A = VDV^T$로 분해된다. 대칭행렬의 랭크는 0이 아닌 고유값의 개수와 같다.

⑤ **공분산(covariance) 행렬**

공분산 행렬은 데이터의 분포 정보를 갖는다. 특징 데이터의 주성분 분석에 사용한다. 공분산 행렬은 대칭행렬로 고유값은 모두 실수이고, 고유벡터는 직교벡터이다. 또한, 모든 고유값은 음수가 아니다 ($\lambda_i \geq 0$). 즉, 준양정부호(semi positive-definite) 행렬이다. $m \times n$행렬 X에서 m이 데이터의 개수, n이 특징(변수)의 개수(변수)에 대하여 A = X - mX에 의해 데이터의 평균(mX)를 뺄셈한 행렬 A의 랭크 rank(A)의 최대값은 min(m-1, n)이다(1은 평균 벡터 뺄셈 때문이다). 행렬 A를 사용하여 계산한 공분산 행렬 C의 랭크 rank(C)는 rank(A)와 같다.

⑥ **AA^T, A^TA의 고유값 고유벡터**

$m \times n$행렬 A에 대해, $m \times m$행렬 AA^T과 $n \times n$행렬 A^TA의 min(m, n)개의 고유값은 같다. AA^T와 A^TA중에서 작은 크기의 행렬로부터 계산한 고유값, 고유벡터로부터 큰 크기의 행렬의 min(m, n)개의 고유값, 고유벡터를 계산할 수 있다. 단, 대응하는 고유벡터가 반대 방향일 수 있다.

ⓐ $m < n$경우 m개의 고유과 고유벡터
크기가 작은 AA^T행렬로부터 고유값과 고유벡터 $\lambda_i, v_i, i = 1, ..., m$을 먼저 계산하고, A^TA행렬의 값인 큰 순서로 m개의 고유값, 고유벡터는 $\lambda_i, A^Tv_i, i = 1, ..., m$이다. 여기서, 고유벡터 A^Tv_i는 단위벡터가 아니다.

$$AA^T v_i = \lambda_i v_i$$

$$A^T A A^T v_i = \lambda_i A^T v_i$$

$$(A^T A) A^T v_i = \lambda_i (A^T v_i), \quad i = 1, ..., m$$

ⓑ $m > n$경우 n개의 고유값과 고유벡터

크기가 작은 $A^T A$행렬로부터 고유값과 고유벡터 $\lambda_i, v_i, i = 1, ..., n$을 먼저 계산하고, AA^T행렬의 값인 큰 순서로 n개의 고유값, 고유벡터는 $\lambda_i, Av_i, i = 1, ..., n$이다. 여기서, 고유벡터 Av_i는 단위 벡터가 아니다.

$$A^T A v_i = \lambda_i v_i$$

$$AA^T A v_i = \lambda_i A v_i$$

$$(AA^T) A v_i = \lambda_i A v_i, \quad i = 1, ..., n$$

Turk는 "Eigenfaces for Recognition" 논문에서 이 방법으로 얼굴인식을 위한 훈련 얼굴 영상에 대한 고유 얼굴(Eigenfaces)을 계산하였다. 예를 들면, 영상 크기가 100×100인 40개 영상을 10000×40의 행렬로 생성하고 평균 벡터를 빼서 A에 생성하여, 40×40 행렬 $A^T A$에서 계산한 최대 39(rank)개의 고유값과 39개의 고유벡터를 이용하여, 10000×10000 행렬 AA^T의 큰 고유값을 갖는 39개의 고유값과 고유벡터를 효율적으로 계산한다.

⑦ **주성분 분석(principal component analysis, PCA)**

주성분 분석은 고차원의 데이터를 저차원의 데이터로 차원을 축소한다. [Step 26]의 SVD 분해에서 차원축소방법과 같다. [Step 26]에서는 공분산 행렬의 고유벡터를 SVD 분해로 계산했다. 여기서는 공분산 행렬의 고유벡터를 linalg.eig()와 linalg.eigh()로 계산한다.

ⓐ PCA 투영(projection)

행렬 X의 각행이 데이터이면, $Y = (X - \mu_x)V$는 행렬 X의 각행의 벡터를 PCA 투영(projection)하여 행렬의 Y열을 생성한다. 고유벡터 행렬 V의 열은 공분산 행렬로부터 계산한 고유벡터를 고유값이 큰 순으로 위치시킨다. μ_x은 평균 벡터이다. 공분산 행렬에서 $V^{-1} = V^T$이다. n-차원 벡터 x를 k-차원($k < n$)으로 축소하려면 V의 앞쪽 k개의 열의 고유벡터에 의한 투영을 사용한다.

ⓑ PCA 역투영(packprojection)

행렬 X의 각행이 데이터이면, $X = YV^T + \mu_x$는 투영벡터 행렬 Y로부터 X를 복구한다. 고유벡터 행렬 V의 앞쪽 k개의 열의 고유벡터는 그대로 남겨두고 나머지 열의 고유벡터는 0으로 하여 역투영하면 근사값을 얻는다.

$$y = (x - \mu_x)V \qquad : PCA\, projection$$

$$yV^{-1} = (x - \mu_x)VV^{-1}$$

$$yV^T = x - \mu_x$$

$$x = yV^T + \mu_x \qquad : PCA\, back\, projection$$

[step28_1] 고유값과 고유벡터	
| In [1]: | ```python
import numpy as np
import numpy.linalg as linalg
A = np.array([[1, 2],
              [3, 4]])
``` |
In [2]:	`w, V = linalg.eig(A)`
In [3]:	`w`
Out[3]:	`array([-0.37228132,  5.37228132])`
In [4]:	`V`
| Out[4]: | ```
array([[-0.82456484, -0.41597356],
       [ 0.56576746, -0.90937671]])
``` |
| In [5]: | ```python
# decending sort eigen value w, and its eigen vector
idx = np.argsort(w)[::-1]
w = w[idx]
V = V[:,idx]
``` |
In [6]:	`w`
Out[6]:	`array([ 5.37228132, -0.37228132])`
In [7]:	`V`
| Out[7]: | ```
array([[-0.41597356, -0.82456484],
       [-0.90937671,  0.56576746]])
``` |
| In [8]: | `w[0] * w[1]             # determinant, linalg.det(A)` |
| Out[8]: | `-1.9999999999999998` |
| In [9]: | ```python
# eigen decomposition
Q = V
D = np.diag(w)
# np.allclose(np.dot(Q, np.dot(D, np.linalg.inv(Q))), A) # A = QD inv(Q)
np.allclose(np.dot(Q, np.dot(D, Q.T)), A) # symmetric, A = Q D Q.T
``` |
| Out[9]: | `True` |
| In[10]: | ```python
# inverse matrix
invD = np.diag(1/w)
invA = np.dot(V, np.dot(invD, np.linalg.inv(V))) # np.linalg.inv(A)
invA
``` |

Out[10]:	array([[-2. , 1.], [1.5, -0.5]])
In[11]:	np.allclose(np.dot(V, V.T), np.eye(2)) # V is not orthogonal
Out[11]:	False

프로그램 설명

① In [1]은 2×2 행렬 A를 생성한다.

② In [2]는 linalg.eig()로 고유값 w, 고유벡터 V를 계산한다. linalg.eig()는 고유값을 정렬하지 않는다.

③ In [3]의 고유값 w = [−0.37228132, 5.37228132]는 정렬되어 있지 않다.

④ In [4]의 행렬 V의 열이 고유벡터이다. 즉, 고유값 w[0] = −0.37228132에 대한 고유벡터는 V[:, 0]이고, 고유값 w[1] = 5.37228132에 대한 고유벡터는 V[:, 1]이다.

$$V[:,0] = [-0.82456484, 0.56576746]^T$$
$$V[:,1] = [-0.41597356, -0.90937671]^T$$

⑤ In [5]는 고유값 w를 In [6]과 같이 내림차순정렬하고, 대응하는 고유벡터 V의 열 위치를 In [7]과 같이 변경한다.

⑥ In [8]은 고유값을 모두 곱하여 행렬식(determinant)을 계산한다(약간의 실수 계산오차가 있다). 실제 행렬 A의 행렬식은 $1 \times 4 - 2 \times 3 = -2$이고, linalg.det(A)로 계산할 수 있다.

⑦ In [9]는 $A = VDV$을 확인한다.

⑧ In [10]은 행렬 A의 역행렬 $A^{-1} = VD^{-1}V^{-1}$을 계산한다.

⑨ In [11]은 행렬 A가 대칭행렬이 아니므로, 고유벡터 행렬 V가 직교행렬이 아니다. 즉, $VV^T \neq I$이다.

[step28_2] 대칭행렬의 고유값과 고유벡터

In [1]:	```python import numpy as np import numpy.linalg as linalg A = np.array([[1, 2], # A is symmetric [2, 3]])```
In [2]:	```python #1 w, V = linalg.eig(A)```

|  | ```python
# decending sort eigen value w, and its eigen vector
idx = np.argsort(w)[::-1]
w = w[idx]
V = V[:,idx]
``` |
In [3]:	`w`
Out[3]:	`array([ 4.23606798, -0.23606798])`
In [4]:	`V`
Out[4]:	`array([[-0.52573111, -0.85065081],` `       [-0.85065081,  0.52573111]])`
In [5]:	`np.allclose(np.dot(V, V.T), np.eye(2))     # V is orthogonal`
Out[5]:	`True`
| In [6]: | ```python
# eigen decomposition
D = np.diag(w)
np.allclose(np.dot(V, np.dot(D, V.T)), A)   # symmetric, inv(V) = V.T
``` |
| Out[6]: | `True` |
| In [7]: | ```python
#2
w2, V2 = linalg.eigh(A)              # A is symmetric
# decending order by reverse
w2 = w2[::-1]
V2 = V2[:, ::-1]
``` |
In [8]:	`w2`
Out[8]:	`array([ 4.23606798, -0.23606798])`
In [9]:	`V2`
Out[9]:	`array([[ 0.52573111, -0.85065081],` `       [ 0.85065081,  0.52573111]])`
In[10]:	`np.allclose(np.dot(V2, V2.T), np.eye(2))  # V2 is orthogonal`
Out[10]:	`True`
| In[11]: | ```python
# eigen decomposition
D2 = np.diag(w2)
np.allclose(np.dot(V2, np.dot(D2, V2.T)), A)
``` |
| Out[11]: | `True` |

프로그램 설명

① In [1]은 대칭행렬 A를 생성한다. 행렬 A의 행렬식은 − 10이다. 대칭행렬의 고유벡터가 직교(orthogonal) 임을 보이고, linalg.eig()와 linalg.eigh()의 고유벡터가 일치하지 않다는 것을 보인다. 일부 고유벡터의 방향이 반대 방향이다.

② In [2]는 linalg.eig()로 고유값 w, 고유벡터 V를 계산하고, 고유값을 내림차순정렬하고, 대응하는 고유벡터의 열 위치도 변경한다.

③ In [5]는 대칭행렬 A의 고유벡터 행렬 V가 직교행렬이다. 즉, $V^{-1} = V^{T}$, $VV^{T} = I$이다.

④ In [6]은 행렬 A가 대칭행렬에 대해, 고유값 분해를 확인한다. 즉, $A = VDV^{T}$이다.

⑤ In [7]은 대칭행렬에서 고유값, 고유벡터를 계산하는 linalg.eigh() 함수를 사용하여 고유값 w2, 고유벡터 V2를 계산한다. linalg.eigh()는 고유값을 오름차순 정렬하므로 고유값 w2를 순서를 뒤집어 내림차순 정렬하고, 대응하는 고유벡터 V2의 열 위치도 변경한다.

⑥ In [8]의 고유값 w2는 In [3]의 고유값 w와 같다.

⑦ In [9]의 고유벡터 V2는 In [4]의 고유벡터 V와 다르다. 고유벡터 V[:, 0]과 V2[:, 0]은 반대 방향 벡터이다. 고유벡터 V[:, 1]과 V2[:, 1]은 같은 벡터이다. V와 V2 모두 행렬 A의 고유벡터이다. 즉, 고유벡터는 유일하지 않다.

$$V[:,0] = - V2[:,0]$$

$$V[:,1] = V2[:,1]$$

⑧ In [10]은 대칭행렬 A의 고유벡터 행렬 V2가 직교행렬임을 보인다.

⑨ In [11]은 대칭행렬 A에 대해 고유값 분해를 확인한다.

[step28_3] 고유벡터 그리기	
In [1]:	import numpy as np import numpy.linalg as linalg import matplotlib.pyplot as plt

In [2]:	# 2D coordinates
	A = np.array([[0, 0], # (x, y)
	            [0, 50],
	            [0, -50],

	[100, 0], [100, 30], [150, 100], [-100, -20], [-150, -100]], dtype = np.float)
In [3]:	AtA = np.dot(A.T, A) AtA
Out[3]:	array([[75000., 35000.], [35000., 26300.]])

In [4]:	w, V = linalg.eig(AtA)
	# decending sort eigen value w, and its eigen vector, V
	idx = np.argsort(w)[::-1]
	w = w[idx]
	V = V[:,idx]
	w, V

Out[4]:	(array([93287.10238747, 8012.89761253]),
	  array([[0.88631226, -0.46308809],
	         [0.46308809, 0.88631226]]))

In [5]:	np.sqrt(w) # compare to SVD's singular values in [step26_4]
Out[5]:	array([305.42937381, 89.51478991])

In [6]:	w1, V1 = linalg.eigh(AtA) # AtA is symmetric
	# decending order by reverse
	w1 = w1[::-1]
	V1 = V1[:, ::-1]
	w1, V1

Out[6]:	(array([93287.10238747, 8012.89761253]),
	  array([[-0.88631226, 0.46308809],
	         [-0.46308809, -0.88631226]]))

In [7]:	plt.gca().set_aspect('equal') plt.axhline(y = 0, color = 'k', linewidth = 1) plt.axvline(x = 0, color = 'k', linewidth = 1) plt.scatter(x = A[:, 0], y = A[:, 1])

```
plt.gca().set_aspect('equal')
plt.axhline(y = 0, color = 'k', linewidth = 1)
plt.axvline(x = 0, color = 'k', linewidth = 1)
plt.scatter(x = A[:, 0], y = A[:, 1])

#1: w, V = linalg.eig(C)
p0 =  V[:,0] * np.sqrt(w[0])          # 1st eigen vector and scaling
origin = np.mean(A, axis = 0)        # move to origin

p1 =  V[:,1] * np.sqrt(w[1])          # 2nd eigen vector
u, v = zip(p0, p1)
plt.quiver(*origin, u, v, scale_units = 'xy',
        scale = 1,  color = ['r','b'])
xmin = np.min([p0[0], -p0[0]])
xmax = np.max([p0[0], -p0[0]])
ymin = np.min([p0[1], -p0[1]])
ymax = np.max([p0[1], -p0[1]])
plt.axis([xmin, xmax, ymin, ymax])

#2: w1, V1 = linalg.eigh(C)
p2 =  V1[:,0] * np.sqrt(w1[0])        # 1st eigen vector and scaling
p3 =  V1[:,1] * np.sqrt(w1[1])        # 2nd eigen vector
u, v = zip(p2, p3)
plt.quiver(*origin, u, v, scale_units = 'xy', s
        cale = 1,  color = ['g','c'])
plt.show()
```

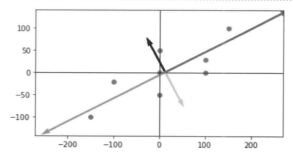

▲ [그림 28.1] $A^{T}A$의 고유벡터를 그리기: V, V2

프로그램 설명

① [step26_4]의 SVD 분해를 이용한 고유벡터 그리기를 linalg.eig(), linalg.eigh() 함수를 사용하여 작성한다.

② In [2]는 8개의 2차원 좌표를 행에 위치시켜 8×2 행렬 A를 생성한다.

③ In [3]은 $A^T A$을 행렬 AtA에 계산한다. AtA는 2×2 대칭행렬이다.

④ In [4]는 linalg.eig()로 행렬 AtA의 고유값 w, 고유벡터 V를 계산하고, 고유값을 내림차순으로 정렬하고, 대응하는 고유벡터의 위치도 변경한다.

⑤ In [5]는 np.sqrt(w)로 고유값의 제곱근을 계산한다. [step26_4]의 SVD 분해의 특이값 s와 같다.

⑥ In [6]은 linalg.eigh()로 대칭행렬 AtA의 고유값 w1, 고유벡터 V1을 계산하고, 고유값을 내림차순으로 정렬하고, 대응하는 고유벡터의 위치도 변경한다. V1의 각 열이 V의 열과 반대 방향 벡터이다.

⑦ In [7]은 주어진 좌표를 plt.scatter(x = A[:, 0], y = b)로 점으로 표시하고, linalg.eig()로 계산한 첫 고유벡터 V[:,0]을 np.sqrt(w[0])으로 스케일하여 p0을 계산하고, 두 번째 고유벡터 V[:,1]을 np.sqrt(w[1])으로 스케일하여 p1을 계산하고, plt.quiver()로 중심점 origin에서의 벡터를 빨간색('r'),과 파란색('b')으로 그린다. 유사하게, linalg.eigh()로 계산한 고유벡터 V1[:,0], V1[:,1]을 스케일링하여 plt.quiver()로 중심점 origin에서의 벡터를 초록색('g')과 청록색('c')으로 그린다([그림 28.1]). V의 각 열의 고유벡터와 V1의 열의 고유벡터의 방향이 반대임을 확인 할 수 있다. V, V1 모두 행렬 AtA의 고유벡터이다.

[step28_4] PCA 예제 1: 행 데이터, $A^T A$	
In [1]:	```import numpy as np
import numpy.linalg as linalg
import matplotlib.pyplot as plt```
In [2]:	```# 2D coordinates (x, y) in rows
X = np.array([[0,   0],
[0,   50],
[0, -50],
[100,   0],
[100,   30],
[150, 100],
[-100, -20],
[-150, -100]], dtype = np.float)
m, n = X.shape```

In [3]:	``` mX = np.mean(X, axis = 0) A = X - mX C = np.dot(A.T, A) # C =np.dot(A.T, A)/(m-1) # sample covariance, np.cov(X.T, ddof = 1) C ```
Out[3]:	``` array([[73750. , 34875.], [34875. , 26287.5]]) ```
In [4]:	``` np.linalg.matrix_rank(A), np.linalg.matrix_rank(C) ```
Out[4]:	``` (2, 2) ```

In [5]:	```
	w, V = linalg.eigh(C) # C is symmetric
	# decending order by reverse
	w = w[::-1]
	V = V[:, ::-1]
	``

In [6]:	``` print('w=', w) # np.sqrt(w), singular value, ref:[step26_5] V ```
Out[6]:	``` w= [92202.13359547 7835.36640453] array([[-0.88390424, 0.46766793], [-0.46766793, -0.88390424]]) ```

In [7]:	```
	# PCA projection
	A = X - mX
	Y = np.dot(A, V)
	np.round(Y, 2)
	``

Out[7]:	```
	array([[11.63, -4.74],
	       [-11.75, -48.94],
	       [35.02, 39.45],
	       [-76.76, 42.03],
	       [-90.79, 15.51],
	       [-167.72, -22.98],
	       [109.38, -33.83],
	       [190.99, 13.5]])
	``

In [8]:	```
	# PCA back projection
	X2 = np.dot(Y, V.T) + mX
	np.round(X2)
	``

Out[8]:	array([[0., 0.],
	[0., 50.],
	[0., -50.],
	[100., 0.],
	[100., 30.],
	[150., 100.],
	[-100., -20.],
	[-150., -100.]])
In [9]:	np.allclose(X2, X)
Out[9]:	True
In[10]:	# Approximation using back projection with k-PC
	k = 1
	Vk = V.copy()
	Vk[:, k:] = 0
	Xk = np.dot(Y, Vk.T) + mX
	np.round(Xk)
Out[10]:	array([[2., -4.],
	[23., 7.],
	[-18., -15.],
	[80., 37.],
	[93., 44.],
	[161., 80.],
	[-84., -50.],
	[-156., -88.]])
In[11]:	error = np.sqrt(np.sum((X - Xk) ** 2)) # Frobenius Norm
	error
Out[11]:	88.51760505419699

프로그램 설명

① 8개의 2차원 좌표를 배열 X의 행에 위치시켜 공분산 행렬을 계산하고, 고유값, 고유벡터를 계산하여 PCA 투영과 역투영을 한다. [step26_5]의 SVD 분해 PCA 투영과 비교해 본다.

② In [2]는 8개의 2차원 좌표를 행에 위치시켜 8×2 행렬 X를 생성한다.

③ In [3]은 평균 벡터 mX을 계산하고 배열 X에서 평균 벡터를 뺄셈하여, 평균 벡터를 원점으로 이동시켜 행렬 A에 저장한다. 2×2 공분산 행렬 C는 C_1또는 C_2의 표본 공분산 행렬로 계산한다. 좌표 데이터의 개수는 m개이다. C_2에서 (m−1) 나눗셈은 고유값을 스케일링한다. 그러나 고유벡터는 영향이 없다.

$$A = X - mX$$
$$C_1 = A^T A$$
$$C_2 = \frac{1}{m-1} A^T A$$

④ In [4]에서 평균 벡터를 뺀 행렬 A와 공분산 행렬 C의 랭크는 np.linalg.matrix_rank(A)와 np.linalg.matrix_rank(C) 모두 2이다. 행렬 rank(A), rank(C)의 최대값은 min(m − 1 = 7, n = 2)이다. 0이 아닌 고유값이 2개이다.

⑤ In [5]는 linalg.eigh()로 대칭행렬 C의 고유값 w, 2×2 고유벡터 행렬 V를 계산하고, 고유값을 내림차순으로 정렬하고, 대응하는 고유벡터의 위치도 변경한다.

⑥ In [6]에서 0이 아닌 고유값 2개(rank(C) = 2)를 갖는 배열 w를 출력하고, 대응하는 2개의 고유벡터는 2×2 행렬 V의 각 열벡터이다. [step26_5]의 VT의 첫 행의 고유벡터와 V의 첫 열의 고유벡터의 방향이 다르다.

⑦ In [7]은 행렬 X를 PCA 투영하여 행렬 Y를 생성한다. 8×2 행렬 Y의 각 행은 V의 열의 고유벡터가 축(axis)인 좌표이다. [step26_5]의 Y와 비교하면 첫 고유벡터 방향이 반대 방향이므로 대응하는 투영 Y의 0−열의 값이 반대 부호를 갖는다.

$$Y = (X - mX)V$$

⑧ In [8]은 행렬 Y를 PCA 역투영하여 행렬 X2를 생성한다. In [9]는 행렬 X2가 행렬 X와 같음을 확인한다.

$$X_2 = YV^T + mX$$

⑨ In [10]은 k = 1개의 주성분(고유벡터)은 그대로 사용하고, 나머지 고유벡터는 0으로 한 Vk 행렬로 역투영하여 X의 근사행렬 Xk를 생성한다.

⑩ In [11]은 Frobenius 놈으로 행렬 X2와 행렬 X 사이의 오차를 계산한다.

[step28_5] PCA 예제 2 : 열 데이터, AA^T

```
In  [1]:    import numpy as np
            import numpy.linalg as linalg
            import matplotlib.pyplot as plt
```

| In [2]: | ```
# 2D coordinates (x, y) in columns
X = np.array([[0,  0,  0, 100, 100, 150,-100,-150],
              [0, 50,-50,  0,  30, 100, -20,-100]], dtype = np.float)

m, n = X.shape
``` |
|---|---|
| In [3]: | ```
mX = np.mean(X, axis = 1)
mX = mX.reshape(-1, 1)          # mX[:, np.newaxis]
mX
``` |
| Out[3]: | ```
array([[12.5 ],
       [ 1.25]])
``` |
| In [4]: | ```
A = X - mX
C = np.dot(A, A.T)
# C = np.dot(A, A.T) / (n - 1) # sample covariance, np.cov(X, ddof = 1)
C
``` |
| Out[4]: | ```
array([[73750. , 34875. ],
       [34875. , 26287.5]])
``` |
| In [5]: | ```
w, V = linalg.eigh(C)          # C is symmetric
# decending order by reverse
w = w[::-1]
V = V[:, ::-1]
V
``` |
| Out[5]: | ```
array([[-0.88390424,  0.46766793],
       [-0.46766793, -0.88390424]])
``` |
| In [6]: | ```
# PCA projection
A = X - mX
Y = np.dot(V.T, A )
np.round(Y,2)
``` |
| Out[6]: | ```
array([[ 11.63, -11.75, 35.02, -76.76, -90.79, -167.72,109.38,  190.99],
       [-4.74, -48.94, 39.45, 42.03, 15.51, -22.98, -33.83, 13.5 ]])
``` |
| In [7]: | ```
# PCA back projection
X2 = np.dot(V, Y) + mX
np.round(X2)
``` |
| Out[7]: | ```
array([[  0.,   0.,   0., 100., 100., 150., -100., -150.],
       [  0.,  50., -50.,   0.,  30., 100.,  -20., -100.]])
``` |
```

In [8]:	np.allclose(X2, X)
Out[8]:	True

In [9]:	# Approximation using back projection with k-PC
	k = 1
	Vk = V.copy()
	Vk[:, k:] = 0
	Xk = np.dot(Vk, Y) + mX
	np.round(Xk)

Out[9]:	array([[2., 23., –18., 80., 93., 161., –84., –156.], [–4., 7., –15., 37., 44., 80., –50., –88.]])
In[10]:	error = np.sqrt(np.sum((X – Xk) ** 2)) # Frobenius Norm error
Out[10]:	88.51760505419699

프로그램 설명

① 데이터가 행렬의 열에 주어진 경우, 전치행렬을 구한 다음 [step28_4]와 같이 공분산 행렬을 계산하고 PCA를 수행할 수 있다. 그러나 여기서는 AA^T을 이용하여 공분산 행렬을 계산하고, PCA 투영을 수행하는 방법으로 계산한다. 결과는 [step28_4]와 같다.

② In [2]는 8개의 2차원 좌표를 열에 위치시켜 2×8 행렬 X를 생성한다.

③ In [3]은 평균 벡터 mX를 axis = 1 축 방향으로 계산하고, 모양을 mX.shape = (2, 1)인 2차원 배열로 변경한다.

④ In [4]는 배열 X에서 평균 mX를 뺄셈하여, 평균좌표를 원점으로 이동시켜 2×8 행렬 A를 생성한다. 2×2 공분산 행렬 C는 C_1또는 C_2의 표본 공분산 행렬로 계산한다. 좌표 데이터의 개수는 n개이다. rank(A), rank(C)는 2이다.

$$A = X - mX$$

$$C_1 = AA^T$$

$$C_2 = \frac{1}{n-1}AA^T$$

⑤ In [5]는 linalg.eigh()로 대칭행렬 C의 고유값 w와 고유벡터 V를 계산하고, 고유값을 내림차순으로 정렬하고, 대응하는 고유벡터의 위치도 변경한다. 결과는 [step28_4]의 고유값 w, 고유벡터 V와 같다.

⑥ In [6]은 행렬 X를 PCA 투영하여 행렬 Y를 생성한다. 평균 벡터를 뺀 2×8 행렬 A의 각 행과 $V^T(X-mX)$으로 투영한다. 2×8 행렬 Y의 각 행은 V의 열의 고유벡터가 축(axis)인 좌표이다.

$$Y = V^T(X-mX)$$

⑦ In [7]은 2×8 행렬 Y를 PCA 역투영하여 행렬 X2를 생성한다. In [8]은 행렬 X2가 행렬 X와 같음을 확인한다. [step28_4]와 고유벡터 곱셈 순서가 다름에 주의한다.

$$X_2 = VY+mX$$

⑧ In [9]는 k = 1개의 주성분(고유벡터)은 그대로 사용하고, 나머지 고유벡터는 0으로 하는 Vk 행렬로 역투영하여 X의 근사행렬 Xk를 생성한다.

⑨ In [10]은 Frobenius 놈으로 행렬 X2와 행렬 X 사이의 오차를 계산한다.

[step28_6] 차원축소(dimension reduction) 및 근사(approximation)

| In [1]: | ```
import numpy as np
import numpy.linalg as linalg
import matplotlib.pyplot as plt
``` |
|---|---|
| In [2]: | ```
# 4 vectors with 10-dimension
# each row is a vector

# np.random.seed(1)
# X = np.arange(50)
# np.random.shuffle(X)
# X = X.reshape(-1, 10)
# X
X = np.array([[27, 35, 40, 38,  2,  3, 48, 29, 46, 31],
              [32, 39, 21, 36, 19, 42, 49, 26, 22, 13],
              [41, 17, 45, 24, 23,  4, 33, 14, 30, 10],
              [28, 44, 34, 18, 20, 25,  6,  7, 47,  1],
              [16,  0, 15,  5, 11,  9,  8, 12, 43, 37]], dtype = np.float)
m, n = X.shape
``` |
| In [3]: | ```
mX = np.mean(X, axis = 0)
A = X - mX
C = np.dot(A.T, A)
# C =np.dot(A.T, A) / (m - 1) # sample covariance, np.cov(X.T, ddof = 1)
C.shape
``` |
```

Out[3]:	(10, 10)
In [4]:	np.linalg.matrix_rank(A), np.linalg.matrix_rank(C)
Out[4]:	(4, 4)

In [5]:	w, V = linalg.eigh(C) # C is symmetric
	# decending order by reverse
	w = w[::-1]
	V = V[:, ::-1]
	V.shape

Out[5]:	(10, 10)
In [6]:	np.round(w, 2)
Out[6]:	array([3600.43, 2144.32, 1316.3 , 878.14, 0. , 0. , 0. , -0. , -0. , -0.])

In [7]:	# PCA projection using k-PC
	k = 3
	A = X − mX
	Yk = np.dot(A, V[:, :k])
	np.round(Yk,2)

Out[7]:	array([[-16.35, -28.74, 9.22],
	        [-34.27, 7.41, -23.45],
	        [-1.65, -3.34, 18.62],
	        [6.25, 34.11, 10.55],
	        [46.01, -9.44, -14.95]])

In [8]:	# Approximation by back projection using k-PC
	Y = np.dot(A, V) # PCA projection
	k = 3
	w[w<0] = 0 # w> 0 but numerically, it will be < 0
	ratio = np.sum(w[:k]) / np.sum(w)
	print("Approximation:{}%".format(ratio∗100))
	Vk = V.copy()
	Vk[:, k:] = 0
	Xk = np.dot(Y, Vk.T) + mX
	np.round(Xk, 1)

Out[8]:	Approximation:88.93916572364614%
	array([[32.5, 26.1, 41.1, 36.3, 7.9, 2.4, 50.7, 27.4, 37.4, 27.7],
	       [30.2, 42. , 20.6, 36.6, 17. , 42.2, 48.1, 26.5, 24.9, 14.1],
	       [33.4, 29.3, 43.5, 26.4, 14.8, 4.8, 29.2, 16.2, 41.9, 14.5],
	       [32.2, 37.2, 34.9, 16.7, 24.5, 24.5, 8.1, 5.8, 40.4, -1.5],
	       [15.7, 0.4, 14.9, 5.1, 10.7, 9. , 7.9, 12.1, 43.4, 37.2]])

In [9]:	error = np.sqrt(np.sum((X - Xk) ** 2)) # Frobenius Norm error
Out[9]:	29.633456681060427

프로그램 설명

① 10차원의 5개의 벡터를 행렬의 행에 위치시키고, 공분산 행렬을 이용하여 PCA 투영으로 차원축소 (dimension reduction)와 근사(approximation)를 수행한다. [step26_6]의 SVD를 사용한 차원축소 결과와 비교하면 고유벡터의 일부가 반대 방향이어서 투영결과 역시의 부호가 반대이다. [step26_7]의 SVD를 사용한 근사는 데이터 X를 사용하였으며 rank(X) = 5개의 0이 아닌 s값이 있으며, 특이값의 제곱이 고유값인 등의 차이에 의한 결과이다.

② ln [2]는 m = 5개의 n = 10차원 벡터를 행에 위치시켜 5×10 행렬 X를 생성한다.

③ ln [3]은 평균 벡터 mX를 계산하고 배열 X에서 평균 벡터를 뺄셈하여, 평균 벡터를 원점으로 이동시켜 행렬 A에 저장하고, 10×10 공분산 행렬 C를 계산한다. 데이터의 개수는 m = 5개이다.

④ ln [4]에서 평균 벡터를 뺄셈한 행렬 A와 공분산 행렬 C의 랭크는 np.linalg.matrix_rank(A)와 np.linalg. matrix_rank(C) 모두 4이다. 행렬 rank(A), rank(C)의 최대값은 min(m − 1 = 4, n = 10)이다. 0이 아닌 고유값이 4개이다.

⑤ ln [5]는 linalg.eigh()로 대칭행렬 C의 고유값 배열 w, 10×10 고유벡터 행렬 V를 계산하고, 1차원 배열 w의 10개의 고유값을 내림차순으로 정렬하고, 대응하는 고유벡터의 위치도 변경한다.

⑥ ln [6]에서 고유값 배열 w를 소수점 2자리까지 출력한다. rank(C) = 4로 0이 아닌 고유값이 4개이다.

⑦ ln [7]은 행렬 X를 k=3개의 주성분 고유벡터 V[:, :k]를 사용하여 PCA 투영으로 5×3 행렬 Yk를 생성한다. Yk의 각행은 행렬 X의 각 행의 벡터를 k차원으로 축소한 결과이다.

$$Y_k = (X - mX)V[:, :k]$$

⑧ ln [8]은 행렬 X를 주성분 고유벡터 V를 사용하여 PCA 투영한 Y와 k = 3개의 주성분 고유벡터 Vk를 이용한 PCA 역투영으로 근사행렬 Xk를 생성한다. 공분산 행렬 C의 고유값은 음수일수 없으나, 수치계산

문제로 작은 값에서 음수일 수 있어 음수인 값은 0으로 변경한다. 고유값을 이용하여 근사 정도를 ratio 에 계산한다. k = 3이면 ratio = 0.889, k = 4이면 0.999이다. 행렬 V를 Vk에 복사하고, Vk[:, k:] = 0으로 k개 이후의 고유벡터를 0으로 변경하여 Vk를 생성한다. Xk = np.dot(Y, Vk.T) + mX로 Xk를 역투영하면, Xk는 행렬 X를 근사한다. k가 커지면 Xk와 X사이의 오차가 작아진다.

$$X_k = YV_k^T + mX$$

⑨ In [9]는 Frobenius 놈으로 행렬 Xk와 X 사이의 오차 error를 계산한다. k = 3이면 error = 29.60이다. k = 4 이면 error는 0에 가깝다.

[step28_7] A^TA, AA^T 고유값, 고유벡터

| In [1]: | ```
import numpy as np
import numpy.linalg as linalg
import matplotlib.pyplot as plt
``` |
|---|---|
| In [2]: | ```
X = np.array([[27, 35, 40, 38,  2,  3, 48, 29, 46, 31],
              [32, 39, 21, 36, 19, 42, 49, 26, 22, 13],
              [41, 17, 45, 24, 23,  4, 33, 14, 30, 10],
              [28, 44, 34, 18, 20, 25,  6,  7, 47,  1],
              [16,  0, 15,  5, 11,  9,  8, 12, 43, 37]],
             dtype=np.float)
m, n = X.shape
``` |
| In [3]: | ```
mX = np.mean(X, axis = 0)
A = X - mX
r = np.linalg.matrix_rank(A)
r
``` |
| Out[3]: | 4 |
| In [4]: | ```
#1 AtA

AtA = np.dot(A.T, A)
ata_w, V = linalg.eigh(AtA)        # AtA is symmetric
# decending order by reverse
ata_w = ata_w[::-1]
V = V[:, ::-1]
AtA.shape, ata_w.shape, V.shape
``` |
| Out[4]: | ((10, 10), (10,), (10, 10)) |

In [5]:	np.round(ata_w, 2)
Out[5]:	array([3600.43, 2144.32, 1316.3 , 878.14, 0. , 0. , 0. , -0. , -0. , -0.])
In [6]:	np.round(V[:, :r], 2)
Out[6]:	array([[-0.19, 0.06, 0.24, -0.35], [-0.46, 0.34, 0.14, 0.57], [-0.15, -0.06, 0.64, -0.07], [-0.43, -0.16, 0.05, 0.11], [-0.03, 0.27, 0.04, -0.38], [-0.26, 0.46, -0.57, 0.04], [-0.59, -0.47, -0.11, -0.17], [-0.22, -0.26, -0.14, 0.1], [0.2 , -0.03, 0.24, 0.55], [0.21, -0.53, -0.29, 0.21]])

In [7]:	```
	#2 AAt
	mX = np.mean(X, axis = 0)
	A = X - mX
	AAt = np.dot(A, A.T)
	
	aat_w, U = linalg.eigh(AAt) # AAt is symmetric
	# decending order by reverse
	aat_w = aat_w[::-1]
	U = U[:, ::-1]
	AtA.shape, aat_w.shape, U.shape
	``

Out[7]:	((10, 10), (5,), (5, 5))
In [8]:	np.round(aat_w, 2)
Out[8]:	array([3600.43, 2144.32, 1316.3 , 878.14, 0.])

In [9]:	```
	V2 = np.dot(A.T, U)
	V2 = V2 / np.linalg.norm(V2, axis = 0).reshape(1, -1) # unit vector
	np.round(V2[:, :r], 2)
	``

Out[9]:	array([[-0.19, -0.06, -0.24, -0.35], [-0.46, -0.34, -0.14, 0.57], [-0.15, 0.06, -0.64, -0.07], [-0.43, 0.16, -0.05, 0.11],

	[-0.03, -0.27, -0.04, -0.38],	
	[-0.26, -0.46, 0.57, 0.04],	
	[-0.59, 0.47, 0.11, -0.17],	
	[-0.22, 0.26, 0.14, 0.1],	
	[0.2 , 0.03, -0.24, 0.55],	
	[0.21, 0.53, 0.29, 0.21]])	
In[10]:	# Eigenvector sign matching for k in range(np.min(X.shape)): # np.min(X.shape) = 5 if V[0,k] * V2[0, k] < 0: # the first element sign in V, V2 V2[:,k] = -V2[:,k]	
Out[10]:	((10, 10), (5,), (5, 5))	
In[11]:	np.round(V2[:, :r], 2)	

Out[11]:	array([[-0.19, 0.06, 0.24, -0.35],
	       [-0.46, 0.34, 0.14, 0.57],
	       [-0.15, -0.06, 0.64, -0.07],
	       [-0.43, -0.16, 0.05, 0.11],
	       [-0.03, 0.27, 0.04, -0.38],
	       [-0.26, 0.46, -0.57, 0.04],
	       [-0.59, -0.47, -0.11, -0.17],
	       [-0.22, -0.26, -0.14, 0.1],
	       [0.2 , -0.03, 0.24, 0.55],
	       [0.21, -0.53, -0.29, 0.21]])	

In[12]:	np.allclose(V[:,:r], V2[:,:r])	
Out[12]:	True	

프로그램 설명

① m 〈 n인 5×10 행렬의 A^TA로부터 랭크 r = 4개의 고유값, 고유벡터를 계산하고, A^TA로부터 고유값과 고유벡터를 계산하여, A^TA의 r개의 고유값, 고유벡터를 계산할 수 있음을 설명한다.

② In [3]은 평균 벡터 mX를 계산하고 배열 X에서 평균 벡터를 뺄셈하여, 평균 벡터를 원점으로 이동시켜 행렬 A를 생성한다. 행렬 A의 랭크는 평균 뺄셈으로 인해 r = 4이다.

③ In [4]는 A^TA의 10×10 행렬 AtA를 계산하고, 10개의 내림차순으로 정렬한 고유값 ata_w, 고유벡터 V를 계산한다. rank(A^TA)는 rank(A)와 같이 4이다.

④ In [5]의 ata_w에서 0이 아닌 고유값은 r = 4개이다. In [6]은 대응하는 r = 4개의 V[:, :r] 고유벡터이다.

⑤ In [7]은 A^TA의 5×5 행렬 AAt를 계산하고, 5개의 내림차순으로 정렬한 고유값 aat_w, 고유벡터 U를 계산한다. rank(AA^T)는 rank(A)와 같이 4이다.

⑥ In [8]에서 AA^T의 고유값 aat_w는 A^TA의 5개의 고유값 ata_w[:5]와 같다.

⑦ In [9]는 A^TU에 고유벡터 V2를 계산하고, 단위 벡터로 정규화한다. V2와 V의 r = 4개의 고유벡터를 비교하면 0-열, 3-열은 같고, 1-열, 2-열은 반대 방향이다. V[:, :r], V2[:, :r] 일부 고유벡터의 방향이 다를 뿐 모두 행렬 AtA의 고유벡터이다.

$$V_2 = A^TU$$

⑧ In [10]은 V와 V2의 r개의 고유벡터가 일부에서 부호만 다르다는 것을 보이기 위해 고유벡터 V와 V2의 첫 요소가 부호가 다르면 V2의 방향을 반대 방향으로 변경하여 V의 방향과 일치시킨다. In [11]은 부호가 변경된 V2를 확인한다. In [12]는 V[:,:r], V2[:,:r]이 같은 것을 확인한다.

[step28_8] PCA : 영상근사

| In [1]: | ```
import numpy as np
import numpy.linalg as linalg

%matplotlib inline
import matplotlib.pyplot as plt
from PIL import Image   # pip install pillow
``` |
|---|---|
| In [2]: | ```
img = Image.open('Lena.jpg').convert(mode = 'L')
X = np.array(img)          # np.asarray(img)
# plt.imshow(X, cmap = 'gray')
# plt.axis('off')
# plt.show()
m, n = X.shape
X.shape
``` |
| Out[2]: | (512, 512) |
| In [3]: | ```
mX = np.mean(X, axis = 0)
A = X - mX
C = np.dot(A.T, A)
# sample covariance, np.cov(A.T, ddof = 1)
``` |
```

```
# C= np.dot(A.T, A) / (m - 1)
w, V = linalg.eigh(C)
# decending order by reverse
w = w[::-1]
V = V[:, ::-1]
C.shape, V.shape, w.shape
```

Out[3]: `((512, 512), (512, 512), (512,))`

In [4]:
```
# PCA projection
# A = X - mX
Y = np.dot(A, V)
Y.shape
```

Out[4]: `(512, 512)`

In [5]:
```
fig, ax = plt.subplots(2, 4, figsize=(10,5))

w[w < 0] = 0                # w> 0 but numerically, it will be < 0
K = [1, 5, 10, 20, 50, 100, 200, 500]
for i, k in enumerate(K):   # approximation back projection
    ratio = np.sum(w[:k]) / np.sum(w)
    Vk = V.copy()

    Vk[:, k:] = 0
    Xk = np.dot(Y, Vk.T) + mX     # PCA backprojection

#   Xk = Xk.astype('uint8')
    ax[i // 4, i % 4].axis('off')
    ax[i // 4, i % 4].imshow(Xk, cmap = 'gray')
    ax[i // 4, I % 4].set_title(
            "k={}, Approx:{}%".format(k, round(ratio * 100)))

fig.tight_layout()
plt.subplots_adjust(left = 0, bottom = 0, right = 1, top = 1,
                    hspace = 0.1, wspace = 0.1)
```

▲ [그림 28.2] PCA: 영상 근사

프로그램 설명

① 그레이스케일 영상을 넘파이 행렬에 입력하고, 공분산 행렬을 계산하고, 고유값, 고유벡터를 계산하여 PCA를 이용하여 근사한다. [step28_4], [step28_6]과 같이 영상행렬의 행을 벡터로 PCA를 적용한다.

② In [2]는 pillow를 사용하여 컬러영상 파일 'Lena.jpg'를 개방하고, 그레이스케일 영상 img로 변환하고, img를 2차원 넘파일 배열 X로 변환한다. X.shape = (512, 512)이다.

③ In [3]은 axis = 0 방향으로 평균 벡터 mX을 계산하고 배열 X에서 평균 벡터를 뺄셈하여, 평균 벡터를 원점으로 이동시켜 행렬 A에 저장하고, 512×512 공분산 행렬 C를 계산한다. linalg.eigh()로 대칭행렬 C의 512개의 고유값 w, 512×512 고유벡터 행렬 V를 계산하고, 고유값을 내림차순으로 정렬하고, 대응하는 고유벡터의 위치도 변경한다.

④ In [4]는 행렬 X를 로 PCA 투영하여 Y를 생성한다.

⑤ In [5]는 행렬 Y를 k개의 주성분(고유벡터)으로 PCA 역투영한다. 2×4 서브플롯에 K배열의 k값을 이용하여 근사시킨 영상 Xk를 생성하여 표시한다([그림 28.2]). 예를 들어, K[3] = 20으로 근사하면, 원본 영상의 89%로 근사하고, K[6] = 200으로 근사하면, 원본 영상의 100%로 근사한다.

[step28_9] PCA : 고유 얼굴(Eigenface)

| In [1]: | ```python
import numpy as np
import numpy.linalg as linalg

%matplotlib inline
import matplotlib.pyplot as plt
from PIL import Image    # pip install pillow
``` |
| In [2]: | ```python
img = Image.open('attface.jpg').convert(mode = 'L')
img = np.array(img)       # np.asarray(img)
m, n = img.shape

nh, nw = 4, 10          # 40 faces
height = m // nh
width = n // nw
height, width            # (width, height):each face size
``` |
| Out[2]: | (57, 47) |
| In [3]: | ```python
face = np.empty_like(img).reshape(nh, nw, -1)
for i in range(nh):
    for j in range(nw):
        y = i * height
        x = j * width
        face[i, j, :] = img[y:y + height, x:x + width].flatten()
face = face.reshape(nh * nw, -1)   # nh * nw = 40
face.shape
``` |
| Out[3]: | (40, 2679) |
| In [4]: | ```python
fig, ax = plt.subplots(nh, nw, figsize = (8,4))
for k in range(nh * nw):                # nh * nw = 40
    i = k // 10
    j = k % 10
    ax[i, j].axis('off')
    ax[i, j].imshow(face[k].reshape(height, width), cmap = 'gray')
fig.tight_layout()
plt.subplots_adjust(left = 0, bottom = 0, right = 1, top = 1,
                    hspace = 0.1, wspace = 0.1)
plt.show()
``` |

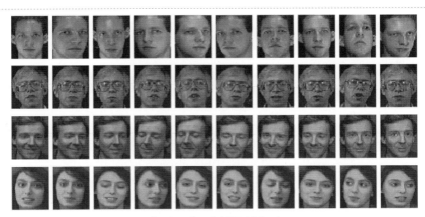

▲ [그림 28.3] 40개의 얼굴 영상(face)

In [5]:
```
#1: AtA
mFace = np.mean(face, axis = 0)
A = face - mFace
AtA = np.dot(A.T, A)          #  2679 x 2679

ata_w, V = linalg.eigh(AtA)
# decending order by reverse
ata_w = ata_w[::-1]
V = V[:, ::-1]
ata_w.shape, V.shape
```

Out[5]:
```
((2679,), (2679, 2679))
```

In [6]:
```
lt.imshow(mFace.reshape(height, width), cmap = 'gray')
plt.axis('off')
plt.show()
```

▲ [그림 28.4] 평균 얼굴 영상(mFace)

In [7]:	`r = np.linalg.matrix_rank(A)     # np.linalg.matrix_rank(AtA)` `r`
Out[7]:	39

In [8]:	`fig, ax = plt.subplots(nh, nw, figsize = (10, 4))`
	`eigenFace = np.zeros_like(face).astype(np.float)`
	`for k in range(r):          # r = 39`
	`    eigenFace[k,:] = V[:,k]`
	`    ax[k // 10, k % 10].imshow(eigenFace[k].reshape(height, width),`
	`            cmap = 'gray')`
	`   ax[k // 10, k % 10].axis('off')`
	`ax[3, 9].axis('off')`
	`fig.tight_layout()`
	`plt.subplots_adjust(left = 0, bottom = 0, right = 1, top = 1,`
	`            hspace = 0.1, wspace = 0.1)`
	
	▲ [그림 28.5] $A^{T}A$로부터 계산한 39개의 고위 얼굴(Eigen face)

In [9]:	`#2: AAt`
	
	`mFace = np.mean(face, axis = 0)`
	`A = face - mFace`
	`AAt = np.dot(A, A.T)          # 40 x 40`
	
	`aat_w, U = linalg.eigh(AAt)`
	`# decending order by reverse`
	`aat_w = aat_w[::-1]`
	`U = U[:, ::-1]`
	`aat_w.shape, U.shape`

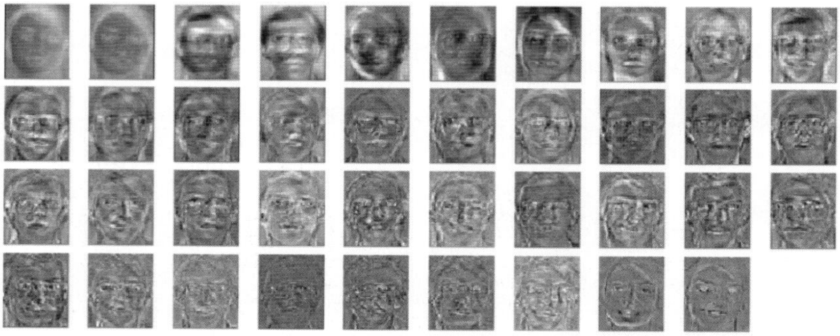

Out[9]:	((40,), (40, 40))
In[10]:	np.allclose(ata_w[:r], aat_w[:r])
Out[10]:	True
In[11]:	V2 = np.dot(A.T, U) V2 = V2 / np.linalg.norm(V2, axis = 0).reshape(1, -1) # unit vector V2.shape
In[11]:	(2679, 40)

In[12]:	fig, ax = plt.subplots(nh, nw, figsize = (10,4))
	eigenFace2 = np.zeros_like(face).astype(np.float)
	for k in range(r): # r = 39
	    eigenFace2[k,:] = V2[:,k]
	    ax[k // 10, k%10].imshow(eigenFace2[k].reshape(height, width),
	                        cmap = 'gray')
	    ax[k // 10, k%10].axis('off')
	ax[3, 9].axis('off')
	fig.tight_layout()
	plt.subplots_adjust(left = 0, bottom = 0, right = 1, top = 1,
	                    hspace = 0.1, wspace = 0.1)

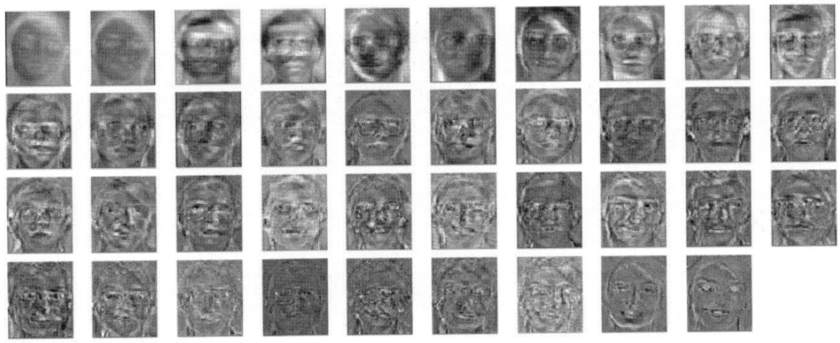

▲ [그림 28.6] AA^T로부터 계산한 39개의 고유 얼굴(Eigenface2)

In[13]:	# Eigenvector sign matching
	for k in range(r): # r = 39
	  if V[0, k] * V2[0, k]< 0: # the first element sign in V, V2
	      V2[:,k] = -V2[:,k]

| In[14]: | ```
fig, ax = plt.subplots(nh, nw, figsize=(10,4))
eigenFace3 = np.zeros_like(face).astype(np.float)
for k in range(r):              # r = 39
    eigenFace3[k,:] = V2[:,k]
    ax[k // 10, k % 10].imshow(eigenFace2[k].reshape(height, width),
                    cmap = 'gray')
    ax[k // 10, k % 10].axis('off')
ax[3, 9].axis('off')
fig.tight_layout()
plt.subplots_adjust(left = 0, bottom = 0, right = 1, top = 1,
                    hspace = 0.1, wspace = 0.1)
``` |
|---|---|

▲ [그림 28.7] AA^T로부터 계산한 39개의 고유 얼굴(Eigenface3)

In[15]:	np.allclose(eigenFace, eigenFace3) # np.allclose(V[:,:r], V2[:,:r])
Out[15]:	True

프로그램 설명

① [step28_7]을 얼굴 영상에 적용하여 고유 얼굴(Eigenface)을 계산한다. 40×2679 행렬 face의 각행에 얼굴 영상을 배치하고, 평균 얼굴을 mFace에 계산하고 평균 얼굴을 뺄셈하여 평균 벡터를 원점으로 이동시킨 행렬 A의 랭크는 rank(A)= 39이다. 2679×2679 행렬 A^TA로부터 39개의 고유값과 대응하는 고유벡터(고유 얼굴)를 계산하고, 40×40 행렬 AA^T로부터 계산한 고유값, 고유벡터로부터 A^TA행렬의 39개의 고유값, 고유벡터(고유 얼굴)를 계산할 수 있음을 설명한다.

② In [2]의 'attface.jpg' 영상은 AT&T 얼굴 데이터베이스의 일부를 한 장에 합성한 영상이다. 영상을 그레이 스케일로 변환하여 넘파이 배열 img에 저장한다. img.shape = (228, 470)이다. img 배열에는 세로 nh = 4개, 가로 nw = 10개의 영상이 배치되어 있고, 각 얼굴 영상의 크기는 height = 57, width = 47이다.
```

③ In [3]은 img 배열로부터 face.shape = (40, 2679)인 face 행렬을 생성한다. 각 얼굴을 face의 행에 위치시킨다(Turk의 "Eigenfaces for Recognition" 논문에서는 열에 위치시킨다).

④ In [4]는 nh×nw 서브플롯에 face 영상을 표시한다([그림 28.3]).

⑤ In [5]는 평균 얼굴을 mFace에 계산하고, 평균 얼굴을 뺄셈하여, 평균 벡터를 원점으로 이동시킨 행렬 A를 계산하고, 로 2679×2679 행렬 A^TA를 생성하고, 내림차순으로 정렬된 고유값 ata_w, 고유벡터 V를 계산한다. ata_w.shape = (2679,), V.shape = (2679, 2679)이다. V의 앞쪽 39열이 고유 얼굴이다.

⑥ In [6]은 평균 얼굴을 mFace를 표시한다([그림 28.4]).

⑦ In [7]은 행렬 A의 랭크 rank(A)를 r = 39로 계산한다. 평균 영상을 뺄셈하였기 때문에 rank(A) = 39이다. rank(AtA), rank(AAt) 모두 39이다. 즉 고유값 배열 ata_w에서 0이 아닌 고유값은 39개이고, 대응하는 r개의 고유벡터 V[:, :r]만 의미가 이다.

⑧ In [8]은 V의 r = 39개의 고유벡터를 eigenFace에 저장하고, nh×nw 서브플롯에 eigenFace를 영상으로 표시한다([그림 28.5]).

⑨ In [9]는 AA^T로 40×40 행렬 AAt를 생성하고, 내림차순으로 정렬된 고유값 aat_w, 고유벡터 U를 계산한다. aat_w.shape = (40,), U.shape = (40, 40)이다.

⑩ In [10]은 A^TA로 계산한 r = 39개의 고유값 ata_w[:r]과 AA^T로 계산한 r = 39개의 고유값 aat_w[:r]가 같음을 확인한다.

⑪ In [11]은 A^TU로 고유벡터 V2를 계산하고, 단위 벡터로 정규화한다. V2의 각 열이 고유 얼굴이다(마지막 열 제외).

⑫ In [12]는 V2의 r = 39개의 고유벡터를 eigenFace2에 저장하고, nh×nw 서브플롯에 eigenFace2를 영상으로 표시한다([그림 28.6]). np.allclose(eigenFace, eigenFace2)는 False이다. 일부 고유벡터가 반대 방향일 수 있기 때문이다.

⑬ In [13]은 V와 V2의 r개의 고유벡터가 일부에서 부호만 다르다는 것을 보이기 위해, 고유벡터 V와 V2의 첫 요소가 부호가 다르면 V2의 방향을 반대 방향으로 변경하여 V의 방향과 일치시킨다.

⑭ In [14]는 V와 방향을 일치시킨 V2의 r = 39개의 고유벡터를 eigenFace3에 저장하고, nh×nw 서브플롯에 eigenFace3를 영상으로 표시한다([그림 28.7]). In [15]는 np.allclose(eigenFace, eigenFace3)는 True인 것을 확인한다.

⑮ 40×40 행렬 AA^T로부터 39개의 고유값, 고유벡터(고유 얼굴)를 계산하는 방법이 효율적이다. In[13]의 고유벡터의 부호를 일치시키는 과정은 얼굴인식, 근사에서는 필요 없는 과정이다. 그러나 서로 다른 고유벡터를 일치시키는 매칭 등의 응용에서는 필요하다.

[step28_10] PCA : 고유 얼굴(Eigenface)

| In [1]: | ```
import numpy as np
import numpy.linalg as linalg

%matplotlib inline
import matplotlib.pyplot as plt
from PIL import Image # pip install pillow
``` |
|---|---|
| In [2]: | ```
img = Image.open('attface.jpg').convert(mode = 'L')
img = np.array(img)    # np.asarray(img)
m, n = img.shape

nh, nw = 4, 10            # 40 faces
height = m // nh
width = n // nw
height, width            # (width, height):each face size
``` |
| Out[2]: | (57, 47) |
| In [3]: | ```
face = np.empty_like(img).reshape(nh,nw, -1)
for i in range(nh):
    for j in range(nw):
        y = i * height
        x = j * width
        face[i, j, :] = img[y:y + height, x:x + width].flatten()
face = face.reshape(nh * nw, -1)   # nh*nw = 40
face.shape
``` |
| Out[3]: | (40, 2679) |
| In [4]: | ```
# AAt
mFace = np.mean(face, axis = 0)
A = face - mFace
AAt = np.dot(A, A.T)        # 40 x 40

aat_w, U = linalg.eigh(AAt)
# decending order by reverse
aat_w = aat_w[::-1]
U = U[:, ::-1]
aat_w.shape, U.shape
``` |
| Out[4]: | ((40,), (40, 40)) |

In [5]:	```
	# V is the EigenFace
	V = np.dot(A.T, U)
	V = V / np.linalg.norm(V, axis = 0).reshape(1, -1) # unit vector
	V.shape
	``

Out[5]:	(2679, 40)

In [6]:	```
	Y = np.dot(A, V) # PCA projection
	
	Vk = V.copy()
	k = 10 # 20, 30, 39
	aat_w[aat_w < 0] = 0 # aat_w > 0 but numerically, it will be < 0
	ratio = np.sum(aat_w[:k]) / np.sum(aat_w)
	print("Approximation:{}%".format(round(ratio * 100)))
	
	Vk[:, k:] = 0
	facek = np.dot(Y, Vk.T) + mFace # PCA backprojection
	``

	Approximation:79.0%

In [7]:	```
	fig, ax = plt.subplots(nh, nw, figsize = (8, 4))
	for k in range(nh * nw):
	    i = k // 10
	    j = k % 10
	    ax[i, j].axis('off')
	    ax[i, j].imshow(facek[k].reshape(height, width), cmap = 'gray')
	fig.tight_layout()
	plt.subplots_adjust(left = 0, bottom = 0, right = 1, top = 1,
	                    hspace = 0.1, wspace = 0.1)
	plt.show()
	``

▲ [그림 28.8] k = 10개의 고유 얼굴(벡터)로 근사, Approximation:79.0%

▲ [그림 28.9] k = 20개의 고유 얼굴(벡터)로 근사, Approximation: 91.0%

프로그램 설명

① [step28_9]의 40×40 행렬 AA^T에서 계산한 고유값, 고유벡터를 이용하여 A^TA행렬의 39개의 고유값, 고유벡터(고유 얼굴)를 효율적으로 계산하고, k개의 고유벡터를 사용한 PCA 역투영으로 얼굴 영상을 근사한다.

② In [2]는 영상을 img에 읽고, In[3]은 face 행렬의 각 행에 얼굴을 위치시킨다([step28_9] 설명 참고).

③ In [4]는 평균 얼굴을 mFace에 계산하고, 평균 얼굴을 뺄셈한 행렬 A를 AA^T생성한다, 로 40×40 행렬 AAt를 생성한다. np.linalg.matrix_rank(A), np.linalg.matrix_rank(AAt)는 모두 39이다. 행렬 AAt로부터 내림차순으로 정렬된 고유값 aat_w, 고유벡터 U를 계산한다. aat_w.shape = (40,), U.shape = (40, 40)이다.

④ In [5]는 A^TU로 고유벡터 V를 계산하고, 단위 벡터로 정규화한다. V의 각열이 고유 얼굴이다(마지막 열 제외, [그림 28.6] 참고). V.shape = (2679, 40)이다.

⑤ In [6]은 행렬 A를 PCA 투영하여 행렬 Y를 생성하고, V를 Vk에 복사하고, Vk의 k이후의 열을 0으로 변경하여 PCA 역투영으로 facek를 생성한다. 고유벡터 aat_w를 이용하여 근사 정도를 ratio에 계산한다. k = 10이면 ratio = 0.79, k = 20이면 ratio = 0.91이다.

$$Y = (face - mFace)V$$

$$facek = Y(Vk)^T + mFace$$

⑥ In [7]은 k개의 고유벡터(고유 얼굴)로 근사시킨 facek를 4×10 서브플롯에 표시한다. [그림 28.8]은 k = 10, [그림 28.9]는 k = 20일 때의 근사결과이다.

5장

확률 통계
(numpy.linalg, scipy.linalg)

NumPy와 SciPy의 난수(random number), 확률(probability), 통계(statistics) 함수에 관하여 설명한다. 표본추출, 균등분포, 이항분포, 정규분포, 다차원 정규분포, 정규화, 몬테카를로 시뮬레이션으로 원주율 계산, Numpy 통계함수, 마하라노비스 거리, 히스토그램, SciPy 확률 분포(베르누이 분포, 이항분포, 균등분포, 정규분포, 카이제곱 분포, t-분포, F-분포), 통계적 추론(추정, 가설검정)에 관하여 설명한다.

SciPy의 통계 모듈 scipy.stats를 st 이름으로 임포트하여 사용한다.

```
import numpy as np
import scipy.stats as st
```

Step 29 ─○ **Numpy 표본추출**

난수(random number)는 게임, 컴퓨터 시뮬레이션, 빅 데이터 처리, 딥러닝 등 다양한 분야에서 사용된다. [표 29.1]은 numpy.random의 주요 난수(표본) 추출 함수이다. 균등분포, 이항분포, 정규분포, 카이제곱 분포, t-분포, F-분포 등으로부터 랜덤하게 표본(sample)을 추출한다.

▼**[표 29.1]** numpy.random의 주요 난수(표본) 함수

함수	설명
seed(seed = None)	난수 발생기의 seed 값 초기화
choice(a, size = None, replace = True, p = None)	랜덤 선택
shuffle(x)	배열 x를 랜덤으로 섞는다. x 변경함
permutation(x)	정수 또는 배열 x를 랜덤하게 섞어 반환
rand(d0, d1, ..., dn)	shape = (d0, ..dn), [0, 1)의 균등분포 난수
random(size = None)	[0, 1)의 균등분포 난수
uniform(low = 0.0, high = 1.0, size = None)	[low, high)의 균등분포 난수
randint(low, high = None, size = None)	[low, high)의 이산균등분포에서 정수 난수
binomial(n, p, size = None)	이항분포: 시행 횟수(n), 1회 시행 성공확률(p), 실험 횟수(size)
randn(d0, d1, ..., dn) standard_normal(size = None)	표준정규분포: 평균 0, 표준편차 1
normal(loc = 0.0, scale = 1.0, size = None)	정규분포: 평균(loc), 표준편차(scale)
multivariate_normal(mean, cov[, size])	다차원 정규분포: 평균(mean), 공분산(cov)
chisquare(df, size = None)	케이제곱 분포: 자유도(df)
standard_t(df, size = None)	표준 T 분포: 자유도(df)
f(dfnum, dfden, size = None)	F-분포: 분자자유도(dfnum), 분모(dfden)

[step29_1] 랜덤 선택, choice()	
In [1]:	import numpy as np np.random.seed(1)　　　# 같은 난수열
In [2]:	np.random.choice(5, 10)　# replace =True, np.random.randint(0,5,10)
Out[2]:	array([3, 4, 0, 1, 3, 0, 0, 1, 4, 4])
In [3]:	A = np.arange(12)
Out[3]:	np.random.choice(A, 10)　# replace = True array([6, 9, 2, 4, 5, 2, 4, 11, 10, 2])
In [4]:	np.random.choice(A, 10, replace = False)
Out[4]:	array([2, 5, 3, 11, 8, 0, 6, 9, 1, 10])

프로그램 설명

① In [1]에서 seed(1)로 난수 발생기의 seed 값을 1로 초기화한다. seed 값을 상수로 초기화하면, 같은 난수열(random number sequence)이 발생한다. np.random.seed() 또는 np.random.seed(int(time. time()))로 설정하면 컴퓨터 시간을 사용하기 때문에 실행할 때마다 다른 난수열을 생성한다.

② In [2]는 0에서 5 사이에서 중복을 허용(replace = True)하여 10개 난수를 1차원 배열로 반환한다. np.random.randint(0, 5, 10)와 같다.

③ In [3]은 배열 A에서 중복을 허용(replace = True)하여 10개 난수를 1차원 배열로 반환한다.

④ In [4]는 배열 A에서 중복을 허용하지 않으며(replace = False) 10개 난수를 1차원 배열로 반환한다.

[step29_2] 랜덤 섞기: shuffle(), permutation()	
In [1]:	import numpy as np np.random.seed(1)　　　　　# 같은 난수열
In [2]:	A = np.arange(10) np.random.shuffle(A) A
Out[2]:	array([2, 9, 6, 4, 0, 3, 1, 7, 8, 5])
In [3]:	B = np.arange(8).reshape((4, 2)) B

Out[3]:	array([[0, 1],
	       [2, 3],
	       [4, 5],
	       [6, 7]])

In [4]:	np.random.shuffle(B) B

Out[4]:	array([[4, 5],
	       [0, 1],
	       [2, 3],
	       [6, 7]])

In [5]:	C = np.arange(10) np.random.permutation(C)
Out[5]:	array([1, 7, 3, 0, 8, 5, 9, 4, 2, 6])
In [6]:	D = np.arange(8).reshape((4, 2)) np.random.permutation(D)

Out[6]:	array([[4, 5],
	       [6, 7],
	       [2, 3],
	       [0, 1]])

프로그램 설명

① In [2]의 np.random.shuffle(A)는 1차원 배열 A의 요소를 무작위로 섞어 순서를 변경한다. 배열 A가 변경된다.

② In [3]은 2차원 배열 B를 생성하고, In [4]의 np.random.shuffle(B)는 2차원 배열 B의 행의 순서를 무작위로 섞어 순서를 변경한다.

③ In [5]의 np.random.permutation(C)은 1차원 배열 C의 요소를 섞어 반환한다. 배열 C는 변경되지 않는다.

④ In [6]은 np.random.permutation(D)은 2차원 배열 D의 행의 순서를 섞어 반환한다. 배열 D는 변경되지 않는다.

[step29_3] 균등분포: rand(), random(), uniform()	

In [1]:	`%matplotlib inline`
	`import matplotlib.pyplot as plt`
	`import numpy as np`

In [2]:	`# np.random.seed(int(time.time()))        # import time` `np.random.seed(1)`

In [3]:	`X = np.random.rand(51)`
	`plt.plot(X, 'b', X, 'ro')`
	`plt.show()`

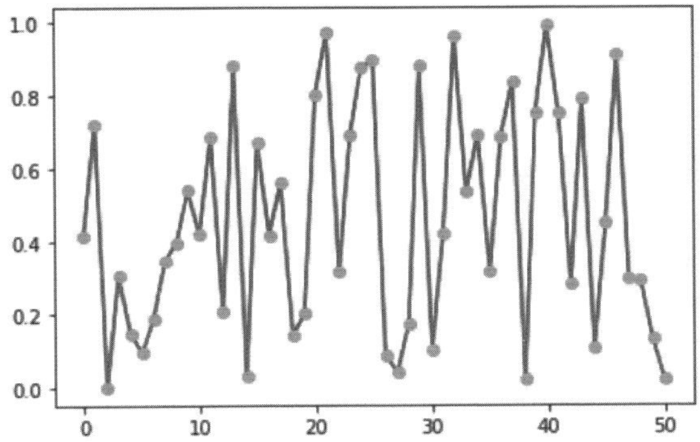

▲ **[그림 29.1]** 범위 [0, 1]의 균등분포 난수 배열 X

In [4]:	`np.random.rand(2, 3)`
Out[4]:	`array([[0.67883553, 0.21162812, 0.26554666],` `       [0.49157316, 0.05336255, 0.57411761]])`
In [5]:	`np.random.random(size = (2, 3))`
Out[5]:	`array([[0.14672857, 0.58930554, 0.69975836],` `       [0.10233443, 0.41405599, 0.69440016]])`
In [6]:	`np.random.uniform(low = 1, high = 5, size = 3)`
Out[6]:	`array([2.65671708, 1.19981384, 3.14358562])`
In [7]:	`np.random.uniform(low = 1, high = 5, size = (2, 3))`
Out[7]:	`array([[3.65517858, 3.05955645, 4.77837902],` `       [3.34622016, 4.61360766, 1.54989882]])`
In [8]:	`np.random.randint(6, size = 10)`

Out[8]:	array([4, 3, 4, 4, 5, 4, 1, 0, 4, 2])
In [9]:	np.random.randint(low = 1, high = 6, size = 10)
Out[9]:	array([1, 3, 5, 2, 2, 1, 3, 5, 5, 1])
In [10]:	np.random.randint(low = 1, high = 6, size = (2, 3))
Out[10]:	array([[5, 2, 5], [2, 1, 3]])

프로그램 설명

① In [3]은 rand() 함수로 0과 1 사이의 균등분포로부터 표본(난수) 51개를 추출하여 1차원 배열 X를 생성하고, 그래프로 표시한다([그림 29.1]).

② In [4]와 In [5]는 0과 1 사이의 균등분포로부터 난수를 추출하여 모양 (2, 3)인 2차원 배열을 생성한다.

③ In [6]은 1과 5 사이의 균등분포로부터 난수를 추출하여 모양 (3,)인 1차원 배열을 생성한다.

④ In [7]은 1과 5 사이의 균등분포로부터 난수를 추출하여 모양 (2, 3)인 2차원 배열을 생성한다.

⑤ In [8]은 low = 0, high = 6 범위의 균등분포로부터 정수 난수를 추출하여 1차원 배열을 생성한다.

⑥ In [9]는 low = 1, high = 6 범위의 균등분포로부터 정수 난수를 추출하여 1차원 배열을 생성한다.

⑦ In [10]은 low = 1, high = 6 범위의 균등분포로부터 정수 난수를 추출하여 2차원 배열을 생성한다.

[step29_4] 이항분포: binomial()	

In [1]:	```%matplotlib inline```
	```import matplotlib.pyplot as plt```
	```import numpy as np```
	```np.random.seed(1)```

In [2]:	np.random.binomial(n = 1, p = 0.5)
Out[2]:	0
In [3]:	X = np.random.binomial(n = 1, p = 0.5, size = 10) plt.plot(X, 'b', X, 'ro') plt.show() X

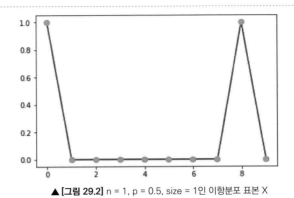

▲ [그림 29.2] n = 1, p = 0.5, size = 1인 이항분포 표본 X

| Out[3]: | array([1, 0, 0, 0, 0, 0, 0, 0, 1, 0]) |

| In [4]: | np.random.binomial(n = 5, p = 0.5) |

| Out[4]: | 3 |

| In [5]: | Y = np.random.binomial(n = 5, p = 0.5, size = 10)
plt.plot(Y, 'b', Y, 'ro')
plt.show()
Y |

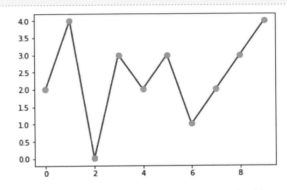

▲ [그림 29.3] n = 5, p = 0.5, size = 10인 이항분포 난수

| Out[5]: | array([2, 4, 0, 3, 2, 3, 1, 2, 3, 4]) |

| In [6]: | Z = np.random.binomial(n = 10, p = 0.5, size = 1000)
Z |

| Out[6]: | array([4, 6, 7, 7, 3, 2, 3, 7, 3, 5, 8, 5, 6, 4, 6, 7, 2, 6, 8, 6, 4, 6,
...
6, 5, 2, 3, 4, 4, 2, 5, 5, 5]) |

In [7]:	`# [np.equal(Z, i).sum() for i in range(11)]`
	`hist = np.bincount(Z, minlength = 11)   # 11 = n + 1`
	`hist`

Out[7]:	`array([  1,   9,  52, 106, 202, 254, 208, 116,  42,  10,   0],` `      dtype=int32)`
In [8]:	`pmf = hist / np.sum(hist)` `pmf`
Out[8]:	`array([0.001, 0.009, 0.052, 0.106, 0.202, 0.254, 0.208, 0.116, 0.042, 0.01 ,` `0.  ])`
In [9]:	`plt.plot(pmf)` `plt.show()`

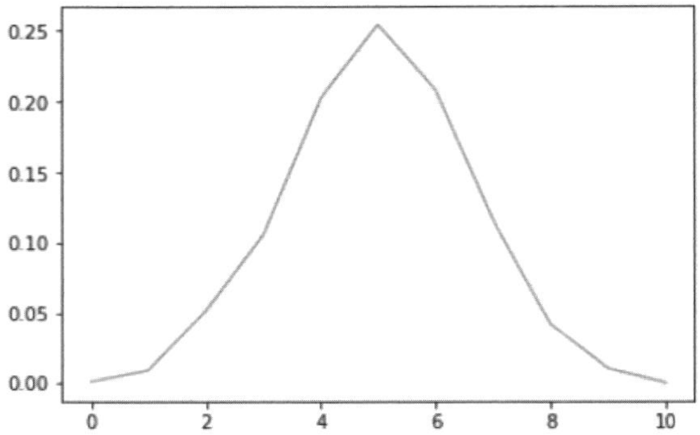

▲ **[그림 29.4]** 이항분포(n = 5, p = 0.5, size = 1000) 난수의 확률 분포(pmf)

| In[10]: | ```
def fact(n):
    f = 1
    for i in range(1, n + 1):
        f *= i
    return f

def comb(n, k):
    return fact(n) / (fact(n − k) * fact(k))

p = 0.5
binomial_pmf = []
for k in range(11):
    prob = comb(10, k) * (p ** k) * (1 − p) ** (10 − k)
    binomial_pmf .append(prob)

plt.plot(binomial_pmf )
plt.show()
``` |
```

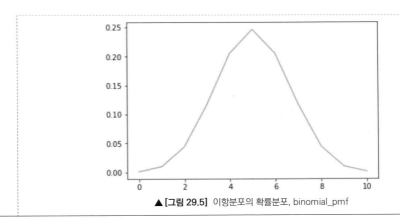

▲ [그림 29.5] 이항분포의 확률분포, binomial_pmf

프로그램 설명

① binomial() 함수는 이항분포(binomial distribution)로부터 난수 표본을 생성한다. 예로 들어, 동전을 던지면 앞면(H = 1) 또는 뒷면(T = 0)이 나온다. 성공을 앞면(H = 1)이라 하면, 앞면이 나올 확률이 p인 동전을 n번 던졌을 때 성공인 앞면이 나온 횟수를 반환한다.

② ln [2]에서 앞면이 나올 확률이 p = 0.5인 동전을 1회 던졌을 때 뒷면(0)이 관찰되었다.

③ ln [3]에서 앞면이 나올 확률이 p = 0.5인 동전을 1회 던지는 실험을 size = 10회 반복하는 실험 결과를 배열 X에 생성하고 그래프로 그린다([그림 29.2]).

④ ln [4]에서 앞면이 나올 확률이 p = 0.5인 동전을 5회 던졌을 때, 앞면(성공)이 3회 나왔다.

⑤ ln [5]에서 앞면이 나올 확률이 p = 0.5인 동전을 5회 던지는 실험을 size = 10회 반복한 결과를 배열 Y에 생성하고 그래프로 그린다([그림 29.3]).

⑥ ln [6]에서 앞면이 나올 확률이 p = 0.5인 동전을 10회 던지는 실험을 size = 1000회 반복한 결과는 Out [6]의 배열 Z와 같다.

⑦ ln [7]은 np.bincount()로 배열 Z에서 0에서 10까지의 빈도수를 hist에 계산한다.

⑧ ln [8]은 성공 횟수에 대한 확률 질량 함수(probability mess function) pmf를 계산한다. np.sum(pmf) = 1 이다.

⑨ ln [9]는 확률 질량 함수 pmf를 그린다([그림 29.4]). 실험 횟수를 충분히 크게 하면 정규분포로 수렴한다.

⑩ ln [10]은 이항분포의 확률 질량 분포 수식으로부터 binomial_pmf를 계산하고 그래프를 그린다([그림 29.5]). [그림 29.4]의 pmf는 [그림 29.5]의 binomial_pmf의 근사값이다. 여기서, n은 시행 횟수이고, p는 성공확률, k는 성공한 횟수이다.

$$binomial\_pmf(k) = \binom{n}{k} p^k (1-p)^{n-k}$$

[step29_5] 정규분포 표본: randn(), normal()	

In [1]:	`%matplotlib inline`
	`import matplotlib.pyplot as plt`
	`import numpy as np`
	`np.random.seed(1)`

In [2]:	`X = np.random.randn(51)`
	
	`plt.axhline(y = 0, color = 'k', linewidth = 1)`
	`plt.plot(X, 'b', X, 'ro')`
	`plt.show()`

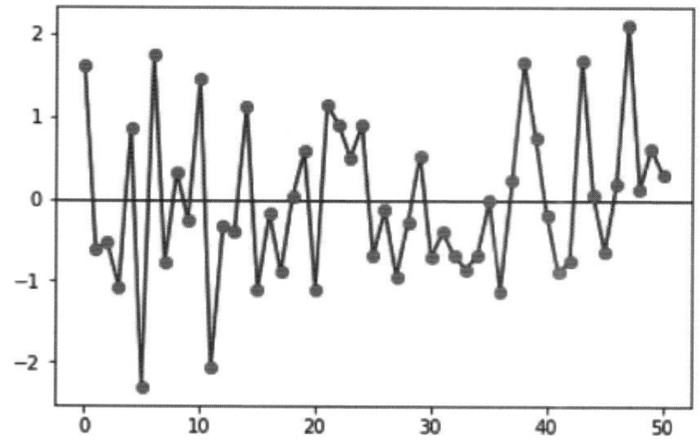

▲ [그림 29.6] 평균 0, 표준편차 1인 표준 정규분포와 난수 X

In [3]:	`array([1, 0, 0, 0, 0, 0, 0, 0, 1, 0])`

Out[3]:	`array([[-0.35224985, -1.1425182 , -0.34934272],`
	`       [-0.20889423,  0.58662319,  0.83898341],`
	`       [ 0.93110208,  0.28558733,  0.88514116]])`

In [4]:	`mu, sigma = 10, 2` `sigma * np.random.randn(3, 3) + mu`

Out[4]:	`array([[ 8.49120412, 12.50573631, 11.02585964],`
	`       [ 9.40381433, 10.97703629,  9.84885657],`
	`       [12.26325877, 13.03963363, 14.37115081]])`

In [5]:	`X1 = np.random.randn(1000)` `np.mean(X1), np.std(X1)`

Out[5]:	(0.028246185823817407, 0.9888810549121728)
In [6]:	X2 = sigma * np.random.randn(1000) + mu np.mean(X2), np.std(X2)
Out[6]:	(10.044228893941323, 2.0444643143662256)
In [7]:	X3 = np.random.normal(mu, sigma, 1000) np.mean(X3), np.std(X3)
Out[7]:	(10.026691666074107, 1.9521618620413712)

프로그램 설명

① randn()는 평균 0, 분산 1인 표준 정규분포 $N(\mu = 0,\ \sigma^2 = 1)$의 난수(표본)를 발생하고, normal()은 정규분포(가우스 분포) $N(\mu,\ \sigma^2)$로부터 난수를 생성한다.

② In [2]는 randn() 함수로 평균 0과 표준편차 1인 정규분포 난수 51개를 1차원 배열 X에 생성하여 그래프로 그린다([그림 29.6]).

③ In [3]은 (3, 3) 모양의 2차원 배열에 평균 0, 표준편차 1인 정규분포 난수를 생성한다.

④ In [4]는 표준 정규분포를 이용하여 평균 mu = 10, 표준편차 sigma = 2(분산 4)인 정규분포 $N(\mu = 10,\ \sigma^2 = 4)$로부터 난수를 생성한다.

$$N(\mu, \sigma^2) = f(X|\mu, \sigma^2) = \frac{1}{\sigma\sqrt{2\pi}}\exp(-\frac{1}{2}\frac{(X-\mu)^2}{\sigma^2})$$

⑤ In [5]는 평균 0, 표준편차 1인 정규분포 난수 1,000개를 1차원 배열 X1에 생성하고, np.mean()와 np.std()로 계산한 X1의 평균과 표준편차는 0과 1의 근사값이다. 더 많은 난수를 생성하여 평균과 표준편차를 계산하면 0과 1에 더 가까이 근사한다.

⑥ In [6]은 평균 mu = 10, 표준편차 sigma = 2의 정규분포 난수 1,000개를 1차원 배열 X2에 생성하고, np.mean()와 np.std()로 계산한 X2의 평균과 표준편차는 10과 2의 근사값이다.

⑦ In [7]은 normal(mu, sigma,1000)로 평균 mu = 10, 표준편차 sigma = 2의 정규분포로부터 난수 1,000개를 1차원 배열 X3에 생성하고, np.mean()와 np.std()로 계산한 X3의 평균과 표준편차는 10과 2의 근사값이다.

[step29_6] 다차원 정규분포: multivariate_normal()

| In [1]: | ```
%matplotlib inline
import matplotlib.pyplot as plt
import numpy as np
np.random.seed(1)
``` |
|---|---|
| In [2]: | ```
mean = [0, 0]
cov = [[4, 0], [0, 100]]
X = np.random.multivariate_normal(mean, cov, size = 1000)
plt.scatter(x = X[:,0], y = X[:, 1])
plt.show()
``` |

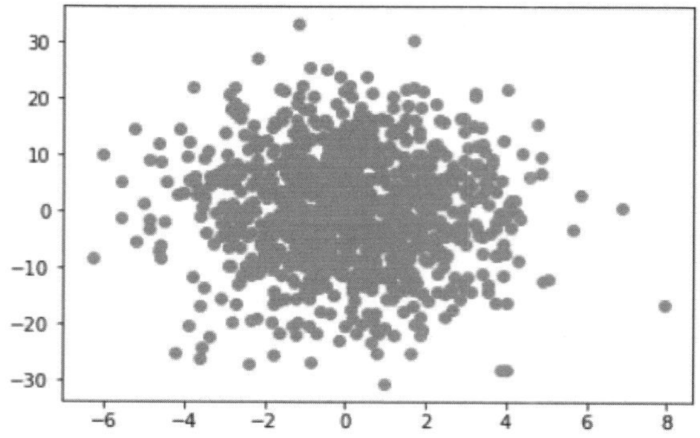

▲ [그림 29.7] 2차원 정규분포 난수 X

In [3]:	`np.mean(X, axis = 0)`
Out[3]:	`array([0.05327217, 0.39501835])`
In [4]:	`np.var(X, axis = 0)`
Out[4]:	`array([  4.02616473, 101.67882446])`
In [5]:	`np.cov(X.T)`
Out[5]:	`array([[  4.03019492,  -0.76210098],` `       [ -0.76210098, 101.78060506]])`

프로그램 설명

① multivariate_normal()은 평균 벡터 n차원 벡터 μ, n×n 공분산 행렬 Σ인 다차원 정규분포로부터 난수를 생성한다.

$$f(X=x_1,...,x_n|\mu, \sum) = \frac{1}{\sqrt{(2\pi)^n|\sum|}} \exp\left(-\frac{1}{2}(X-\mu)\sum^{-1}(X-\mu)\right)$$

② In [2]는 평균 벡터 [0, 0], 공분산 행렬 cov = [[4, 0], [0, 100]]인 2차원 정규분포 난수 1,000개를 1000×2 배열 X에 생성하여 산포도를 그린다([그림 29.7]).

③ In [3]은 np.mean()로 배열 X의 0-축 방향(열)의 평균을 계산한다. mean의 근사값이다.

④ In [4]는 np.var()로 배열 X의 0-축 방향의 분산을 계산한다. 배열 cov의 대각요소의 근사값이다.

⑤ In [5]에서 np.cov(X.T)은 2×2 공분산 행렬인 cov의 근사값을 계산한다.

[step29_7] 표준 정규분포로 정규화(normalization)	
In [1]:	```%matplotlib inline
import matplotlib.pyplot as plt
import numpy as np
np.random.seed(1)```
In [2]:	```X = np.random.normal(loc = 10, scale = 2, size = 1000)

mu = np.mean(X)
std = np.std(X)
print('np.mean(X)=', mu)
print('np.std(X)=', std)

plt.plot(X)
plt.plot([0, len(X)], [mu, mu], 'red')
plt.show()```
np.mean(X) = 10.077624952319201
np.std(X)= 1.9620082678644233 |

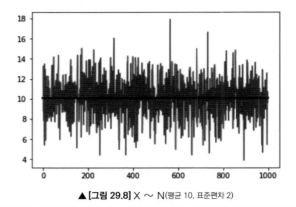

▲ [그림 29.8] X ∼ N(평균 10, 표준편차 2)

In [3]:

```
var = np.var(X)        # var = std ** 2
eps = 0.00001
X_hat = (X − mu) / (np.sqrt(var + eps))

mu = np.mean(X_hat)
std = np.std(X_hat)
print('np.mean(X_hat)=', mu)
print('np.std(X_hat)=', std)

plt.plot(X_hat)
plt.plot([0, len(X_hat)], [mu, mu], 'red')
plt.show()
```

```
np.mean(X_hat)= 1.149302875091962e−15
np.std(X_hat)= 0.9999987011245991
```

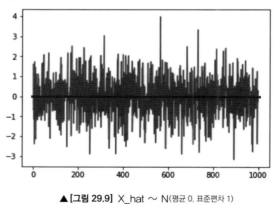

▲ [그림 29.9] X_hat ∼ N(평균 0, 표준편차 1)

In [4]:

```
alpha = 2
beta = 5
Y = alpha * X_hat + beta
```

```
mu = np.mean(Y)
std = np.std(Y)
print('np.mean(Y)=', mu)
print('np.std(Y)=', std)

plt.plot(Y)
plt.plot([0, len(Y)], [mu, mu], 'red')
plt.show()
```

np.mean(Y)= 5.000000000000002
np.std(Y)= 1.9999974022491982

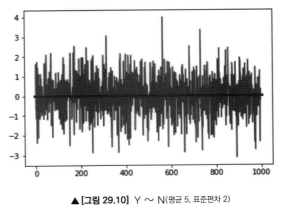

▲ [그림 29.10] Y ~ N(평균 5, 표준편차 2)

프로그램 설명

① 딥러닝(deep learning)의 배치정규화(batch normalization)에서 사용하는 수식으로 배열 $X = \{x_1, x_2, ..., x_m\}$을 β 평균, 표준편차 α인 Y로 정규화한다.

$$\mu = \frac{1}{m}\sum_{i=1}^{m}x_i$$

$$\sigma^2 = \frac{1}{m}\sum_{i=1}^{m}(x_i - \mu)^2$$

$$\hat{x_i} = \frac{(x_i - \mu)}{\sqrt{\sigma^2 + \epsilon}}$$

$$y_i = \alpha\hat{x_i} + \beta$$

② In [2]는 평균 10, 표준편차 2의 표본데이터 1,000개를 배열 X에 생성하고, np.mean(X)로 평균을 mu에 계산하고, np.std(X)로 표준편차를 std에 계산한다. 배열 X의 그래프를 그리고 평균을 빨간색 선으로 표시한다([그림 29.8]).

③ In [3]은 배열 X를 평균 0, 표준편차 1인 X_hat로 정규화한다. eps는 분모가 0이 되는 것을 피하기 위한 작은 값이다. 정규화된 배열 X_hat을 그리고 평균을 빨간색 선으로 표시한다([그림 29.9]).

④ In [4]는 X_hat에 alpha를 곱하고, beta를 더해 이동시켜 평균이 beta, 표준편차가 alpha인 Y로 변환하여 정규화한다. 배열 Y를 그리고 평균을 빨간색 선으로 표시한다([그림 29.10]).

[step29_8] 몬테카를로 시뮬레이션으로 원주율(π) 계산

In [1]:
```
import numpy as np
np.random.seed(1)
N = 1000
X = np.random.rand(N)
Y = np.random.rand(N)
```

In [2]:
```
Z = (X ** 2 + Y ** 2 <= 1).astype(np.int)
ratio = np.sum(Z) / N
pi = ratio * 4
pi
```

Out[2]: 3.08

In [3]:
```
%matplotlib inline
import matplotlib.pyplot as plt
plt.gca().set_aspect('equal')
plt.scatter(X, Y, c = Z)
plt.show()
```

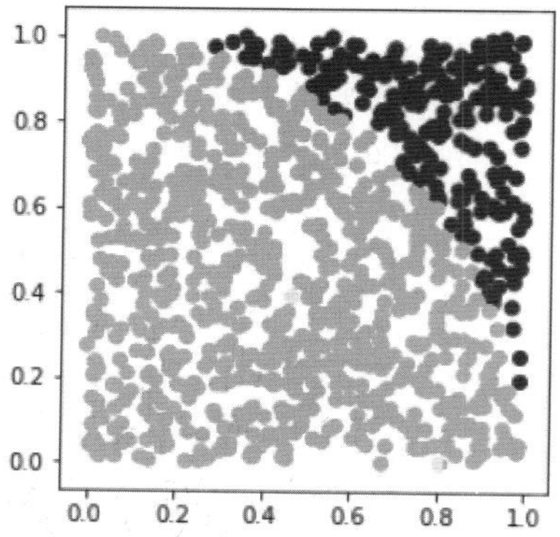

▲ [그림 29.11] plt.scatter(X, Y, c = Z)

프로그램 설명

① 몬테카를로(Monte Carlo) 시뮬레이션은 난수를 이용한 표본추출로 확률적인 근사값을 계산하는 방법이다 (위키피디아: '몬테카를로' 참조). 여기서는 몬테카를로 시뮬레이션 원주율(π)를 근사적으로 계산한다.

② ln [1]은 배열 X, Y에 0에서 1까지의 균등 분포로부터 난수 N개를 생성한다.

③ ln [2]는 배열 X, Y를 좌표로 하는 반지름이 1인 사분원의 내부점(1)과 외부점(0)을 구분하여 배열 Z를 생성한다. ratio는 N개의 난수 좌표 중에서 사분원의 내부점 비율이다. ratio * 4로 pi를 계산한다. N = 1000이면 pi = 3.08이다. N이 크면 실제 원주율에 근사한다.

④ ln [3]은 배열 X, Y를 이용하여 산포도를 그리고, c = Z로 내부점과 외부점을 다른 색으로 구분하여 표시한다([그림 29.11]).

Step 30 — Numpy 통계함수

[표 30.1]은 최소값(amin), 최대값(amax), 중위수(median), 평균(average, mean), 분산(var), 표준편차(std), 공분산(cov), 상관관계(corrcoef), 히스토그램(bincount, histogram, histogram2d, histogramdd) 등의 넘파이의 주요 통계함수이다.

▼[표 30.1] numpy 주요 통계함수

함수	설명
amin(a, axis = None, out = None, keepdims = False)	최소값
amax(a, axis = None, out = None, keepdims = False)	최대값
argmin(a, axis = None, out = None)	최소값의 위치
argmax(a, axis = None, out = None)	최대값의 위치
sum(a, axis = None, dtype = None, out = None, keepdims = False)	합계
cumsum(a, axis = None, dtype = None, out = None)	누적 합계
cumprod(a, axis = None, dtype = None, out = None)	누적 곱셈
median(a, axis = None, out = None, overwrite_input = False, keepdims = False)	중위수

average(a, axis = None, weights = None, returned = False)	가중평균
mean(a, axis = None, dtype = None, out = None, keepdims = False)	산술평균
var(a, axis = None, dtype = None, out = None, ddof = 0, keepdims = False)	분산
std(a, axis = None, dtype = None, out = None, ddof = 0, keepdims = False)	표준편차
cov(m, y = None, rowvar = 1, bias = 0, ddof = None, fweights = None, aweights = None)	공분산 행렬
corrcoef(x[, y, rowvar, bias, ddof])	피어슨상관관계
bincount(x, weights = None, minlength = 0)	빈도수 카운트
histogram(a, bins = 10, range = None, weights = None, density = None)	히스토그램
histogram2d(x, y, bins = 10, range = None, weights = None)	2D 히스토그램
histogramdd(sample, bins = 10, range = None, weights = None)	N-D 히스토그램

[step30_1] 최소값과 최대값

| In [1]: | ```import numpy as np
A = np.array([[5, 8, 9, 5],
              [2, 0, 1, 7],
              [6, 9, 2, 4]])``` |
|---|---|
| In [2]: | np.amin(A)   # np.min(A) |
| Out[2]: | 0 |
| In [3]: | np.argmin(A) |
| Out[3]: | 5 |
| In [4]: | np.amax(A)   # np.max(A) |
| Out[4]: | 9 |
| In [5]: | np.argmax(A) |
| Out[5]: | 2 |
| In [6]: | np.amin(A, axis = 0) |
| Out[6]: | array([2, 0, 1, 4]) |
| In [7]: | np.argmin(A, axis = 0) |
| Out[7]: | array([1, 1, 1, 2], dtype = int32) |

In [8]:	np.amin(A, axis = 1)
Out[8]:	array([5, 0, 2])
In [9]:	np.argmin(A, axis = 1)
Out[9]:	array([0, 1, 2], dtype = int32)
In[10]:	np.amax(A, axis = 0)
Out[10]:	array([6, 9, 9, 7])
In[11]:	np.argmax(A, axis = 0)
Out[11]:	array([2, 2, 0, 1], dtype = int32)
In[12]:	np.amax(A, axis = 1)
Out[12]:	array([9, 7, 9])
In[13]:	np.argmax(A, axis = 1)
Out[13]:	array([2, 3, 1], dtype = int32)

프로그램 설명

① In [1]은 0에서 9까지의 범위의 정수 난수를 갖는 2차원 배열 A를 생성한다.

② In [2]의 np.amin(A)은 배열 A의 최소값 0이다.

③ In [3]의 np.argmin(A)은 배열 A의 최소값 0에 대한 행우선 순위의 위치 5이다.

④ In [4]의 np.amax(A)은 배열 A의 최대값 9이다.

⑤ In [5]의 np.argmax(A)은 배열 A의 최대값 9에 대한 행우선 순위의 위치 2이다.

⑥ [그림 30.1]은 axis = 0(열), axis = 1(행) 축 방향의 최소값(np.amin)과 위치(np.argmin) 계산을 설명한다. In [6]은 배열 A의 axis = 0 방향(열) 최소값을, In [7]은 axis = 0 방향(열) 최소값의 위치를 찾는다. In [8]은 배열 A의 axis = 1 방향(행) 최소값을, In [9]는 axis = 1 방향(행) 최소값의 위치 찾는다.

⑦ [그림 30.2]는 axis = 0(열), axis = 1(행) 축 방향의 최대값(np.amax)과 위치(np.argmax) 계산을 설명한다. In [10]은 배열 A의 axis = 0 방향(열) 최대값을 찾고, In [11]은 axis = 0 방향(열) 최대값의 위치를 찾는다. In [12]는 배열 A의 axis = 1 방향(행) 최대값을 찾고, In [13]은 axis = 1 방향(행) 최대값의 위치 찾는다.

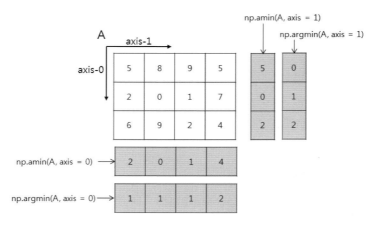

▲ [그림 30.1] axis = 0(열), axis = 1(행) 최소값(amin)과 위치(argmin)

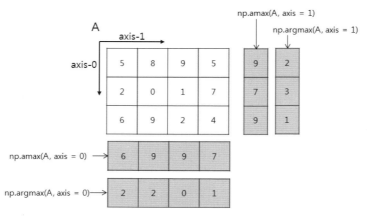

▲ [그림 30.2] axis = 0(열), axis = 1(행) 최대값(amax)과 위치(argmax)

[step30_2] 합계, 평균, 분산(biased, unbiased), 표준편차	
In [1]:	import numpy as np A = np.array([[5, 8, 9, 5], 　　　　　　　　[2, 0, 1, 7], 　　　　　　　　[6, 9, 2, 4]])
In [2]:	np.sum(A)
Out[2]:	58
In [3]:	np.sum(A, axis = 0)
Out[3]:	array([13, 17, 12, 16])
In [4]:	np.random.rand(2, 3)

Out[4]:	array([27, 10, 21])
In [5]:	np.mean(A)
Out[5]:	4.833333333333333
In [6]:	np.mean(A, axis = 0)
Out[6]:	array([4.33333333, 5.66666667, 4. , 5.33333333])
In [7]:	np.mean(A, axis = 1)
Out[7]:	array([6.75, 2.5 , 5.25])
In [8]:	np.var(A) # ddof = 0(biased estimate), np.std(A) ** 2
Out[8]:	8.805555555555555
In [9]:	np.var(A, ddof=1) # unbiased estimate, np.std(A, ddof = 1) ** 2
Out[9]:	9.606060606060607
In[10]:	np.var(A, axis = 0) # ddof = 0, np.std(A, axis = 0) ** 2
Out[10]:	array([2.88888889, 16.22222222, 12.66666667, 1.55555556])
In[11]:	np.var(A, axis = 1) # ddof = 0, np.std(A, axis = 1) ** 2
Out[11]:	array([3.1875, 7.25 , 6.6875])

프로그램 설명

① In [2]는 배열 A의 전체 합계(sum)를 계산한다. In [3]은 axis = 0(열)으로 각 열의 합계, In [4]는 axis = 1(행)로 각행의 합계를 계산한다.

② In [5]는 배열 A의 전체 평균(mean)을 계산한다. In [6]은 axis = 0(열)으로 열의 평균, In [7]은 axis = 1(행)로 행의 평균을 계산한다.

③ In [8]은 디폴트인 ddof = 0으로 배열 A의 전체 분산(variance)을 계산한다. 수식에서 N은 데이터 개수, μ_A는 배열 A의 평균이다. np.std(A)는 표준편차를 계산한다.

$$var(A, ddof = 0) = \frac{1}{N} \sum_{i=0}^{N-1} (A[i] - \mu_A)^2$$

④ In [9]는 ddof = 1이면 데이터 개수가 N일 때 N − 1로 나누어 계산하는 표본분산(sample variance)을 계산한다. 표본분산은 불편 추정치(unbiased estimate)이다. 데이터의 개수가 작을 때는 N으로 나누는 것과 N − 1로 나누는 것의 차이가 크다. np.std(A, ddof = 1)는 np.var(A, ddof=1)의 제곱근으로 표준편차를 계산한다.

$$var(A, ddof = 1) = \frac{1}{N-1} \sum_{i=0}^{N-1} (A[i] - \mu_A)^2 \ : \ 표본분산(Unbiased\ estimate)$$

⑤ In [10]은 axis = 0(열) 분산(biased), In [11]은 axis = 1(행) 분산(biased)을 계산한다.

⑥ [그림 30.3]은 axis = 0(열), axis = 1(행) 축 방향의 합계, 평균, 분산 계산을 설명한다.

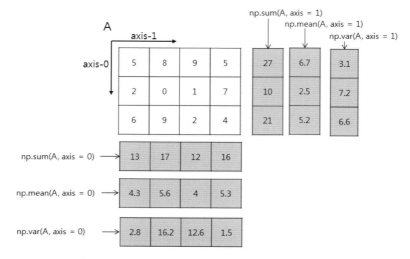

▲ [그림 30.3] axis = 0(열), axis = 1(행) 합계(sum), 평균(mean), 분산(var)

[step30_3] 공분산(biased, unbiased)과 상관관계	
In [1]:	import numpy as np # 2D coordinates(x, y): column A = np.array([[0, 0, 0, 100, 100, 150, -100, -150], [0, 50, -50, 0, 30, 100, -20, -100]]) M, N = A.shape # # of features(variables):M=2, # of data: N = 8 X = A[0] Y = A[1] print('X =', X) print('Y =', Y)
Out[1]:	X = [0 0 0 100 100 150 -100 -150] Y = [0 50 -50 0 30 100 -20 -100]
In [2]:	CXX = np.var(X, ddof = 1) # unbiabsed estimate, divide by (N − 1) CXX
Out[2]:	10535.714285714286

In [3]:	CYY = np.var(Y, ddof = 1) # unbiabsed estimate, divide by (N − 1) CYY
Out[3]:	3755.3571428571427
In [4]:	CYY = np.var(Y, ddof = 1) # unbiabsed estimate, divide by (N − 1) CYY
Out[4]:	4982.142857142857
In [5]:	C1 = np.cov(X, Y) # bias = False, unbiased, divide by (N − 1) C1
Out[5]:	array([[10535.71428571, 4982.14285714], [4982.14285714, 3755.35714286]])
In [6]:	C2 = np.cov(A) np.allclose(C1, C2)
Out[6]:	True

In [7]:	mA = np.mean(A, axis = 1)
	mA = mA.reshape(-1,1) # mA.shape = (2, 1)
	B = A-mA
	C3 = np.dot(B, B.T) / (N − 1)
	np.allclose(C1, C3)

Out[7]:	True
In [8]:	np.corrcoef(A) # Pearson correlation coefficient
Out[8]:	array([[1. , 0.79206087], [0.79206087, 1.]])
In [9]:	cov = np.cov(X, Y) cor = np.identity(2) # cor[0, 0] = cov[0, 0]/np.sqrt(cov[0,0] * cov[0,0]) # cor[1, 1] = cov[1, 1]/np.sqrt(cov[1,1] * cov[1,1]) cor[0, 1] = cov[0, 1]/np.sqrt(cov[0,0] * cov[1,1]) cor[1, 0] = cov[1, 0]/np.sqrt(cov[0,0] * cov[1,1]) cor
Out[9]:	array([[1. , 0.79206087], [0.79206087, 1.]])

프로그램 설명

① [Step 28]의 고유값, 고유벡터 계산에서 2차원 좌표의 공분산 행렬을 사용하였다. 여기서는 공분산 행렬과 상관행렬에 대해 더욱 자세히 설명한다.

② In [1]은 2×8 행렬 A의 열에 N = 8개의 2차원 좌표를 생성한다. A의 0-행을 X, 1행을 Y로 참조한다.

③ In [2]는 CXX에 배열 X의 표본분산(sample variance)을 계산한다. 표본분산은 불편 추정치(unbiased estimate)이다.

$$cov(X) = var(X, ddof = 1) = \frac{1}{N-1} \sum_{i=0}^{N-1} (X[i] - \mu_X)^2$$

④ In [3]은 CYY에 배열 Y의 표본분산을 계산한다.

$$cov(Y) = var(Y, ddof = 1) = \frac{1}{N-1} \sum_{i=0}^{N-1} (Y[i] - \mu_Y)^2$$

⑤ In [4]는 CXY에 cov(XY)를 계산한다. cov(XY)와 cov(YX)는 같은 값이다.

$$cov(XY) = \frac{1}{N-1} \sum_{i=0}^{N-1} (X[i] - \mu_x)(Y[i] - \mu_y)$$
$$= \frac{1}{N-1} \sum_{i=0}^{N-1} X[i] Y[i] - \mu_x \mu_y$$

⑥ In [5]는 1차원 배열 X, Y 사이의 bias= False인 표본 공분산 행렬 C1을 계산한다. 공분산 행렬은 대칭 행렬이다. 고유값은 0과 같거나 크다(positive semi-definite). C1[0, 0]은 In [2]에서 계산한 CXX이다. C1[1, 1]은 In [3]에서 계산한 CYY이다. C1[0, 1], C1[1, 0]은 같은 값으로 In [4]에서 계산한 CXY이다.

$$C_1 = cov(X, Y) = \begin{bmatrix} C_{XX} & C_{XY} \\ C_{XY} & C_{YY} \end{bmatrix}$$

⑦ In [6]은 2차원 배열(행렬) A로 표본 공분산 행렬 C2를 계산한다. C2와 C1은 같다.

⑧ In [7]은 행렬 곱셈을 이용하여 표본 공분산 행렬 C3을 계산한다. C3과 C1은 같다. 평균(기대값)을 계산할 때 N − 1로 나누어 불편 추정치를 계산한다.

$$C_3 = cov(A) = E[(A - \mu_A)(A - \mu_A)^T]$$
$$= \frac{1}{N-1}(A - \mu_A)(A - \mu_A)^T$$

⑨ In [8]은 피어슨(Pearson) 상관관계 계수행렬을 계산한다. 상관관계 계수행렬의 대각요소는 1이고, 값은 −1(포함)에서 1(포함)사이의 값이다. 0이면 변수 사이에 선형관계가 없으며, 1이면 완전 선형상관관계, −1이면 완전 역 선형상관관계가 있다.

$$corrcoef(X, Y) = \begin{bmatrix} 1 & \dfrac{C_{XY}}{\sqrt{cov(X) \times cov(Y)}} \\ \dfrac{C_{XY}}{\sqrt{cov(X) \times cov(Y)}} & 1 \end{bmatrix}$$

[step30_4] 통계적 거리와 마하라노비스(Mahalanobis) 거리	
In [1]:	```import numpy as np
import matplotlib.pyplot as plt
# 2D coordinates(x, y): column
A = np.array([[0,   0,   0, 100, 100, 150, -100, -150],
[0, 50, -50,   0, 30, 100, -20, -100]])
M, N = A.shape   # # of features(variables):M = 2, # of data: N = 8
mu = np.mean(A, axis = 1)```
In [2]:	```# covariance matrix
C = np.cov(A)   # bias = False, unbiased
C```
Out[2]:	```array([[10535.71428571, 4982.14285714],
[4982.14285714, 3755.35714286]])```
In [3]:	```inv_C = np.linalg.inv(C)
inv_C```
Out[3]:	```array([[0.00025471, -0.00033792],
[-0.00033792, 0.00071459]])```
In [4]:	```# Mahalanobis distance in mesh grid, (xx, yy)
xmin, ymin = np.amin(A − 50, axis = 1)
xmax, ymax = np.amax(A + 50, axis = 1)

xx, yy = np.meshgrid(np.linspace(xmin, xmax, 100),
                     np.linspace(ymin, ymax, 100))
zz = np.c_[xx.ravel(), yy.ravel()]   # zz.shape = (10000, 2)

#mu = np.mean(A, axis = 1)
zz = zz − mu
dM = np.empty_like(xx).flatten()
for i, X in enumerate(zz):
    dM[i] = np.dot(np.dot(X.T, inv_C), X)

    dM = dM.reshape(xx.shape)
dM.shape``` |

Out[4]:	(100, 100)

In [5]:	plt.axhline(y = mu[1], color = 'k', linewidth = 1)
	plt.axvline(x = mu[0], color = 'k', linewidth = 1)
	plt.scatter(x = A[0], y = A[1], c = 'red')
	levels = np.arange(0, 3, 0.5) # np.arange(0, dM.max(), 2)
	CS = plt.contour(xx, yy, dM,levels)
	plt.clabel(CS, levels[1::2], colors = 'b', fmt = '%.1f', fontsize = 14)
	plt.show()

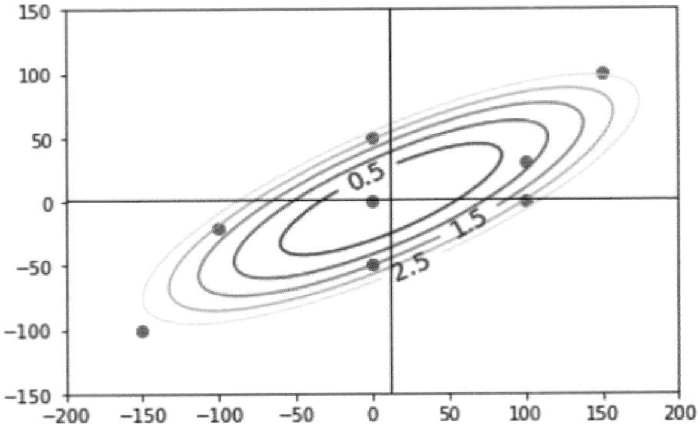

▲ [그림 30.4] 마하라노비스 거리 DM의 등고선

프로그램 설명

① 공분산을 이용한 마하라노비스 거리(Mahalanobis distance)를 계산하여 등고선으로 표시한다. 행벡터 X의 마하라노비스 거리 dM은 통계적 거리이다. C^{-1}은 공분산 행렬의 역행렬이며, μ는 평균 벡터이다.

$$dM = \sqrt{(X-\mu)\,C^{-1}(X-\mu)^T}$$

② In [1]은 2×8 행렬 A의 열에 N = 8개의 2차원 좌표를 생성하고, 2차원 좌표 평균 벡터를 mu에 계산한다.

③ In [2]는 행렬 A의 2×2 공분산 행렬 C를 계산한다.

④ In [3]은 공분산 행렬 C의 역행렬 inv_C를 계산한다.

⑤ In [4]는 100×100 그리드의 xx, yy를 계산하고, 그리드에서의 좌표 벡터를 zz에 생성한다. zz.shape = (10000, 2)이다. zz의 각 행의 벡터의 마하라노비스 거리를 dM 배열에 생성하고, xx와 모양을 같게 한다. dM.shape = (100, 100)이다.

⑥ In [5]는 평균 위치에 축을 그리고, 배열 A의 2차원 좌표를 산포도로 표시하고, 마하라노비스 거리를 dM

배열을 사용해서 등고선으로 그린다([그림 30.4]). 동일한 등고선은 원점으로부터의 통계적 거리가 같다. 등고선의 간격을 levels에 0.5 간격으로 일정하게 설정하였지만, 등고선의 간격이 다른 것을 알 수 있다. 공분산 행렬에 의해 데이터의 퍼짐 정도를 반영한 통계적 거리가 다르기 때문이다.

[step30_5] 빈도수 카운트: np.bincount(x, weights = None, minlength = 0)

In [1]:	```python import numpy as np X = np.array([2, 1, 1]) H = np.bincount(X) H```
Out[1]:	array([0, 2, 1], dtype=int32)
In [2]:	```python H2 = np.bincount(X, minlength = 5) H2```
Out[2]:	array([0, 2, 1, 0, 0], dtype=int32)
In [3]:	```python np.random.seed(1) Y = np.random.randint(5, size = 10) # [0, 5) 난수 10개 Y```
Out[3]:	array([3, 4, 0, 1, 3, 0, 0, 1, 4, 4])
In [4]:	```python H3 = np.bincount(Y) H3```
Out[4]:	array([3, 2, 0, 2, 3], dtype=int32)
In [5]:	```python W = np.array([0.0, 0.1, 0.2, 0.3, 0.4, 0.5, 0.6, 0.7, 0.8, 0.9]) H4 = np.bincount(Y, weights = W) H4```
Out[5]:	array([1.3, 1. , 0. , 0.4, 1.8])

프로그램 설명

① In [1]에서 H = np.bincount(A)는 배열 X의 빈도수를 H에 계산한다. H[0] = 0은 배열 A에서 0이 하나도 없음을 보이고, H[1] = 2는 1이 2개, H[2] = 1은 2가 1개 있음을 보인다. np.bincount() 함수에서 minlength를 지정하지 않으면, 최소값 0에서 배열의 최대값 np.amax(X) 까지의 빈도수를 계산한다. 배열은 정수 배열이어야 하며, 해당 정수가 없는 경우는 0으로 카운트한다.

② In [2]는 minlength = 5로 범위를 설정하여, 배열 X의 0에서 4(minlength − 1)까지의 빈도수 H2에 계산한다. H2[0], H2[3], H2[4]는 모두 0이다.

③ In [3]은 0에서 4가지의 난수 10개를 배열 Y에 생성한다.

④ In [4]는 배열 Y의 빈도수 H3 = array([3, 2, 0, 2, 3])를 계산한다.

⑤ In [5]는 배열 Y와 같은 크기의 가중치 배열 W를 생성하고, np.bincount(Y, weights = W)로 H4를 생성한다. H4[0] = 1.3은 Y에서 0이 있는 위치의 가중치 W[2] + W[5] + W[6]의 합계이다. H4[1] = 1은 Y에서 1이 있는 위치의 가중치 W[3] + W[3]의 합계이다.

[step30_6] 균등 간격 히스토그램

In [1]:	```python import numpy as np np.random.seed(1) X = np.random.randint(10, size = 20) X```
Out[1]:	array([5, 8, 9, 5, 0, 0, 1, 7, 6, 9, 2, 4, 5, 2, 4, 2, 4, 7, 7, 9])
In [2]:	```python # bins = 10, range = (0, 9), density = False hist, bin_edge = np.histogram(X) hist```
Out[2]:	array([2, 1, 3, 0, 3, 3, 1, 3, 1, 3], dtype=int32)
In [3]:	bin_edge
Out[3]:	array([0. , 0.9, 1.8, 2.7, 3.6, 4.5, 5.4, 6.3, 7.2, 8.1, 9.])
In [4]:	```python hist2, bin_edge2 = np.histogram(X, density = True) hist2```
Out[4]:	array([0.11111111, 0.05555556, 0.16666667, 0. , 0.16666667, 0.16666667, 0.05555556, 0.16666667, 0.05555556, 0.16666667])
In [5]:	hist2.sum()
Out[5]:	1.111111111111111
In [6]:	np.diff(bin_edge2)
Out[6]:	array([0.9, 0.9, 0.9, 0.9, 0.9, 0.9, 0.9, 0.9, 0.9, 0.9])
In [7]:	```python pdf = hist2 * np.diff(bin_edge2) pdf```

Out[7]:	array([0.1 , 0.05, 0.15, 0. , 0.15, 0.15, 0.05, 0.15, 0.05, 0.15])
In [8]:	np.sum(pdf)
Out[8]:	1.0

프로그램 설명

① np.histogram()은 히스토그램을 계산하여 히스토그램(hist)과 빈경계(bin_edge)를 각각 1차원 배열로 반환한다. 입력 인수 bins가 정수면, 주어진 범위(range)에서 등간격의 빈을 만든다. 범위(range)를 지정하지 않으면, 입력 배열의 최소/최대를 사용한다. density = False이면, 히스토그램은 빈도수(개수)이다. density = True이면, 확률 분포를 반환한다. 확률 분포의 면적은 빈의 간격을 곱해야 한다. 일반적인 히스토그램의 확률 분포를 계산은 SciPy의 [step32_7] 예제를 참고한다. 여기서는 균등 간격 히스토그램 예제를 설명한다.

② In [1]은 [0, 10) 범위의 정수 난수 20개를 1차원 배열 X에 생성한다.

③ In [2]는 bins = 10, 배열 X의 최소/최대에 의해 range = (0, 9), density = False인 기본값으로 설정하여 히스토그램과 빈 경계는 [표 30.2]과 같이 계산한다.

▼[표 30.2] hist, bin_edge = np.histogram(X) # bins = 10, range = (0, 9)

히스토그램	빈경계, bin_edge	빈도수
hist[0]	$0 \leq X[i] < 0.9$	2
hist[1]	$0.9 \leq X[i] < 1.8$	1
hist[2]	$1.8 \leq X[i] < 2.7$	3
hist[3]	$2.7 \leq X[i] < 3.6$	0
hist[4]	$3.6 \leq X[i] < 4.5$	3
hist[5]	$4.5 \leq X[i] < 5.4$	3
hist[6]	$5.4 \leq X[i] < 6.3$	1
hist[7]	$6.3 \leq X[i] < 7.2$	3
hist[8]	$7.2 \leq X[i] < 8.1$	1
hist[9]	$8.1 \leq X[i] \leq 9.0$	3

④ In [4]는 density = True에 의해 히스토그램을 분포 hist2를 계산한다.

⑤ In [5]의 hist2.sum()은 1.00이 아니다. 이유는 빈의 간격(개수)에 따라 합계는 달라진다. 그러나, hist2 그래프 아래의 면적은 1이다.

⑥ In [6]에서 np.diff(bin_edge2)는 구간 간격을 계산한다. 예제는 모든 구간의 간격이 0.90이다.

⑦ In [7]은 구간 간격 hist2*np.diff(bin_edge2)를 곱하여 pdf를 계산한다.

⑧ In [8]에서 pdf의 합계는 1이다.

[step30_7] 비등간격 히스토그램	

In [1]:	`import numpy as np`
	`np.random.seed(1)`
	`X = np.random.randint(1, 6, size = 20)`
	`X`

Out[1]:	`array([4, 5, 1, 2, 4, 1, 1, 2, 5, 5, 2, 3, 5, 3, 5, 4, 5, 3, 5, 3])`
In [2]:	`hist, bin_edge = np.histogram(X, bins = [0, 1, 3, 6])` `hist`
Out[2]:	`array([ 0,  6, 14], dtype=int32)`
In [3]:	`bin_edge`
Out[3]:	`array([0, 1, 3, 6])`
In [4]:	`hist2, bin_edge2 = np.histogram(X, bins = [0, 1, 3, 6], density = True)` `hist2`
Out[4]:	`array([0.      , 0.15     , 0.23333333])`
In [5]:	`bin_edge2`
Out[5]:	`array([0, 1, 3, 6])`
In [6]:	`pdf = hist2 * np.diff(bin_edge2)` `pdf`
Out[6]:	`array([0. , 0.3, 0.7])`
In [7]:	`np.sum(pdf)`
Out[7]:	`1.0`

프로그램 설명

① np.histogram()에서 비등간격 히스토그램 계산 예제를 설명한다.

② In [1]은 [1, 6) 범위의 정수 난수 20개를 1차원 배열 X에 생성한다.

③ In [2]는 bins = [0, 1, 3, 6]에 의해 [표 30.3]과 같이 3개의 빈에 히스토그램을 생성한다.

▼[표 30.3] hist, bin_edge = np.histogram(X, bins = [0, 1, 3, 6])

히스토그램	빈경계, bin_edge	빈도수
hist[0]	$0 \leq X[i] < 1$	0
hist[1]	$1 \leq X[i] < 3$	6
hist[2]	$3 \leq X[i] \leq 6$	14

④ In [4]는 density = True에 의해 히스토그램 hist2에 확률 분포를 계산한다. hist2 그래프 아래의 면적은 1이다. 그러나 np.sum(hist2)은 1이 아니다.

⑤ In [6]은 hist2에 빈의 구간 간격을 곱하여 pdf를 계산한다. In [7]에서 np.sum(pdf) = 1.0이다.

[step30_8] 히스토그램 그리기: plt.hist(), plt.bar()

| In [1]: | ```python
import numpy as np
import matplotlib.pyplot as plt

np.random.seed(1)
#X = np.random.randint(10, size = 1000)              # 균등분포
X = np.random.normal(loc = 10, scale = 2, size = 1000) # 정규분포
``` |
|---|---|
| In [2]: | ```python
hist, bin_edge, patches = plt.hist(X,color = 'b', edgecolor = 'r')

# hist, bin_edge, patches = plt.hist(X, bins = 20, normed = True,
#                     color = 'b', edgecolor = 'r')

mid_x = np.around(bin_edge[:-1] +
                np.diff(bin_edge) / 2, decimals = 1)
plt.xticks(mid_x)
plt.show()
``` |

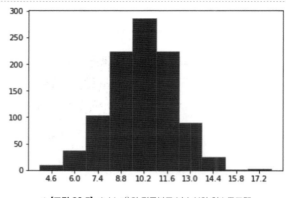

▲ [그림 30.5] plt.hist()의 정규분포 난수 X의 히스토그램

| In [3]: | ```
hist, bin_edge = np.histogram(X)        # bins = 10
mid_x = np.around(bin_edge[:-1] +
                np.diff(bin_edge) / 2, decimals = 1)
mid_x
``` |
| Out[3]: | `array([ 4.6,  6. ,  7.4,  8.8, 10.2, 11.6, 13. , 14.4, 15.8, 17.2])` |
| In [4]: | ```
colors = plt.cm.jet(np.random.rand(10))
# colors = plt.cm.viridis(np.random.rand(10))
# colors = plt.cm.rainbow(np.arange(10))
# colors = plt.cm.RdBu(np.random.rand(10))
# colors = plt.cm.Spectral(np.random.rand(50))
colors
``` |
| Out[4]: | ```
array([[1.        , 0.87218591, 0.        , 1.        ],
       [0.        , 0.        , 0.53565062, 1.        ],
       ......
       [0.89215686, 0.        , 0.        , 1.        ]])
``` |
| In [5]: | ```
plt.bar(x = mid_x, height = hist, width = np.diff(bin_edge),
        tick_label = mid_x,
        color = colors, edgecolor = 'k', align = 'center')
plt.show()
``` |

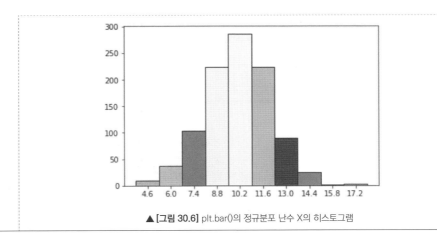

▲ [그림 30.6] plt.bar()의 정규분포 난수 X의 히스토그램

프로그램 설명

① In [1]은 균등분포 또는 정규분포의 1,000개 난수를 1차원 배열 X에 생성한다.

② In [2]는 plt.hist()를 이용하여 배열 X의 히스토그램 hist를 계산하고 그린다([그림 30.5]. normed = True 이면 hist에 분포를 반환한다. bin_edge를 이용하여 구간 중간값을 mid_x에 소수점 첫 자리까지 계산한 다. plt.xticks(mid_x)로 눈금을 변경한다.

③ In [3]은 np.histogram(X)로 히스토그램을 계산하고, bin_edge를 이용하여 구간 중간값을 mid_x에 소수 점 첫 자리까지 계산한다.

④ In [4]는 컬러 맵에서 10개의 컬러를 colors에 생성한다. colors의 모양은 10×4 배열로 각 행은 0에서 1 사이의 (R, G, B, A) 값이다.

⑤ In [5]는 plt.bar()로 배열 X의 히스토그램 hist를 그린다([그림 30.6]).

Step 31 ⊸ **SciPy 확률 분포**

SciPy의 scipy.stats 모듈은 다양한 통계함수를 제공한다. 여기서는 이산확률변수에 의한 베르누이 분포 (bernoulli), 이항분포(binom)와 연속 확률변수의 균등분포(uniform), 정규분포(norm)를 예제로 설명한다.

[Step 29]에서 설명한 numpy.random 모듈은 확률 분포로부터 난수(표본)를 추출하여 필요한 통계값 (평균과 분산 등)을 직접 계산하였다. scipy.stats 모듈은 확률 분포의 확률변수(random variable)를 생성하고, 확률변수를 이용하여 표본을 추출하고, 평균, 분산, 확률함수, 누적분포 함수 등의 다양한 통계함수를 미리 제공한다.

이산확률변수의 확률함수는 확률질량함수(probability mess function, pmf)라하고, 연속확률변수의 확률함수는 확률밀도함수(probability density function, pdf)라 한다. 누적 분포 함수(cumulative distribution function, cdf)는 확률 분포에서 확률변수 X가 임의 값보다 작거나 같은 $F_X(x) = P(X \le x)$ 확률이다.

[step31_1] 베르누이 분포(Bernoulli distribution)	
In [1]:	import numpy as np import scipy.stats as st import matplotlib.pyplot as plt %matplotlib inline
In [2]:	p = 0.3 X = st.bernoulli(p)　　　# 베르누이 분포 확률변수
In [3]:	X.mean()　　　　　　# p
Out[3]:	0.3
In [4]:	X.var()　　　　　　# p * (1 - p)
Out[4]:	0.21
In [5]:	X.pmf(1)　　　　　# p
Out[5]:	0.3

In [6]:	X.pmf(0)　　　　　　　# 1 - p
Out[6]:	0.7
In [7]:	k = np.array([0, 1]) pmf = X.pmf(k) cdf = X.cdf (k)
In [8]:	fig, (ax1, ax2) = plt.subplots(1, 2, figsize=(8, 6)) ax1.vlines(x=k, 　　　　ymin = [0, 0], ymax=pmf, 　　　　color='r', linestyle='-', linewidth=2) ax2.vlines(x=k, 　　　　　ymin = [0, 0], ymax=cdf, 　　　　　color='r', linestyle='-', linewidth=2) fig.suptitle("Bernoulli dist", fontsize=16) ax1.set_title("pmf") ax2.set_title("cdf") plt.show()

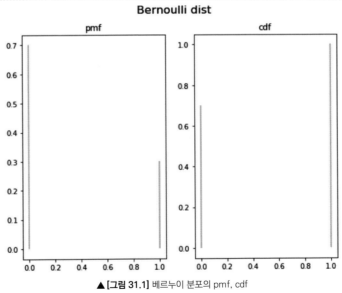

▲ [그림 31.1] 베르누이 분포의 pmf, cdf

| In [9]: | sample = X.rvs(size = 1000, random_state = 0)
sample |

Out[9]:	array([0, 1, 0, 0, 0, 0, 0, 1, 1, 0, 1, 0, 0, 1, 0, 0, 0, 1, 1, 1, 1, 1, ... 0, 0, 0, 0, 1, 0, 0, 1, 0, 0])
In[10]:	np.mean(sample)
Out[10]:	0.291
In[11]:	np.var(sample) # biased estimate # np.var(sample, ddof=1) # unbiased estimate
Out[11]:	0.20652552552552547
In[12]:	hist = np.bincount(sample, minlength = 1) hist
Out[12]:	array([709, 291], dtype=int32)
In[13]:	plt.bar(x = k, height = hist, width = 1, tick_label = k, edgecolor = 'k', align = 'center') plt.show()

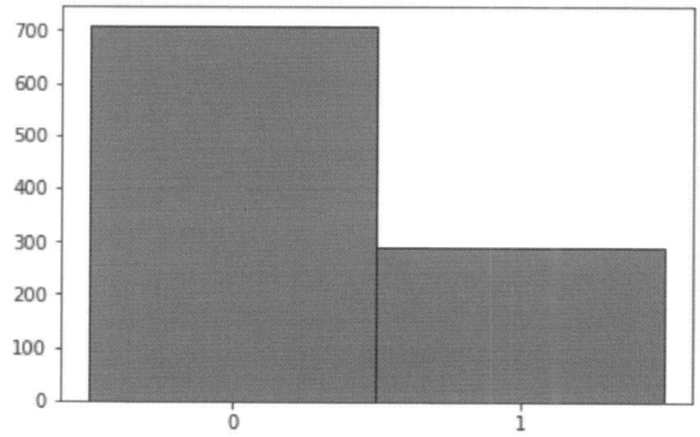

▲ [그림 31.2] 베르누이 분포 난수 sample의 히스토그램

프로그램 설명

① In [1]에서 scipy.stats 모듈을 st 이름으로 임포트한다.

② In [2]는 p = 0.3인 베르누이 분포의 확률변수 X를 생성한다. 베르누이 분포는 각 시행(trial)에서 오직 동전의 앞면(H = 1)과 뒷면(T = 0)같이 두 가지의 결과만 일어나는 이산(discrete) 확률변수 X의 확률 분포이다.

$$P(X = k) = p^k (1-p)^{1-k}, \ k = 0, \ 1$$

③ In [3]에서 베르누이 확률변수 X의 평균은 p = 0.30이다.

④ In [4]에서 베르누이 확률변수 X의 분산은 p * (1 - p) = 0.3 * 0.7 = 0.21이다.

⑤ In [5]에서 이산 확률변수 X = 1일 때 확률 질량 함수(probability mess function, pmf)를 계산한다.

$$P(X=1) = X.pmf(1) = p = 0.3$$

⑥ In [6]에서 이산 확률변수 X = 0일 때 확률 질량 함수를 계산한다.

$$P(X=0) = X.pmf(0) = 1-p = 0.7$$

⑦ In [7]은 k = np.array([0, 1])에서 이산확률변수 X의 확률 질량 함수(pmf)와 누적분포함수(cdf)를 계산한다.

⑧ In [8]은 베르누이 분포의 pmf와 cdf를 ax1, ax2에 그린다([그림 31.1]).

⑨ In [9]는 베르누이 확률변수 X로부터 size = 1000개의 표본(난수)을 배열 sample에 추출한다.

⑩ In [10]은 sample의 평균을 계산한다. p, X.mean()의 추정치(estimate)이다.

⑪ In [11]은 sample의 분산을 계산한다. X.var(), p * (1 - p)의 추정치이다. np.var(sample, ddof = 1)은 불편 추정치(unbiased estimate)를 계산한다.

⑫ In [12]는 np.bincount()로 sample의 빈도수(히스토그램)를 hist에 계산한다.

⑬ In [13]은 plt.bar()로 빈도수 hist를 그린다([그림 31.2]). p = 0.3인 베르누이 분포이고, size = 1000이므로 hist[0]은 약 700개, hist[1]은 약 300개이다.

[step31_2] 이항분포(binomial distribution)

In [1]:	```import numpy as np```
	```import scipy.stats as st```
	```import matplotlib.pyplot as plt```
	```%matplotlib inline```

In [2]:	```n = 20```
	```p = 0.5```
	```X = st.binom(n, p) # 이항분포 확률변수```

In [3]:	```X.mean() # n * p```
Out[3]:	10.0
In [4]:	```X.var() # n * p * (1 - p)```

Out[4]:	5.0

In [5]:	`k = np.arange(0,n + 1)`
	`pmf = X.pmf(k)`
	`cdf = X.cdf(k)`
	`fig, (ax1, ax2) = plt.subplots(1, 2, figsize = (8, 6))`

In [6]:	`ax1.plot(k, pmf)`
	`ax2.plot(k, cdf)`
	`ax1.plot(k, pmf)`
	
	`ax2.plot(k, cdf)`
	`fig.suptitle("Binomial dist", fontsize = 16)`
	`ax1.set_title("pmf")`
	`ax2.set_title("cdf")`
	`plt.show()`

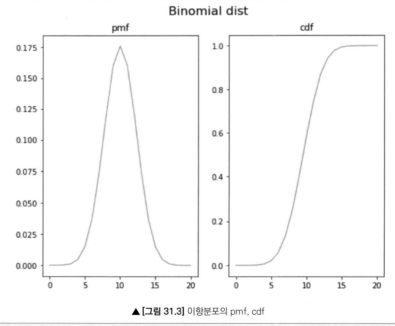

▲ [그림 31.3] 이항분포의 pmf, cdf

In [7]:	`sample = X.rvs(size = 1000, random_state = 0)`
In [8]:	`np.mean(sample)`
Out[8]:	9.983

In [9]:	np.var(sample)　　　　　　 # biased estimate # np.var(sample, ddof = 1)　 # unbiased estimate
Out[9]:	5.098711000000001
In[10]:	hist = np.bincount(sample, minlength = n + 1) hist
Out[10]:	array([0, 0, 0, 1, 5, 17, 27, 84, 121, 176, 168, 158, 98, 79, 47, 14, 2, 2, 1, 0, 0], dtype=int32)
In[11]:	plt.bar(x = k, height=hist, width = 1, 　　　　tick_label = k,edgecolor = 'k', align = 'center') plt.show()

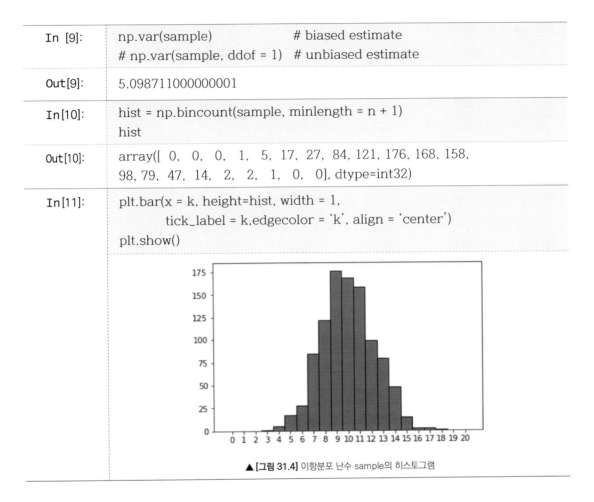

▲ [그림 31.4] 이항분포 난수 sample의 히스토그램

프로그램 설명

① 이항분포는 베르누이 시행을 n번 반복(독립시행)했을 때 성공(예, 동전 앞면)이 나오는 횟수(k)에 대한 이산 확률변수 X의 확률 분포이다. 이항분포는 n이 클 경우 정규분포로 수렴한다.

$$P(X = k) = B(n, k) = {}_nC_k\, p^k(1-p)^{n-k}$$

② In [2]에서 n = 10, p = 0.5인 이항분포 이산 확률변수 X를 생성한다.

$$X \sim B(n = 10,\ p = 0.5)$$

③ In [3]에서 이항분포 확률변수 X의 평균은 p = n * p = 10.0이다.

④ In [4]에서 이항분포 확률변수 X의 분산은 n * p * (1 − p) = 5.0이다.

⑤ In [5]는 k = 0에서 n까지 성공에 대한 확률 질량 함수(pmf)와 누적분포함수(cdf)를 계산한다.

⑥ In [6]은 이항분포의 pmf와 cdf를 ax1과 ax2에 각각 그린다([그림 31.3]). pmf는 정규분포와 모양이 비슷하다.

⑦ In [7]은 이항분포 확률변수 X로부터 size = 1000개의 랜덤 샘플을 배열 sample에 추출한다.

⑧ In [8]은 sample의 평균을 구한다. X.mean()의 추정치(estimate)이다.

⑨ In [9]는 sample의 분산을 구한다. X.var()의 추정치이다. np.var(sample, ddof = 1)은 불편 추정치(unbiased estimate)를 계산한다.

⑩ In [10]은 np.bincount()로 sample의 빈도수(히스토그램)를 hist에 계산한다.

⑪ In [11]은 plt.bar()로 빈도수 hist를 그리면 정규분포와 비슷한 모양이다([그림 31.4]).

[step31_3] 균등분포(uniform distribution)	

In [1]:	`import numpy as np`
	`import scipy.stats as st`
	`import matplotlib.pyplot as plt`
	`%matplotlib inline`

In [2]:	`a = 0`
	`b = 1`
	`X = st.uniform(a, b)` # 균등분포 확률변수

In [3]:	`X.mean()` # (a + b) / 2
Out[3]:	`0.5`
In [4]:	`X.var()` # ((b - b) ** 2) / 12
Out[4]:	`0.08333333333333333`

In [5]:	`x = np.linspace(a, b, num = 10)`
	`pdf = X.pdf(x)`
	`cdf = X.cdf(x)`

In [6]:	`fig, (ax1, ax2) = plt.subplots(1, 2, figsize = (8, 6))`
	`ax1.plot(x, pdf, 'r-')`
	`ax2.plot(x, cdf, 'b-')`
	
	`fig.suptitle("Uniform dist", fontsize = 16)`
	`ax1.set_title("pdf")`
	`ax2.set_title("cdf")`
	`plt.show()`

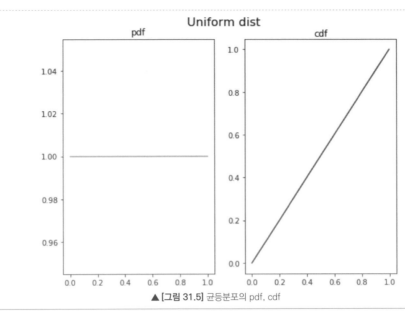

▲ [그림 31.5] 균등분포의 pdf, cdf

In [7]:	sample = X.rvs(size = 1000, random_state = 0)
In [8]:	np.mean(sample)
Out[8]:	0.49592153437178277
In [9]:	np.var(sample)　　　　　# biased estimate # np.var(sample, ddof=1)　# unbiased estimate
Out[9]:	0.08444768671636857
In[10]:	hist, bin_edge, patches = plt.hist(sample, range = (a, b), 　　　　　　　　　　　　color = 'b', edgecolor = 'k') mid_x = np.around(bin_edge[:-1] + np.diff(bin_edge) / 2, decimals = 2) plt.xticks(mid_x) plt.show()

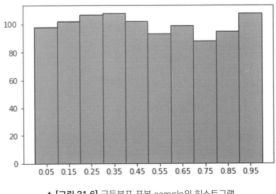

▲ [그림 31.6] 균등분포 표본 sample의 히스토그램

프로그램 설명

① 균등분포는 구간 [a, b]에서 모든 확률이 1 / (b − a)로 같은 확률 분포이다.

$$P(X) = U(a, b) = \begin{cases} \dfrac{1}{b-a} & \text{if } a \leq X \leq b \\ 0 & o.w \end{cases}$$

② In [2]는 a = 0, b = 1인 균등분포 확률변수 X를 생성한다.

$$X \sim U(a = 0, b = 1)$$

③ In [3]에서 균등분포 확률변수 X의 평균은 (a + b) / 2이다.

④ In [4]에서 균등분포 확률변수 X의 분산은 ((b − b) ** 2) / 12이다.

⑤ In [5]는 구간 [a, b]에서 num = 10개의 데이터를 배열 x에 생성하고, 확률 밀도함수(pdf)와 누적분포함수(cdf)를 계산한다.

⑥ In [6]은 균등분포의 pdf와 cdf를 ax1과 ax2에 각각 그린다([그림 31.5]).

⑦ In [7]은 균등분포 확률변수 X로부터 size = 1000개의 표본을 배열 sample에 추출한다.

⑧ In [8]은 sample의 평균을 구한다. X.mean()의 추정치이다.

⑨ In [9]는 sample의 분산을 구한다. X.var()의 추정치이다. np.var(sample, ddof = 1)은 불편 추정치 (unbiased estimate)를 계산한다.

⑩ In [10]은 plt.hist()로 구간 [a, b]에서 sample의 히스토그램를 hist에 계산하고 그린다([그림 31.6]).

[step31_4] 정규분포(normal distribution)	
In [1]:	```import numpy as np``` ```import scipy.stats as st``` ```import matplotlib.pyplot as plt``` ```%matplotlib inline```
In [2]:	mean = 0 std = 2 X = st.norm(loc = mean, scale = std)　　# 정규분포 확률변수 X.mean(), X.std(), X.var()
Out[2]:	(0.0, 2.0, 4.0)
In [3]:	X.cdf(std) − X.cdf(−std)
Out[3]:	0.6826894921370859

In [4]:	X.cdf(3 * std) − X.cdf(−3 * std)
Out[4]:	0.9973002039367398

In [5]:	a, b = X.ppf([0.1, 0.5]) # a = X.ppf(0.1), b = X.ppf(0.9)
	print('a = ', a)
	print('b = ', b)

Out[5]:	a = −2.5631031310892007 b = 0.0
In [6]:	x = np.linspace(X.ppf(0.001), X.ppf(0.999), num = 100) pdf = X.pdf(x) cdf = X.cdf(x)

In [7]:	fig, (ax1, ax2) = plt.subplots(1, 2, figsize = (10, 6))
	ax1.plot(x, pdf,'b-')
	ax2.plot(x, cdf,'b-')
	
	ax1.vlines(x = [a, b],
	        ymin = [0, 0], ymax = [X.pdf(a), X.pdf(b)],
	        color = 'r', linestyle = '--', linewidth = 2)
	
	ax2.vlines(x = [a, b],
	        ymin = [0, 0], ymax = [X.cdf(a), X.cdf(b)],
	        color = 'r', linestyle = '--', linewidth = 2)
	
	fig.suptitle("Normal dist", fontsize = 16)
	ax1.set_title("pdf")
	ax2.set_title("cdf")
	plt.show()

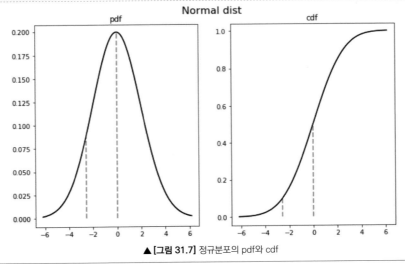

▲ [그림 31.7] 정규분포의 pdf와 cdf

In [8]:	sample = X.rvs(size = 1000, random_state = 0)
In [9]:	np.mean(sample)
Out[9]:	−0.09051341498039077
In[10]:	np.var(sample) # biased estimate # np.var(sample, ddof = 1) # unbiased estimate
Out[10]:	3.896937825248617

In[11]:	hist, bin_edge, patches = plt.hist(sample, range = (a, b),
	          color = 'b', edgecolor = 'k')
	mid_x = np.around(bin_edge[:-1] + np.diff(bin_edge) / 2,
	          decimals = 1)
	plt.xticks(mid_x)
	plt.show()
	
	▲ [그림 31.8] 정규분포 난수 sample의 히스토그램

프로그램 설명

① In [2]에서 평균 mean = 0, 표준편차 std = 2인 정규분포의 연속 확률변수 X를 생성한다. X.mean()은 0,
X.std()은 2, X.var()은 4이다.

$$X \sim N(\mu, \sigma)$$
$$P(X; \mu, \sigma^2) = \frac{1}{\sigma\sqrt{2\pi}} \exp\left(-\frac{1}{2}\frac{(X-\mu)^2}{\sigma^2}\right)$$

② In [3]과 In [4]는 X.cdf()를 이용하여 정규분포의 구간 확률을 계산한다.

$$P(\mu - \sigma < X < \mu + \sigma) \quad = 0.683$$

$$P(\mu - 2\sigma < X < \mu + 2\sigma) = 0.954$$

$$P(\mu - 3\sigma < X < \mu + 3\sigma) = 0.9973$$

③ In [5]에서 X.ppf()의 ppf(percent point function)는 cdf의 역함수이다. a = X.ppf(0.1)는 정규분포의 누적분포함수(cdf)가 10%가 되는 X의 위치 a = −2.56을 계산하고, X.ppf(0.5)는 정규분포의 누적분포함수(cdf)가 50%가 되는 X의 위치 b = 0.0(평균)을 계산한다.

④ In [6]은 정규분포의 누적분포가 0.1%에서 99.9% 범위에서 num = 100개의 데이터를 배열 x를 생성한다. 배열 x에서 확률 분포 pdf와 누적분포 cdf를 계산한다.

⑤ In [7]은 서브플롯 ax1과 ax2에 pdf와 cdf 그래프를 그리고, 0.1%의 위치 a와 99.9%의 위치 b를 pdf와 cdf 그래프의 ax1과 ax2에 빨간색 점선으로 표시한다([그림 31.7]).

⑥ In [8]은 정규분포 연속확률변수 X로부터 size = 1000개의 표본을 배열 sample에 추출한다.

⑦ In [9]는 sample의 평균을 구한다. X.mean()의 추정치(estimate)이다.

⑧ In [10]은 sample의 분산을 구한다. X.var()의 추정치이다. np.var(sample, ddof = 1)은 불편 추정치(unbiased estimate)를 계산한다.

⑨ In [11]은 plt.hist()로 sample의 히스토그램를 hist에 계산하고 그린다([그림 31.8]).

[step31_5] 카이제곱분포(Chi-Square distribution)

| In [1]: | ```
import numpy as np
import scipy.stats as st
import matplotlib.pyplot as plt
%matplotlib inline
``` |
|---|---|
| In [2]: | ```
k = 1
X = st.chi2(df = k)          # 표준 카이제곱분포 확률변수
#X = st.chi2(df = k, loc = 0, scale = 1)
X.mean(), X.std(), X.var()
``` |
| Out[2]: | (1.0, 1.4142135623730951, 2.0) |
| In [3]: | ```
fig, (ax1, ax2) = plt.subplots(1, 2, figsize = (10, 6))

x = np.linspace(0.1, 8, 100)
ax1.plot(x, st.chi2.pdf(x, df = 1), 'r-', label = "df=1")
ax1.plot(x, st.chi2.pdf(x, df = 2), 'g-', label = "df=2")
``` |
```

```
ax1.plot(x, st.chi2.pdf(x, df = 4), 'b-', label = "df=4)")
ax1.legend()

ax2.plot(x, st.chi2.cdf(x, df = 1), 'r-', label = "df=1")
ax2.plot(x, st.chi2.cdf(x, df = 2), 'g-', label = "df=2")
ax2.plot(x, st.chi2.cdf(x, df = 4), 'b-', label = "df=4")
ax2.legend()

fig.suptitle("Chi2 dist", fontsize = 16)
ax1.set_title("pdf")
ax2.set_title("cdf")
plt.show()
```

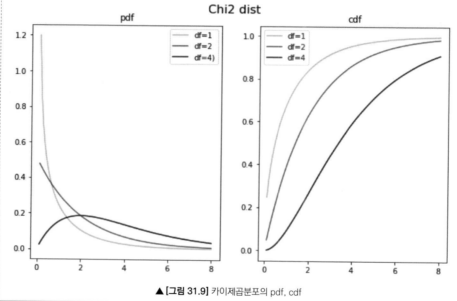

▲ [그림 31.9] 카이제곱분포의 pdf, cdf

In [4]:
```
#sample = X.rvs(size = 1000, random_state = 0)
sample = st.chi2.rvs(df = 1, size = 1000, random_state = 0)
np.mean(sample), np.std(sample), np.var(sample)
# np.var(sample, ddof = 1)
```

Out[4]:
(1.0140678118858903, 1.5028577169869974, 2.25858131750737)

In [5]:
```
hist, bin_edge, patches = plt.hist(sample,
                            color = 'b', edgecolor = 'k')
mid_x = np.around(bin_edge[:-1] + np.diff(bin_edge) / 2, decimals = 1)
plt.xticks(mid_x)
plt.show()
```

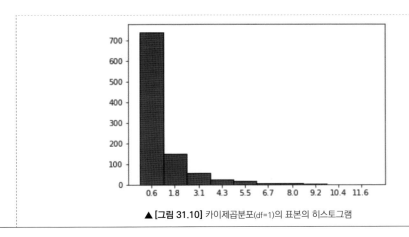

▲ **[그림 31.10]** 카이제곱분포(df=1)의 표본의 히스토그램

프로그램 설명

① $Z_1, \cdots, Z_k$ 가 독립인 표준정규분포 확률변수일 때, 제곱합 Q 는 자유도 k인 카이제곱분포를 따른다. 확률분포함수 $P(x; r)$ 에서 $x > 0$ 이다. 평균은 k이고, 분산은 2k, $\Gamma()$ 는 감마 함수이다. 카이제곱분포는 확률추론, 가설검정, 신뢰구간 등에 자주 사용된다(위키피디아 참조).

$$Q = \sum_{i=1}^{k} Z_i^2, \ Q \ \sim \chi^2(k)$$
$$P(x; k) = \frac{1}{2^{k/2}\Gamma(k/2)} x^{k/2-1} \exp(-x/2)$$

② In [2]에서 자유도 df = 1인 표준 카이제곱 연속확률변수 X를 생성한다. chi2(df, loc, scale)는 y = (x − loc) / scale과 chi2.pdf(y, df) / scale에 의해 loc로 이동하고, scale로 확대한 분포이다.

③ In [3]은 0.1에서 8까지의 100개의 배열 x에서 자유도 df = 1, 2, 4의 pdf와 cdf를 그린다([그림 31.9]).

④ In [4]는 자유도 df = 1인 카이제곱분포에서 size = 1000개의 표본을 배열 sample에 추출한다. X.mean(), X.std(), X.var()의 추정치인 평균, 표준편차, 분산을 계산한다.

⑤ In [5]는 plt.hist()로 sample의 히스토그램을 hist에 계산하고 그린다([그림 31.10]).

[step31_6] t-분포(t-distribution)

In [1]:	import numpy as np import scipy.stats as st import matplotlib.pyplot as plt %matplotlib inline

In [2]:	```k = 100```
	```X = st.t(df = k) # t-분포 확률변수, 자유도 df = 100```
	```X.mean(), X.std(), X.var()```

Out[2]:	(0.0, 1.0101525445522108, 1.0204081632653061)

In [3]:	```fig, (ax1, ax2) = plt.subplots(1, 2, figsize = (10, 6))```
	
	```# x = np.linspace(X.ppf(0.01), X.ppf(0.99), 100)```
	```x = np.linspace(-5, 5, 100)```
	```ax1.plot(x, st.t.pdf(x, df = 1), 'r-', label = "df=1")```
	```ax1.plot(x, st.t.pdf(x, df = 10), 'g-', label = "df=10")```
	```ax1.plot(x, st.t.pdf(x, df = 100), 'b-', label = "df=100)")```
	```ax1.legend()```
	
	```ax2.plot(x, st.t.cdf(x, df = 1), 'r-', label = "df=1")```
	```ax2.plot(x, st.t.cdf(x, df = 10), 'g-', label = "df=10")```
	```ax2.plot(x, st.t.cdf(x, df = 100), 'b-', label = "df=100")```
	```ax2.legend()```
	
	```fig.suptitle("t-dist", fontsize = 16)```
	```ax1.set_title("pdf")```
	```ax2.set_title("cdf")```
	```plt.show()```

	 ▲ [그림 31.11] t-분포의 pdf, cdf

In [4]:	```# sample = X.rvs(size = 1000, random_state = 0)```
	```sample = st.t.rvs(df = 100, size = 1000, random_state = 0)```
	```np.mean(sample), np.std(sample), np.var(sample)```
	```# np.var(sample, ddof = 1)```

Out[4]:	(0.011843267423166335, 0.977154171993665, 0.9548302758446252)
In [5]:	hist, bin_edge, patches = plt.hist(sample, 　　　　　　　　　　　　　color = 'b', edgecolor = 'k') mid_x = np.around(bin_edge[:-1] + np.diff(bin_edge) / 2, 　　　　　　　decimals = 1) plt.xticks(mid_x) plt.show()

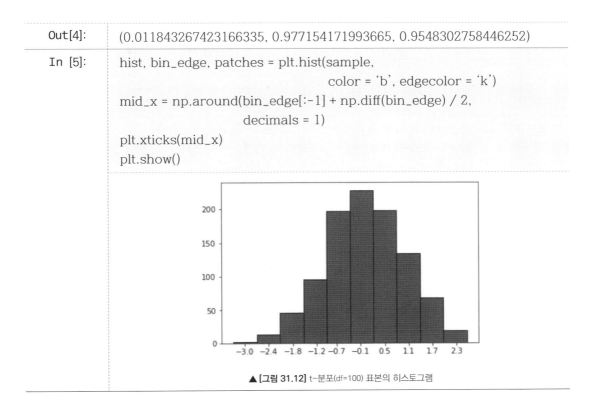

▲ [그림 31.12] t-분포(df=100) 표본의 히스토그램

프로그램 설명

① Z는 표준정규분포 확률변수이고, V는 카이제곱분포이면, 자유도 $k > 0$인 스튜던트 t-분포 T_k는 다음과 같다. 자유도 k가 크면 표준정규분포와 가까워진다. $k > 1$일 때 평균은 0, $k > 2$일 때 분산은 $k/(k-2)$이다.

$$T_k = \frac{Z}{\sqrt{V/k}}$$

$$P(x;k) = \frac{\Gamma((k+1)/2)}{\sqrt{k\pi}\,\Gamma(k/2)\,(1+x^2/k)^{(k+1)/2}}$$

② In [2]에서 자유도 df = 100인 t-분포 연속확률변수 X를 생성한다.

③ In [3]은 −5에서 5까지의 100개의 배열 x에서 자유도 df = 1, 10, 100의 pdf와 cdf를 그린다([그림 31.11]).

④ In [4]는 자유도 df = 100인 t-분포에서 size = 1000개의 표본을 배열 sample에 추출한다. X.mean(), X.std(), X.var()의 추정치인 평균, 표준편차, 분산을 계산한다.

⑤ In [5]는 plt.hist()로 sample의 히스토그램를 hist에 계산하고 그린다([그림 31.12]).

[step31_7] F-분포	
| In [1]: | ```python
import numpy as np
import scipy.stats as st
import matplotlib.pyplot as plt
%matplotlib inline
``` |
| In [2]: | ```python
d1 = 10
d2 = 100
X = st.f(dfn = d1, dfd = d2)          # f-분포 확률변수, 자유도 d1, d2
X.mean(), X.std(), X.var()
``` |
| Out[2]: | (1.0204081632653061, 0.48402209084209885, 0.23427738442315701) |
| In [3]: | ```python
fig, (ax1, ax2) = plt.subplots(1, 2, figsize = (10, 6))

#x = np.linspace(X.ppf(0.01), X.ppf(0.99), 100)
x = np.linspace(0.1, 5, 100)
ax1.plot(x, st.f.pdf(x, 1, 1), 'r-', label = "d1=1, d2=1")
ax1.plot(x, st.f.pdf(x, 10, 2), 'g-', label = "d1=10, d2=2")
ax1.plot(x, st.f.pdf(x, 100, 100), 'b-', label = "d1=100, d2=100")
ax1.legend()

ax2.plot(x, st.f.cdf(x, 1, 1), 'r-', label = "d1=1, d2=1")
ax2.plot(x, st.f.cdf(x, 10, 2), 'g-', label = "d1=10, d2=2")
ax2.plot(x, st.f.cdf(x, 100, 100), 'b-', label = "d1=100, d2=100")
ax2.legend()

fig.suptitle("F-dist", fontsize = 16)
ax1.set_title("pdf")
ax2.set_title("cdf")
plt.show()
``` |
```

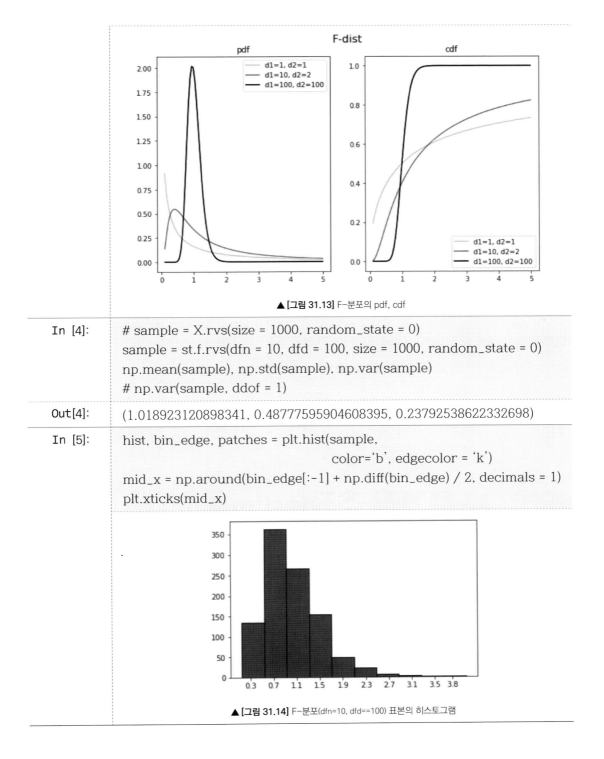

▲ **[그림 31.13]** F-분포의 pdf, cdf

In [4]:	# sample = X.rvs(size = 1000, random_state = 0)
	sample = st.f.rvs(dfn = 10, dfd = 100, size = 1000, random_state = 0)
	np.mean(sample), np.std(sample), np.var(sample)
	# np.var(sample, ddof = 1)

Out[4]:	(1.018923120898341, 0.48777595904608395, 0.23792538622332698)
In [5]:	hist, bin_edge, patches = plt.hist(sample, 　　　　　　　　　　　　　　color='b', edgecolor = 'k') mid_x = np.around(bin_edge[:-1] + np.diff(bin_edge) / 2, decimals = 1) plt.xticks(mid_x)

▲ **[그림 31.14]** F-분포(dfn=10, dfd==100) 표본의 히스토그램

프로그램 설명

① 확률변수 $V1$, $V2$가 각각 자유도 $d_1(dfn)$, $d_2(dfd)$인 카이제곱분포를 따른다고 할 때, F-분포 확률 변수 F는 다음과 같다. 확률분포함수 $P(x; d_1, d_2)$에서 $x > 0$이고, $d_1 > 0$, $d_2 > 0$이다.

$$F = \frac{V_1/d_1}{V_2/d_2}$$

$$P(x; d_1, d_2) = \frac{\sqrt{\dfrac{(d_1 x)^{d_1} d_2^{d_2}}{(d_1 x + d_2)^{d_1 + d_2}}}}{x B(d_1/2, d_2/2)}$$

② In [2]에서 자유도 d1(dfn) = 10, d2(dfd) = 100인 F-분포 확률변수 X를 생성한다.

③ In [3]은 0.1에서 5까지의 100개의 배열 x에서 자유도가 다른 F-분포의 pdf와 cdf를 그린다([그림 31.13]).

④ In [4]는 자유도 d1(dfn) = 10, d2(dfd) = 100인 F-분포에서 size = 1000개의 표본을 배열 sample에 추출한다. X.mean(), X.std(), X.var()의 추정치인 평균, 표준편차, 분산을 계산한다.

⑤ In [5]는 plt.hist()로 sample의 히스토그램를 hist에 계산하고 그린다([그림 31.14]).

Step 32 ─○ 통계적 추정(estimation)

일반적으로 시간이나 비용 등의 여러 가지 문제로 모집단 전체의 데이터를 갖기가 어렵다. [그림 32.1]은 통계적 추론방법을 설명한다. 표본(sample)을 추출(수집)하여, 표본으로부터 통계량(statistics)을 계산하고, 이를 이용하여 모집단을 추론한다.

추정(estimation)과 가설검정(hypotheses test)은 통계적인 추론방법이다. 여기서는 추정을 다루고, [Step 33] 에서 가설검정에 관하여 설명한다.

추정은 점추정(point estimation)과 구간추정(interval estimation)이 있다. 점추정은 하나의 값으로 추정값을 계산하고, 구간추정은 범위로 추정한다. 추정량(estimator)은 표본으로부터 추정값을 계산하는 방법이고, 추정값(estimate)은 실제 계산된 값의 의미한다. 예를 들어, 표본평균, 표본분산, 표본 공분산은 모평균, 모분산, 모공분산의 추정량이다. 표본으로부터 실제 계산한 값은 추정값이다.

여기서는 SciPy의 scipy.stats 모듈을 사용하여 간단한 점추정과 구간추정에 관하여 설명한다. 모집단으로 부터의 표본추출은 [step 29]와 [step 31]에서 다루었다.

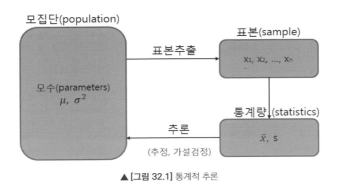

▲ [그림 32.1] 통계적 추론

[step32_1] 표본평균(ample mean)의 분포와 중심극한정리	

In [1]:	```python
	import numpy as np
	import scipy.stats as st
	import matplotlib.pyplot as plt
	%matplotlib inline
	``

In [2]:	```python
	# population
	np.random.seed(1)
	# X1 = np.random.normal(loc = 5, scale = 2, size = 10000)
	# X2 = np.random.normal(loc = 20,scale = 4, size = 20000)
	
	X1 = st.norm(loc = 5, scale = 2).rvs(10000)
	X2 = st.norm(loc = 20, scale = 4).rvs(20000)
	X = np.concatenate((X1, X2)) # population
	X.mean(), X.var()
	``

Out[2]:	(14.999624294579512, 61.76886432032758)

In [3]:	```python
	n = 100 # sample size
	sample_means = []
	for x in range(10000): # 10000 samples
	``

```
        sample = np.random.choice(a = X, size = n)
        sample_means.append(sample.mean())

    print("np.mean(sample_means)=", np.mean(sample_means))
    print("np.var(sample_means)=", np.var(sample_means))
    print("X.var()/n=", X.var() / n)
```

Out[3]:
```
np.mean(sample_means)= 15.00286493346212
np.var(sample_means)= 0.613447583199409
X.var()/n= 0.6176886432032758
```

In [4]:
```
fig, (ax1, ax2) = plt.subplots(1, 2, figsize = (10, 6))
hist, bin_edge, patches =
    ax1.hist(sample_means, bins=20, density = True,
            color = 'b', edgecolor = 'r')
pdf = hist * np.diff(bin_edge)
mid_x = bin_edge[:-1] + np.diff(bin_edge) / 2
ax2.plot(mid_x, pdf,'b-')

ax1.set_title("histogram of sample_means")
ax2.set_title("pdf")
plt.sho w()
```

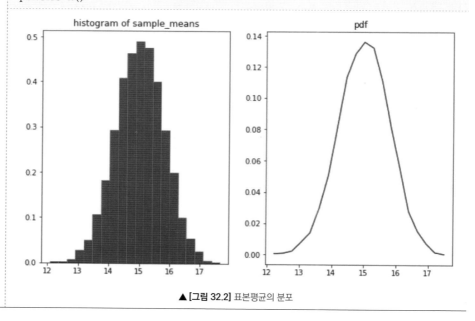

▲ [그림 32.2] 표본평균의 분포

프로그램 설명

① 표본의 크기 n이 크면 표본평균의 분포는 $N(\mu, \sigma^2/n)$을 따른다는 중심극한정리(central limit theorem)를 확인한다.

② In [2]는 모집단으로 사용할 배열 X에 2개의 정규분포를 이용하여 30,000개의 데이터를 생성한다. X.mean(), X.var()로 모평균과 모분산을 계산한다.

$$\mu = 14.99$$
$$\sigma^2 = 61.76$$

③ In [3]은 표본크기 n = 100으로 10,000개의 표본을 sample에 추출하고, 표본평균 sample.mean()을 계산하여 sample_means 리스트에 추가한다. 표본평균의 평균 np.mean(sample_means)은 모평균과 유사하다. 표본평균의 분산 np.var(sample_means)은 X.var() / n과 유사하다. 즉, 표본평균의 분포는 $N(\mu, \sigma^2/100)$의 정규분포를 따르는 것을 확인할 수 있다. n이 크게 오차가 줄어든다.

④ In [4]는 표본평균 배열 sample_means의 히스토그램과 pdf를 그래프로 그린다([그림 32.2]).

[step32_2] 점추정(평균, 표준편차, 분산)	

In [1]:	```python
	import numpy as np
	import scipy.stats as st
	``

In [2]:	```python
	# population
	np.random.seed(1)
	mu = 10 # 모평균
	sigma = 2 # 모분산
	X = st.norm(loc = mu, scale = sigma) # nomal distn, random variable
	# X = np.random.normal(loc = mu, scale = sigma, size = 10000)
	``

In [3]:	```python
	# sample
	n = 100
	sample = X.rvs(size = n)
	# sample = np.random.choice(a = X, size = n)
	``

In [4]:	```python
	xbar = sample.mean() # estimate of mu
	s = sample.std() # estimate of sigma
	S = sample.std(ddof = 1) # unbiased estimate of sigma
	xbar, s, S
	``

In [5]:	np.mean(sample_means) = 15.00286493346212 np.var(sample_means) = 0.613447583199409 X.var() / n = 0.6176886432032758
Out[5]:	(3.134006091538667, 3.165662718725926)

프로그램 설명

① 정규분포 모집단을 생성하고, 표본으로부터 표본 평균, 표본분산을 계산하여 모집단의 모수(평균, 분산)를 추정한다.

② In [2]는 모집단의 정규분포 확률변수 X를 생성한다. 모평균 $\mu = 10$, 모분산 $\sigma^2 = 4$이다.

③ In [3]은 모집단 확률변수 X로부터 표본 n = 100개를 sample에 추출한다.

④ In [4]는 표본 sample의 평균 xbar, 표준편차 s, 표본 표준편차 S를 계산한다. xbar는 모평균 mu의 추정값이다. s와 S는 sigma의 추정값이다. S는 불편(unbiased) 추정값이다.

⑤ In [5]는 표본 sample의 분산 s2, 표본분산 S2를 계산한다. s2는 모분산의 추정값이다. S2는 모분산의 불편(unbiased) 추정값이다.

[step32_3] 모평균의 구간(신뢰구간) 추정

In [1]:	```import numpy as np```
	 ```import scipy.stats as st```
	 ```import matplotlib.pyplot as plt```

In [2]:	```# population```
	 ```np.random.seed(1)```
	 ```mu = 10 # 모평균```
	 ```sigma = 2 # 모표준편차```
	
	 ```X = st.norm(loc = mu, scale = sigma) # random variable```
	 ```# X= np.random.normal(loc = mu, scale = sigma, size = 10000)```

In [3]:	```# sample``` ```n = 10```

	``` sample = X.rvs(size = n) # sample = np.random.choice(a = X, size = n) ```

In [4]:	```python
	# 모평균 구간추정1: 모분산(mu)을 안다(known), 표준정규분포
	alpha = 0.05
	xbar = sample.mean()
	
	z = st.norm.ppf(1 − alpha / 2) # ppf: inverse cumulative distribution
	std_error = sigma / np.sqrt(n)
	lower1 = xbar − z * std_error
	upper1 = xbar + z * std_error
	print("{}% 신뢰구간:{} < mu < {}".format((1 - alpha) * 100,
	        lower1, upper1))
	``

Out[4]:	95.0% 신뢰구간:8.566128153778676 < mu < 11.045308282996922

In [5]:	```python
	# 신뢰구간 표시
	fig, ax1 = plt.subplots()
	
	x = np.linspace(X.ppf(0.001), X.ppf(0.999), num=100)
	pdf = X.pdf(x)
	ax1.plot(x, pdf,'b−')
	
	index1 = np.where(np.logical_and(x>lower1, x < upper1))
	ax1.fill_between(x[index1], y1 = 0, y2 = pdf[index1],
	            color = 'r', alpha=.25)
	
	# nearest index
	i1 = (np.abs(x - xbar)).argmin()
	i2 = (np.abs(x - lower1)).argmin()
	i3 = (np.abs(x - upper1)).argmin()
	
	ax2 = ax1.twiny() # y축 공유
	ax2.vlines(x=[x[i1], x[i2], x[i3]],
	            ymin = [0, 0], ymax = [pdf[i1], pdf[i2], pdf[i3]],
	            color = 'r', linestyle = '−−', linewidth = 2)
	ax2.set_xlim(ax1.get_xlim())
	ax2.set_xticks([xbar, lower1, upper1])
	ax2.set_xticklabels(["xbar", 'lower1', 'upper1'], fontsize = 10)
	plt.show()
	``

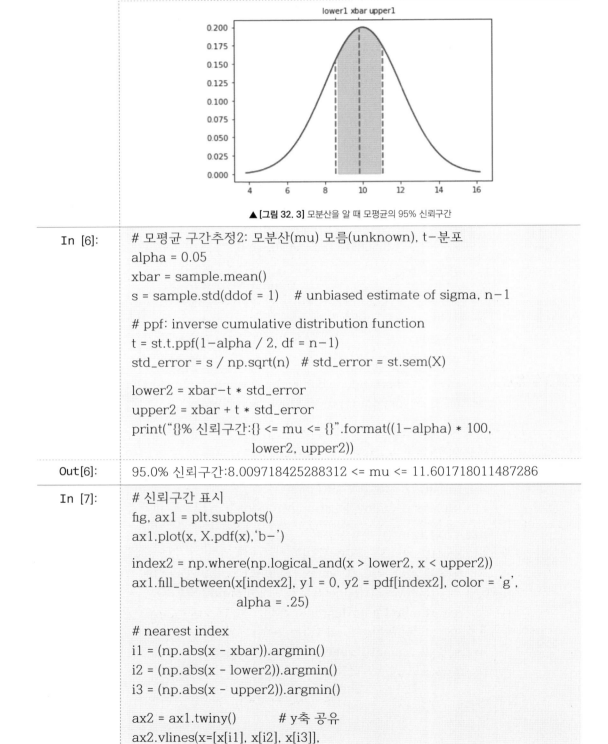

▲ [그림 32. 3] 모분산을 알 때 모평균의 95% 신뢰구간

| In [6]: | ```python
# 모평균 구간추정2: 모분산(mu) 모름(unknown), t-분포
alpha = 0.05
xbar = sample.mean()
s = sample.std(ddof = 1)    # unbiased estimate of sigma, n-1

# ppf: inverse cumulative distribution function
t = st.t.ppf(1-alpha / 2, df = n-1)
std_error = s / np.sqrt(n)   # std_error = st.sem(X)

lower2 = xbar-t * std_error
upper2 = xbar + t * std_error
print("{}% 신뢰구간:{} <= mu <= {}".format((1-alpha) * 100,
                  lower2, upper2))
``` |
|---|---|
| Out[6]: | 95.0% 신뢰구간:8.009718425288312 <= mu <= 11.601718011487286 |
| In [7]: | ```python
# 신뢰구간 표시
fig, ax1 = plt.subplots()
ax1.plot(x, X.pdf(x),'b-')

index2 = np.where(np.logical_and(x > lower2, x < upper2))
ax1.fill_between(x[index2], y1 = 0, y2 = pdf[index2], color = 'g',
                  alpha = .25)

# nearest index
i1 = (np.abs(x - xbar)).argmin()
i2 = (np.abs(x - lower2)).argmin()
i3 = (np.abs(x - upper2)).argmin()

ax2 = ax1.twiny()        # y축 공유
ax2.vlines(x=[x[i1], x[i2], x[i3]],
``` |

```
            ymin = [0, 0], ymax=[pdf[i1], pdf[i2], pdf[i3]],
            color = 'r', linestyle = '−−', linewidth = 2)
ax2.set_xlim(ax1.get_xlim())
ax2.set_xticks([xbar, lower2, upper2])
ax2.set_xticklabels(["xbar", 'lower2', 'upper2'], fontsize = 10)
plt.show()
```

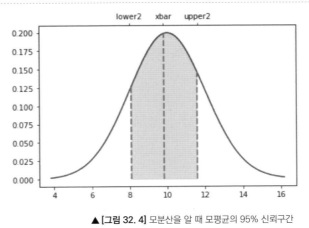

▲ [그림 32. 4] 모분산을 알 때 모평균의 95% 신뢰구간

프로그램 설명

① 정규분포 모집단을 생성하고, 표본으로부터 모평균의 $(1-\alpha)$100%의 신뢰구간을 추정한다. 모분산을 알면 표준 정규분포를 이용하고, 모르면 t-분포를 이용한다.

② ln [2]는 모집단의 정규분포 확률변수 X를 생성한다. 모집단의 평균 $\mu = 1$, 표준편차 $\sigma = 2$, $\sigma^2 = 4$분산 이다.

③ ln [3]은 모집단 확률변수 X로부터 표본 n = 10개를 sample에 추출한다.

④ ln [4]는 모분산($\sigma^2 = 4$)을 알면, 표준정규분포를 이용하여 모평균의 신뢰구간을 추정한다. $\overline{x}$는 표본 평균, α는 신뢰수준(confidence level), σ는 모집단의 표준편차, n은 표본크기, $z_{\alpha/2}$는 표준정규분 포의 오른쪽(right-tail, upper-tail)의 면적이 $\alpha/2$인 임계값(critical value)이다(임계값의 왼쪽 면적 은 $1 - \alpha/2$). $z_{\alpha/2}$는 z = st.norm.ppf(1 - alpha / 2)로 계산한다. ppf(p,...) 함수가 왼쪽(left-tail, lower-tail)의 확률이 p인 임계값을 반환하기 때문이다.

$$\overline{x} - z_{\alpha/2}\frac{\sigma}{\sqrt{n}} < \mu < \overline{x} + z_{\alpha/2}\frac{\sigma}{\sqrt{n}}$$

유의수준이 alpha = 0.05로, 모평균 의 (1-0.05)100%= 95% 신뢰구간은 8.56 〈 mu 〈 11.04이다.

⑤ In [5]는 In [4]에서 계산한 표본평균 xbar와 모평균의 신뢰구간 (lower1, upper1)을 표시한다. 서브플롯 ax1에 모집단 확률변수 X의 확률 분포 pdf = X.pdf(x)의 그래프를 그리고, 모평균의 신뢰구간 (lower1, upper1)을 빨간색, alpha = 0.25로 채운다. ax1과 y-축을 공유하는 ax2를 이용하여 xbar, lower1, upper1을 점선으로 그리고, 레이블을 출력한다([그림 32.3]). x 배열에서의 xbar, lower1, upper1의 인덱스 위치는 i1, i2, i3이다.

⑥ In [6]은 모분산을 모르면, t-분포를 이용하여 모평균의 신뢰구간을 추정한다. $\overline{x}$는 표본평균, α는 신뢰수준(confidence level), s는 표본 표준편차, n은 표본 크기, $t_{n-1,\alpha/2}$는 자유도 n-1인 t-분포에서 오른쪽의 면적이 α / 2인 임계값(critical value)이다. $t_{n-1,\alpha/2}$는 t = st.t.ppf(1 - alpha / 2, df = n - 1)로 계산한다. ppf(p,...) 함수가 왼쪽의 확률이 p인 임계값을 반환하기 때문이다.

$$\overline{x} - t_{n-1,\alpha/2}\frac{s}{\sqrt{n}} < \mu < \overline{x} + t_{n-1,\alpha/2}\frac{s}{\sqrt{n}}$$

유의수준이 alpha = 0.05로, 모평균 μ의 (1 - 0.05)100% = 95% 신뢰구간은 8.00 <= mu <= 11.600이다.

⑦ In [7]은 In [6]에서 계산한 표본평균 xbar와 모평균의 신뢰구간 (lower2, upper2)을 표시한다([그림 32.4]).

[step32_4] 모분산의 구간 추정	
In [1]:	``` import numpy as np import scipy.stats as st import matplotlib.pyplot as plt ```

In [2]:	```
	# population
	np.random.seed(1)
	mu = 10 # 모평균
	sigma = 2 # 모표준편차
	
	X = st.norm(loc = mu, scale = sigma) # random variable
	# X = np.random.normal(loc = mu, scale = sigma, size = 10000)
	``

In [3]:	```
	# sample
	n = 10
	sample = X.rvs(size = n)
	#sample = np.random.choice(a = X, size = n)
	``

```
In [4]:     # 모분산의 구간추정: 카이제곱분포
            alpha = 0.05
            s2 = sample.var(ddof = 1)     # unbiased estimate of sigma ** 2, N - 1

            s = (n - 1) * s2
            lower = s / st.chi2.ppf(1 - alpha / 2, df = n - 1)
            upper = s / st.chi2.ppf(alpha / 2, df = n - 1)
            print("{}% 신뢰구간:{} < var(X) < {}".format(
                            (1 - alpha) * 100, lower, upper))
```

95.0% 신뢰구간:2.4403967923517964 < var(X) < 4.272028278982499

프로그램 설명

① 정규분포 모집단을 생성하고, 표본으로부터 모분산의 $(1 - \alpha)100\%$의 신뢰구간을 카이제곱분포를 이용하여 추정한다.

② In [2]는 모집단의 정규분포 확률변수 X를 생성한다. 모집단의 평균 $\mu = 10$, 표준편차 $\sigma = 2$, 분산 $\sigma^2 = 4$이다.

③ In [3]은 모집단 확률변수 X로부터 표본 n = 100개를 sample에 추출한다.

④ In [4]는 카이제곱분포를 이용하여 모분산의 신뢰구간을 추정한다. s^2는 표본분산, α는 신뢰수준(confidence level), n은 표본크기, $\chi^2_{n-1,\,\alpha/2}$는 자유도 n–1의 카이제곱분포의 오른쪽 의 면적이 $\alpha/2$인 임계값이다. $\chi^2_{n-1,\,1-\alpha/2}$는 자유도 n–1의 카이제곱분포의 오른쪽의 면적이 $1-\alpha/2$인 임계값이다(왼쪽의 면적이 $\alpha/2$). $\chi^2_{n-1,\,\alpha/2}$는 st.chi2.ppf(1 - alpha / 2, df = n - 1)로 계산하고, $\chi^2_{n-1,\,\alpha/2}$는 st.chi2.ppf(alpha / 2, df = n - 1)로 계산한다. ppf(p,...) 함수가 왼쪽(left–tail, lower tail)의 확률이 p인 임계값을 반환하는 것에 주의한다.

$$\frac{(n-1)s^2}{\chi^2_{\alpha/2}} < \sigma^2 < \frac{(n-1)s^2}{\chi^2_{1-\alpha/2}}$$

유의수준이 alpha=0.05로, 모분산 σ^2의 (1 – 0.05)100%=95% 신뢰구간은 2.44 <= var(X) <= 4.27이다.

[step32_5] MLE 추정: scipy.stats.rv_continuous.fit(data)

| In [1]: | ```
import numpy as np
import scipy.stats as st
import matplotlib.pyplot as plt
``` |
| In [2]: | ```
# population
np.random.seed(1)
mu = 10     # 모평균
sigma = 2   # 모표준편차

X = st.norm(loc = mu, scale = sigma)     # random variable
# X= np.random.normal(loc = mu, scale = sigma, size = 10000)
``` |
| In [3]: | ```
# sample
n = 10
sample = X.rvs(size = n)
# sample = np.random.choice(a = X, size = n)
``` |
| In [4]: | ```
mu0, s0 = st.norm.fit(sample)           # 정규분포, MLE estimate
mu0, s0
``` |
Out[4]:	(10.1211657041514, 1.77031242766317)
In [5]:	sample.mean(), sample.std() # 표본평균, 표본 표준편차
Out[5]:	(10.1211657041514, 1.77031242766317)
| In [6]: | ```
k, mu1, s1 = st.t.fit(sample)       # t-분포, MLE estimate
k, mu1, s1
``` |
| Out[6]: | (21111.64743947739, 10.121166832520537, 1.7702305297023953) |
| In [7]: | ```
x = np.linspace(X.ppf(0.01), X.ppf(0.99), 100)
plt.plot(x, X.pdf(x), 'r-', label = "X~N(10,2)")
plt.plot(x, st.norm.pdf(x, loc = mu0, scale = s0), 'g-',
        lw = 10, alpha = 0.5, label = "norm.fit")
plt.plot(x, st.t.pdf(x, df = k, loc = mu1, scale = s1),
                'b-', label="t.fit")
plt.legend()
plt.show()
``` |

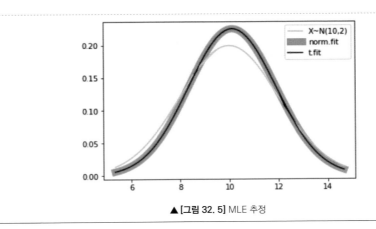

▲ [그림 32. 5] MLE 추정

프로그램 설명

① scipy.stats.rv_continuous.fit( )는 표본데이터를 이용하여 최우추정(Maximum Likelihood Estimate, MLE)을 수행하여 모양(shape), 위치(location), 스케일(scale)을 추정한다.

② ln [2]는 모집단의 정규분포 확률변수 X를 생성한다. 모집단의 평균 $\mu = 10$, 표준편차 $\sigma = 2$, 분산 $\sigma^2 = 4$이다.

③ ln [3]은 모집단 확률변수 X로부터 표본 n = 100개를 sample에 추출한다.

④ ln [4]는 st.norm.fit(sample)로 정규분포에 대한 MLE 추정값(estimate)인 평균 mu0 = 10.12, 표준편차 s0 = 1.77을 계산한다. ln [5]의 sample.mean( ), sample.std( )와 같다.

⑤ ln [6]은 st.t.fit(sample)로 t-분포에 대한 MLE 추정값(estimate)인 자유도 k = 21111.64, 평균 mu1 = 10.12, 표준편차 s1 = 1.77을 계산한다.

⑥ ln [7]은 모집단의 확률 분포 X.pdf(x), MLE 추정 정규분포 st.norm.pdf(x, loc = mu0, scale=s0), MLE 추정 t-분포 st.t.pdf(x, df = k, loc = mu1, scale = s1)를 그래프로 그린다([그림 32.5]).

	[step32_6] 평균, 분산, 표준편차의 베이지안 추정 신뢰구간: scipy.stats.bayes_mvs(data, alpha = 0.9)
| In [1]: | ```python
import numpy as np
import scipy.stats as st
import matplotlib.pyplot as plt
``` |
| In [2]: | ```python
# population
np.random.seed(1)
mu = 10        # 모평균
sigma = 2      # 모표준편차

X = st.norm(loc = mu, scale = sigma)      # random variable
# X= np.random.normal(loc = mu, scale = sigma, size = 10000)
``` |
| In [3]: | ```python
# sample
n = 10
sample = X.rvs(size = n)
# sample = np.random.choice(a = X, size = n)
``` |
| In [4]: | ```python
# default alpha = 0.9
mu0, s2, s = st.bayes_mvs(sample, alpha = 0.95)
mu0
``` |
Out [4]:	Mean(statistic=10.1211657041514, minmax=(9.768127686038278, 10.474203722264521))
In [5]:	mu0.statistic, mu0.minmax[0], mu0.minmax[1]
Out [5]:	(10.1211657041514, 9.768127686038278, 10.474203722264521)
| In [6]: | ```python
x = np.linspace(X.ppf(0.001), X.ppf(0.999), num = 100)
pdf = X.pdf(x)

plt.plot(x, pdf, 'b-')

x0, x1, x2 = mu0.statistic, mu0.minmax[0], mu0.minmax[1]

index2 = np.where(np.logical_and(x > x1, x < x2))
plt.fill_between(x[index2], y1 = 0, y2 = pdf[index2],
                color = 'g', alpha = .25)

plt.vlines(x = [x0, x1, x2],
          ymin = [0, 0, 0], ymax = [X.pdf(x0), X.pdf(x1), X.pdf(x2)],
          color = 'r', linestyle = '--', linewidth = 2)
plt.show()
``` |
```

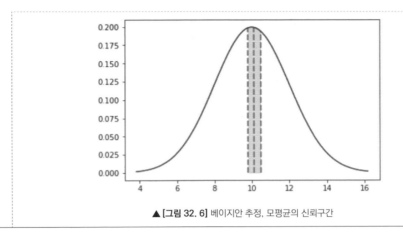

▲ [그림 32. 6] 베이지안 추정, 모평균의 신뢰구간

프로그램 설명

① scipy.stats.bayes_mvs(data, alpha = 0.9)는 표본데이터를 이용하여, 모집단의 평균, 분산, 표준편차에 대한 베이지안 신뢰구간(Bayesian confidence intervals)을 추정한다.

② In [2]는 모집단의 정규분포 확률변수 X를 생성한다. 모집단의 평균 , 표준편차 , 분산 이다.

③ In [3]은 모집단 확률변수 X로부터 표본 n = 100개를 sample에 추출한다.

④ In [4]는 st.bayes_mvs(sample, alpha = 0.95)로 베이지안 구간 추정값(estimate)인 mu, 분산 s2, 표준편차 s를 계산한다.

⑤ In [5]는 모평균 추정값을 출력한다. 모평균 추정값은 mu0.statistic = 10.12, 95% 신뢰수준의 구간은 (mu0.minmax[0] = 9.76, mu0.minmax[1] = 10.47)이다. 유사하게 모분산 추정값은 s2.statistic = 3.23, 95% 신뢰수준의 구간은 (s2.minmax[0] = 2.44, s2.minmax[1] = 4.27)이다. 모표준편차 추정값은 s.statistic = 1.79, 95% 신뢰수준의 구간은 (s.minmax[0] = 1.56, s.minmax[1] = 2.06)이다.

⑥ In [6]은 모평균 추정값 mu0.statistic, mu0.minmax[0], mu0.minmax[1]으로 그래프를 그린다([그림 32.6]).

[step32_7] 히스토그램을 이용한 분포 추정: scipy.stats.rv_histogram(histogram)

| In [1]: | ```
import numpy as np
import scipy.stats as st
import matplotlib.pyplot as plt
%matplotlib inline
``` |
|---|---|
| In [2]: | ```
np.random.seed(1)
X = st.norm(loc = 10, scale = 2)            # random variable
``` |
| In [3]: | ```
sample = X.rvs(size = 10000)
hist =np.histogram(sample, bins = 100)  # density = False
hist_dist = st.rv_histogram(hist)          # SciyPy 히스토그램 분포
``` |
In [4]:	(10.01934409773397, 1.9981110173209844, 3.992447637539499)
Out[4]:	(10.1211657041514, 1.77031242766317)
In [5]:	hist_dist.pdf(10), hist_dist.cdf(10)
Out[5]:	(0.20629185890766086, 0.4952876501195672)
In [6]:	hist_dist.ppf(0), hist_dist.ppf(1)
Out[6]:	(2.68711980149041, 18.053698089094755)
| In [7]: | ```
x = np.linspace(X.ppf(0.001), X.ppf(0.999), num = 100)
plt.plot(x, X.pdf(x), lw = 10, alpha = 0.5, label = 'pdf')
plt.plot(x, X.cdf(x), lw = 10, alpha = 0.5, label = 'cdf')
plt.plot(x, hist_dist.pdf(x), color = 'r', label = 'hist_dist.pdf')
plt.plot(x, hist_dist.cdf(x), color = 'b',label = 'hist_dist.cdf')
plt.hist(sample, density = True, bins = 100, label = 'hist', alpha = 0.5)
plt.legend()
plt.show()
``` |

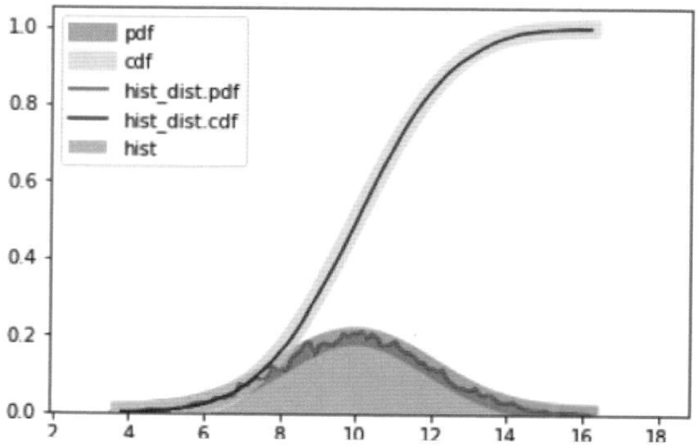

▲ [그림 32. 7] 히스토그램 분포

프로그램 설명

① 모집단의 확률 분포를 모를 때, 모집단의 분포를 추정할 수 있는 간단한 방법은 표본의 히스토그램을 이용하는 것이다. scipy.stats.rv_histogram(histogram)은 히스토그램으로부터 분포를 계산한다.

② In [2]는 모집단의 정규분포 확률변수 X를 생성한다. 모집단의 평균 $\mu = 10$, 표준편차 $\sigma = 2$, 분산 $\sigma^2 = 4$이다.

③ In [3]은 모집단 확률변수 X로부터 표본 n = 10000개를 sample에 추출한다. np.histogram()에서 빈의 개수 bins = 100으로 sample의 히스토그램을 hist에 계산한다(hist에는 빈 경계와 히스토그램이 있다). st.rv_histogram()로 hist의 확률 분포 hist_dist를 계산한다. hist_dist.pdf(), hist_dist.cdf(), hist_dist.ppf() 등을 사용할 수 있다.

④ In [4]는 히스토그램 분포 hist_dist의 평균, 표준편차, 분산을 계산한다.

⑤ In [5]의 hist_dist.pdf(10) = 0.20은 10의 확률, hist_dist.cdf(10) = 0.49는 10까지의 누적확률이다.

⑥ In [6]의 hist_dist.ppf(0) = 2.68은 누적확률이 0인 위치, hist_dist.ppf(1) = 18.05는 누적확률이 1인 위치이다. ppf() 함수는 cdf() 함수의 역함수이다.

⑦ In [7]은 X.pdf(), X.cdf(), hist_dist.pdf(x), hist_dist.cdf(x), sample의 히스토그램 등의 그래프를 그린다 ([그림 32.7]).

| [step32_8] 가우시안 커널을 이용한 1-D 분포 추정: |
| scipy.stats.gaussian_kde(dataset, bw_method = None, weights = None) |

| In [1]: | ```
import numpy as np
import scipy.stats as st
import matplotlib.pyplot as plt
%matplotlib inline
``` |
|---|---|
| In [2]: | ```
np.random.seed(1)
X1 = st.norm(loc = 2,  scale = 2)        # random variable
X2 = st.norm(loc = 10, scale = 4)        # random variable

_X1 = X1.rvs(size = 10000)
_X2 = X2.rvs(size = 10000)
sample = np.concatenate((_X1, _X2))
``` |
| In [3]: | ```
# Gaussian kernel density estimation
gkde1 = st.gaussian_kde(sample)          # 'scott'
``` |
```

```
gkde2 = st.gaussian_kde(sample, 'silverman')
gkde3 = st.kde.gaussian_kde(sample, bw_method = 0.01)
gkde4 = st.kde.gaussian_kde(sample, bw_method = 0.5)
```

In [4]:
```
x = np.linspace(X1.ppf(0.01), X2.ppf(0.99), 100)
# x = np.linspace(-10, 10, 100)
plt.plot(x, X1.pdf(x), c = 'k',label = 'X1.pdf')
plt.plot(x, X2.pdf(x), c = 'k',label = 'X2.pdf')

plt.plot(x, gkde1.pdf(x), c = 'r', label = 'gkde1: bw_method = scott')
plt.plot(x, gkde2.pdf(x), c = 'g', label = 'gkde2: bw_method = silverman')
plt.plot(x, gkde3.pdf(x), c = 'b',label = 'gkde3: bw_method = 0.01')
plt.plot(x, gkde4.pdf(x), c = 'c',label = 'gkde4: bw_method = 0.010')
plt.legend()
plt.show()
```

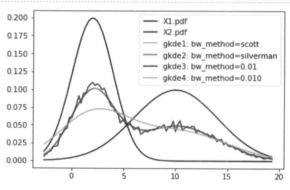

▲ [그림 32. 8] 1D 가우시안커널을 이용한 확률 분포(pdf) 추정

In [5]:	gkde1.dataset.shape
Out[5]:	(1, 20000)
In [6]:	gkde1.d, gkde1.n # dimension, # of datapoints
Out[6]:	(1, 20000)
In [7]:	gkde1.factor # gkde.covariance_factor()
Out[7]:	0.13797296614612148
In [8]:	gkde1.covariance # np.cov(sample) * gkde1.factor ** 2
Out[8]:	array([[0.49663207]])
In [9]:	gkde1.inv_cov

Out[9]:	array([[2.0135631]])
In[10]:	gkde1.integrate_box_1d(-np.inf, 10), gkde1.integrate_box_1d(10, np.inf)
Out[10]:	(0.7473806834047451, 0.2526193165952551)
In[11]:	x = np.linspace(X1.ppf(0.01), X2.ppf(0.99), 100) cdf = np.vectorize(lambda x: gkde1.integrate_box_1d(-np.inf, x)) plt.plot(x, gkde1.pdf(x), c = 'r', label = 'gkde1.pdf') plt.plot(x, cdf(x), c = 'b',label = 'gkde1.cdf') plt.legend() plt.show()

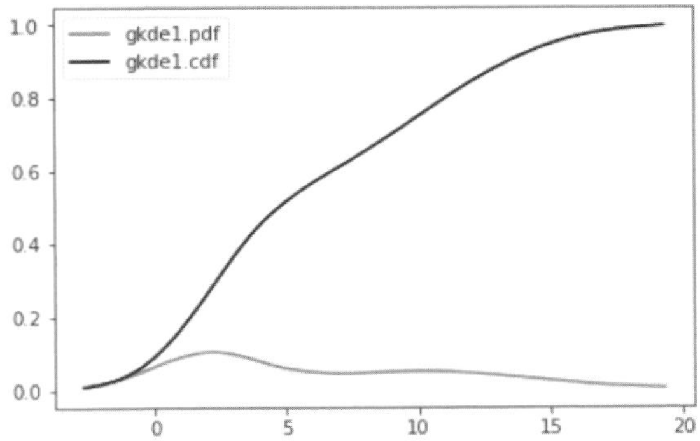

▲ [그림 32. 9] 1D 가우시안커널의 누적분포함수(cdf)

프로그램 설명

① scipy.stats.gaussian_kde(dataset, bw_method = None, weights = None)은 가우시안 커널을 이용하여 확률 분포를 추정한다. bw_method는 스무딩 인수로 자동으로 계산하는 방법은 'scott', 'silverman'이 있고, 상수를 사용할 수 있다. bw_method = None이면 'scott' 방법으로 계산한다. weights는 데이터의 가중치이다. 여기서는 가우시안 커널을 이용하여 1-차원 확률 분포를 추정한다.

② In [2]는 정규분포 확률변수 X1, X2로부터 각각 10,000개의 표본을 _X1, _X2에 추출하여 20,000개의 표본을 갖는 sample을 생성한다. sample.shape = (2, 20000)이다.

③ In [3]은 서로 다른 스무딩 파라미터(bw_method)로 가우시안 커널을 이용하여 확률 분포를 추정한다. gkde1은 'scott', gkde2은 'silverman', gkde3은 0.01, gkde4는 0.9의 스무딩 파라미터로 계산한다.

④ In [4]는 X1.pdf(), X2.pdf(), gkde1.pdf(x), gkde2.pdf(x), gkde3.pdf(x), gkde4.pdf(x)의 그래프를 그린

다([그림 32.8]). gkde1.pdf(x)와 gkde2.pdf(x)는 거의 같고, bw_method = 0.01인 gkde3.pdf(x)와 비교하여 bw_method = 0.5인 gkde4.pdf(x)가 부드러운 것을 알 수 있다.

⑤ In [5]에서 In [9]는 gaussian_kde의 속성을 확인한다. 여기서는 gkde1의 속성을 확인한다. gkde1.dataset은 데이터 배열이고, gkde1.d는 차원, gkde1.n는 데이터의 개수, gkde1.factor는 스무딩 인수, gkde1.covariance는 분산으로 np.cov(sample) * gkde1.factor ** 2와 같은 값이다. gkde1.inv_cov는 분산의 역수이다.

⑥ In [10]에서 gkde1.integrate_box_1d()로 −np.inf에서 10까지의 확률 분포를 적분하면 0.747이고, 10에서 np.inf까지의 확률 분포를 적분하면 0.253이다.

⑦ In [11]은 gkde1.integrate_box_1d() 함수를 벡터화하여 누적분포함수 cdf를 계산하고, gkde1.pdf(x)과 cdf(x)의 그래프를 그린다([그림 32.9]).

[step32_9] 가우시안 커널을 이용한 2-D 분포 추정: sscipy.stats.gaussian_kde(dataset)	
| In [1]: | ```python
import numpy as np
import scipy.stats as st
import matplotlib.pyplot as plt
%matplotlib inline
``` |
| In [2]: | ```python
np.random.seed(1)
X1 = st.multivariate_normal(mean = [-2, -2],
                                    cov = [[1, 0.1],[0.1, 2]])
X2 = st.multivariate_normal(mean = [1, 1],
                                    cov = [[2.0, 0.2],[0.2, 1]])
_X1 = X1.rvs(size = 100)
_X2 = X2.rvs(size = 100)
sample = np.concatenate((_X1, _X2)).T      # shape = ( 2, 200)
gkde = st.gaussian_kde(sample)        # 2-D shape(#of dims, #of data)
``` |
| In [3]: | ```python
xmin, xmax = -5, 5
ymin, ymax = -5, 5

# Peform the kernel density estimate
xx, yy = np.mgrid[xmin:xmax:100j, ymin:ymax:100j]
points = np.vstack([xx.ravel(), yy.ravel()])        # shape = (2, 10000)

pdf1 = np.reshape(X1.pdf(points.T), xx.shape)    # shape = (100, 100)
pdf2 = np.reshape(X2.pdf(points.T), xx.shape)
pdf3 = np.reshape(gkde.pdf(points), xx.shape)
``` |
```

In [4]:
```
plt.gca().set_aspect('equal')
# plt.xlim(xmin, xmax)
# plt.ylim(ymin, ymax)

# pdf1
plt.contourf(xx, yy, pdf1, cmap = 'Blues')
plt.contour(xx, yy, pdf1, colors = 'k')

# pdf2
plt.contourf(xx, yy, pdf2, cmap = 'Reds', alpha = 0.5)
cset = plt.contour(xx, yy, pdf2, colors = 'k')
# plt.clabel(cset, inline = 1, fontsize = 10)

# sample: _X1, _X2
plt.scatter(x=_X1[:,0],y = _X1[:,1],c = 'r', alpha = 0.5, label = 'X1')
plt.scatter(x=_X2[:,0],y = _X2[:,1],c = 'b', alpha = 0.5, label = 'X2')
plt.title("2D Normal Distribution: X1, X2")
plt.legend()
plt.show()
```

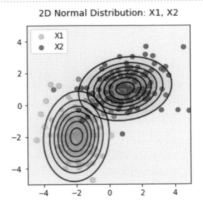

▲ [그림 32. 10] X1, X2 정규분포의 등고선과 표본

In [5]:
```
# kernel-density estimate using Gaussian kernels
plt.gca().set_aspect('equal')
# pdf3
plt.contourf(xx, yy, pdf3, cmap = 'Blues')
cs = plt.contour(xx, yy, pdf3, colors = 'k')
# plt.clabel(cs, inline = 1, fontsize = 10)
```

```
# sample: _X1, _X2
plt.scatter(x=_X1[:,0],y=_X1[:,1],c = 'r', alpha = 0.5, label = 'X1')
plt.scatter(x=_X2[:,0],y=_X2[:,1],c = 'b', alpha = 0.5, label = 'X2')
plt.title("Gaussian kernel-density estimate")
plt.legend()
plt.show()
```

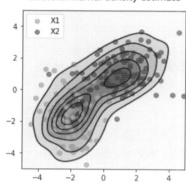

▲ [그림 32. 11] 2D 가우시안 커널을 이용한 확률 분포(pdf) 추정

In [6]:	gkde.dataset.shape, gkde.d, gkde.n
Out[6]:	((2, 200), 2, 200)
In [7]:	gkde.covariance # np.cov(sample) * gkde.factor ** 2
Out[7]:	array([[0.66711108, 0.38932808], [0.38932808, 0.55019206]])
In [8]:	gkde.inv_cov
Out[8]:	array([[2.55353543, -1.80693818], [-1.80693818, 3.09617657]])
In [9]:	gkde.integrate_box(low_bounds = (-4, -4), high_bounds = (4, 4))
Out[9]:	0.9211529520520876

In[10]:	# kernel-density estimate using Gaussian kernels
	# pdf3
	plt.gca().set_aspect('equal')
	plt.contourf(xx, yy, pdf3, cmap = 'Blues')
	cs = plt.contour(xx, yy, pdf3, colors = 'k')
	plt.clabel(cs, inline = 1, fontsize = 10)

```
pdf = gkde(sample)
sample2 = sample[:, pdf > 0.02]
print('sample2.shape=', sample2.shape)

plt.scatter(x=sample2[0],y = sample2[1], c = 'r', alpha = 0.5,
          label = 'sample2')
plt.title("Gaussian kernel-density estimate")

plt.legend()
plt.show()
```

sample2.shape= (2, 147)

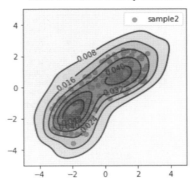

▲ **[그림 32. 12]** 2D 확률분포를 이용한 잡음제거

In[11]:
```
# Mahalanobis distance using gkde.inv_cov in (xx, yy)
# xx, yy = np.mgrid[xmin:xmax:100j, ymin:ymax:100j]

# points = np.c_[xx.ravel(), yy.ravel()]      # shape = (10000, 2)
points = points.T                             # shape = (10000, 2)
mu = np.mean(sample, axis = 1)
points_mu = points - mu
dM = np.empty_like(xx).flatten()
for i, X in enumerate(points_mu):
    dM[i] = np.dot(np.dot(X.T, gkde.inv_cov), X)

 dM = dM.reshape(xx.shape)
dM.shape
```

Out[11]:
(100, 100)

In[12]:

```
plt.gca().set_aspect('equal')
levels = np.arange(0, 20, 2)          # np.arange(0, dM.max(), 2)
CS = plt.contour(xx, yy, dM,levels)
plt.clabel(CS, levels[1::2],colors = 'r', fmt = '%.1f', fontsize = 14)

plt.axhline(y = mu[1], color = 'k', linewidth = 1)
plt.axvline(x = mu[0], color = 'k', linewidth = 1)
plt.scatter(x = sample[0], y = sample[1], c = 'b', alpha = 0.9)
plt.show()
```

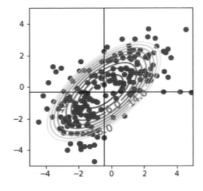

▲ [그림 32. 13] gkde.inv_cov를 이용한 마하라노비스 거리 계산

프로그램 설명

① scipy.stats.gaussian_kde(dataset, bw_method = None, weights = None)로 가우시안 커널을 이용하여 2-D 확 률분포를 추정한다. 표본에서 확률이 낮은 데이터를 제거하고, 공분산 행렬을 이용한 마하라노비스([step30_4] 참고) 거리를 계산한다.

② In [2]는 정규분포 확률변수 X1, X2로부터 각각 100개의 표본을 _X1, _X2에 추출하여 200개의 표본을 갖는 sample을 생성한다. sample.shape = (2, 200)이다. st.gaussian_kde()에서 디폴트 스무딩 'scott' 방법으로 sample의 확률분포 gkde를 추정한다.

③ In [3]은 X1, X2, gkde 분포의 2차원 좌표배열 points에서 확률을 X1.pdf(points.T), X2.pdf(points.T), gkde.pdf(points)로 계산하고, 100×100 모양으로 변경하여 각각 pdf1, pdf2, pdf3 배열에 생성한다.

④ In [4]는 X1, X2 분포의 2차원 좌표배열 points에서 확률 pdf1, pdf2의 등고선을 그리고, 표본데이터 _X1, _X2를 투명도 alpha = 0.5로 표시한다([그림 32.10]).

⑤ In [5]는 가우시안 커널을 사용하여 추정한 확률 분포 gkde로부터 계산한 pdf3의 등고선과 표본을 표시한다([그림 32.11]).

⑥ In [6]에서 In [8]은 gaussian_kde의 속성을 확인한다. gkde.dataset은 데이터 배열이고, gkde.d = 2차원, gkde.n = 200개의 데이터이다. gkde.covariance는 2×2 공분산 행렬로 np.cov(sample) * gkde.factor ** 2와 같다. gkde.inv_cov는 공분산 행렬의 역행렬이다.

⑦ In [9]는 gkde.integrate_box()로 low_bounds = (−4, −4), high_bounds = (4, 4)의 사각 영역의 확률 분포를 적분하여 0.92를 계산한다.

⑧ In [10]은 gkde(sample)로 표본 sample의 확률을 pdf에 계산하고, 확률이 pdf 〉 0.02인 표본데이터만 sample2에 생성하여 등고선과 함께 표시한다([그림 32.12]). 확률이 임계값 0.02보다 낮은 표본은 제거된 것을 볼 수 있다.

⑨ In [11]은 확률 분포의 공분산 행렬의 역행렬 gkde.inv_cov를 이용하여 마하라노비스 거리를 dM에 계산한다.

⑩ In [12]는 마하라노비스 거리 dM의 levels 배열의 등고선을 표본과 함께 표시한다([그림 32.13]).

Step 33 ─ 가설검정(hypotheses test)

가설검정(hypotheses test)은 모집단의 모수(평균, 분산, 비율)에 대한 가설을 세우고, 가설이 맞는지(채택, accept) 또는 틀리는지(기각, reject) 판단하는 통계적인 추론방법이다. 여기서는 검정오류에 대해서는 다루지 않는다.

가설검정은 귀무가설(null hypothesis, H_0)과 대립가설(alternative hypothesis, H_1)을 설정하고, 검정 통계량과 유의수준을 선택하고, 귀무가설을 채택/기각할 영역을 계산하고, 검정 통계량을 계산하여 기각영역과 비교하여 귀무가설을 기각하거나 채택한다.

귀무가설(null hypothesis, H_0)은 일반적인 또는 기존 입장을 지지하는 가설이다. 그렇지 않다는 증거가 나타나기 전까지는 귀무가설은 참으로 가정한다.

대립가설(alternative hypothesis, H_1)은 귀무가설에 반대되는 것으로, 새로운 주장의 가설이다. 연구자가 새롭게 입증하거나 주장하고 싶은 가설을 대립가설로 설정한다.

① 귀무가설과 대립가설의 설정

귀무가설과 대립가설은 표본으로부터 추론하고 싶은 모집단에 대해 설정한다. 예를 들어, 모집단이 특정 집단 구성원의 키(height)라 할 때, 귀무가설을 '모집단의 평균 키가 170이다'로 설정하면, 대립가설은 '모집단의 평균 키가 170이 아니다' 또는 '모집단의 평균 키가 170보다 작다', '모집단의 평균 키가 170보다 크다'와 같이 3가지로 설정할 수 있다.

$$H_0 : \mu = 170$$
$$H_1 : \mu < 170 \quad \text{좌측검정(left/lower-tailed test)}$$
$$H_1 : \mu > 170 \quad \text{우측검정(right/upper-tailed test)}$$
$$H_1 : \mu \neq 170 \quad \text{양측검정(two/double-tailed test)}$$

② 검정 통계량 계산

모집단에 대한 가정에 따라 모집단/표본의 개수에 따라 검정방법을 설정하고, 검정 통계량(test statistic)을 계산한다. [표 33.1]은 주요 검정 통계량이다(참고: https://en.wikipedia.org/wiki/Test_statistic).

▼**[표 33.1]** 주요 검정 통계량(test statistic)

test 이름	test statistic	비고
z-test (단일 표본)	$z = \dfrac{\overline{x} - \mu_0}{\sigma / \sqrt{n}}$	모집단: 정규분포 가정: σ known
t-test (단일 표본)	$t = \dfrac{\overline{x} - \mu_0}{s / \sqrt{n}}, df = n - 1$	모집단: 정규분포 가정: σ unknown
z-test (두 표본)	$z = \dfrac{\overline{x_1} - \overline{x_2} - (\mu_1 - \mu_2)}{\sqrt{\dfrac{\sigma_1^2}{n_1} + \dfrac{\sigma_2^2}{n_2}}}$	모집단: 정규분포 가정: σ unknown
pooled t-test (두 표본)	$t = \dfrac{\overline{x_1} - \overline{x_2} - (\mu_1 - \mu_2)}{s_p \sqrt{\dfrac{1}{n_1} + \dfrac{1}{n_2}}}$ $s_p = \sqrt{\dfrac{(n_1 - 1)s_1^2 + (n_2 - 1)s_2^2}{n_1 + n_2 - 2}}$	같은 분산: $\sigma_1^2 = \sigma_2^2$ s_p: pool 표본 표준편차
unpooled t-test (Welch's t-test) (두 표본)	$t = \dfrac{\overline{x_1} - \overline{x_2} - (\mu_1 - \mu_2)}{\sqrt{\dfrac{s_1^2}{n_1} + \dfrac{s_2^2}{n_2}}}$ $df = \dfrac{(s_1^2/n_1 + s_2^2/n_2)^2}{(s_1^2/n_1)^2/(n_1 - 1) + (s_2^2/n_2)^2/(n_2 - 1)}$	다른 분산: $\sigma_1^2 \neq \sigma_2^2$

paired t-test (두 표본)	$$t = \frac{\bar{d} - (\mu_1 - \mu_2)}{s_d / \sqrt{n}}$$	관련 있는 두 표본 $\bar{d}$: 차이 표본평균 s_d : 차이 표본 표준편차
Chi-squared test (goodness of fit)	$$\chi^2 = \sum_{i=1}^{k} \frac{(O_i - E_i)^2}{E_i}$$	분포 적합성 O_i : 관찰 빈도수 E_i : 기대 빈도수
F-test (두 표본)	$$F = \frac{s_1^2}{s_2^2}$$	s_1^2, s_2^2 : 집단의 표본분산

③ 통계적 의사결정(귀무가설 기각/채택)

유의수준(level of significance, α)을 선택한다. $\alpha = 0.05$ (5%)이면 귀무가설 채택영역이 95%이고, 기각영역 (rejection region)이 5%이다. 유의수준이 커지면 기각영역은 커진다. 귀무가설 기각/채택을 결정하는 방법은 임계값 방법과 유의확률(p-value) 방법이 있다.

ⓐ 임계값 방법

임계값(critical value)은 귀무가설을 채택과 기각의 기준값이다. 임계값을 계산하여 확률변수 값(확률 분포의 x-축)의 기각영역을 계산한다. 임계값은 유의수준, 와 대립가설에 따라 계산한다. [표 33.2]는 대립가설에 따른 임계값과 기각영역을 보여준다. 검정 통계량이 기각영역에 있으면 귀무가설을 기각한다(대립가설을 채택한다). 임계값은 누적분포함수의 역함수인 ppf(percent point function) 함수로 계산한다. 양측검정에서 양측검정의 임계값은 두 개이다(대칭이면 부호가 다르다).

▼[표 33.2] 대립가설에 따른 임계값, 기각영역, 정규분포의 임계값 계산

대립가설	임계값(cv), 유의수준(alpha)	기각영역(rejection region)
좌측검정 (left-tailed)	$P(X \leq cv) = \alpha$ cv = st.norm.ppf(alpha)	검정 통계량 $\leq cv$
우측검정 (right-tailed)	$P(X \geq cv) = \alpha$ cv = st.norm.ppf(1 − alpha)	검정 통계량 $\geq cv$
양측검정 (right-tailed)	$P(X \leq cv_1) = \alpha/2$ $P(X \geq cv_2) = \alpha/2$ cv1 = st.norm.ppf(alpha / 2) cv2 = st.norm.ppf(1 − alpha / 2)	검정 통계량 $\leq cv_1$ 또는 검정 통계량 $\geq cv$

ⓑ 유의확률(p-value) 방법

유의확률(significance probability, p-value)의 정의는 귀무가설이 참일 때, 데이터로 관측된 것보다 더 극단적인(more extreme) 표본을 얻을 확률이다(참고: https://en.wikipedia.org/wiki/P-value).

[표 33.3]은 대립가설에 따른 유의확률(p-value)이다. 유의확률(p-value)이 유의수준(α)보다 작으면 귀무가설을 기각한다(대립가설을 채택한다). 유의확률은 누적분포함수(cdf)를 사용하여 계산한다. 양측검정에서 대칭분포(정규분포, t-분포)이면 한쪽의 2배로 계산할 수 있다.

$$reject \; H_0 \; (accept \; H_1) \; if \; p-value \leq \alpha$$

▼[표 33.3] 대립가설에 따른 유의확률(p-value), 정규분포의 임계값 계산

대립가설	유의확률(p-value), ts : 검정통계량
좌측검정 (left-tailed)	$P(X \leq ts) = cdf(ts)$ pvalue = st.norm.cdf(ts)
우측검정 (right-tailed)	$P(X \geq ts) = 1 - cdf(ts)$ pvalue = 1-st.norm.cdf(ts)
양측검정 (right-tailed)	$P(X \leq -\lvert ts \rvert) + P(X \geq \lvert ts \rvert)$ $\quad = cdf(-\lvert ts \rvert) + 1 - cdf(\lvert ts \rvert)$ pvalue = 2*(1- st.norm.cdf(ts))

[step33_1] 단일 표본 모평균 z-검정: 모분산(σ^2)을 아는 경우

In [1]:
```python
import numpy as np
import scipy.stats as st
import matplotlib.pyplot as plt
%matplotlib inline
```

In [2]:
```python
mu0 = 170          # 모 평균 검정
sigma = 2          # 모표준편차, 모분산: 알고 있음
# x = st.norm(loc = 170, scale = 2).rvs(n, random_state = 0)
x = np.array([173, 170, 171, 174, 173, 168, 172, 169, 169 , 170])
```

In [3]:
```python
# z-statistic
xbar = np.mean(x)   # sample mean
z = (xbar - mu0) / (sigma / np.sqrt(len(x)))
print('z=', z)
```
```
z= 1.4230249470757796
```

In [4]:
```python
# H0: mu = mu0
# H1: mu > mu0      # right-tailed z-test
alpha = 0.05          # 유의수준
pvalue = 1 - st.norm.cdf(z) # right-tailed, pvalue = Pr(X >= z)
print('pvalue =', pvalue )

if pvalue <= alpha:               # reject region: st.norm.ppf(1 - alpha) <= z
    print('reject H0, ')
else:
    print('accept H0')
```

```
pvalue = 0.07736446174268796
accept H0
```

In [5]:
```
# H0: mu = mu0
# H1: mu < mu0                    # left-tailed z-test

pvalue = st.norm.cdf(z)          # left-tailed z-test, pvalue = Pr(X <= z)
print('pvalue =',pvalue )
if pvalue <= alpha:              # reject region: st.norm.ppf(1 - alpha) <= z
    print('reject H0')
else:
    print('accept H0')
```

```
pvalue = 0.07736446174268796
accept H0
```

In [6]:
```
# H0: mu = mu0
# H1: mu != mu0                   # two-tailed z-test
# reject region:
#    st.norm.ppf(alpha / 2) >= z or st.norm.ppf(1 - alpha / 2) <= z
# two-tailedt, pvalue = 2 * Pr(X >= z)
pvalue = 2 * (1 - st.norm.cdf(np.abs(z)))
print('pvalue =', pvalue )

if pvalue <= alpha:
    print('reject H0')
else:
    print('accept H0')
```

```
pvalue = 0.15472892348537592
accept H0
```

In [7]:
```
X = st.norm() # 표준정규분포 확률변수
x = np.linspace(X.ppf(0.001), X.ppf(0.999), num = 100)

plt.plot (x, X.pdf(x), color = 'b')
left_x  = x[x<=-z]
right_x = x[x>=z]
plt.fill_between(right_x, y1 = 0, y2 = X.pdf(right_x),
          color = 'r', alpha = .5)
plt.fill_between(left_x, y1 = 0, y2 = X.pdf(left_x),
          color = 'r', alpha = .5)
plt.show()
```

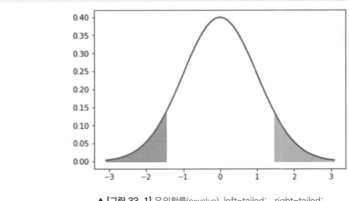

▲ [그림 33. 1] 유의확률(p-value), left-tailed: , right-tailed:

프로그램 설명

① 단일 표본 z-검정은 모분산(σ^2)을 알고 있는 단일 모집단에서 모평균(μ)을 검정한다. z-통계량을 계산하고, 유의확률(p-value)을 계산하여, 유의확률이 유의수준(alpha)보다 같거나 작으면 귀무가설을 기각한다(z가 기각영역에 있는지를 판단해도 된다). 귀무가설(H_0)은 $\mu = 170$이고, 대립가설(H_1) 3가지에 대해 각각 검정한다.

      $H_1 : \mu \neq 170$ 양측 검정(two-tailed test)
      $H_1 : \mu < 170$ 단측 검정(left-tailed test)
      $H_1 : \mu > 170$ 단측 검정(right-tailed test)

② In [2]는 $\mu_0 = 170$ 이 모집단의 모평균인지 검정할 표본을 배열 x에 생성한다. 모분산을 알고 있다고 가정하므로, 모집단의 표준편차 $\sigma = 2$는 알고 있다. 실험을 위해, 표본 x를 $N(\mu = 170, \sigma = 2)$인 정규분포에서 생성한다. 그러므로 3가지 검정 모두에서 귀무가설이 채택될 것이다.

③ In [3]은 표본으로부터 z-통계량을 계산한다. z = 1.42이다.

$$z = \frac{\overline{x} - \mu_0}{\sigma / \sqrt{n}}$$

④ In [4]는 귀무가설(H_0): mu = mu0, 대립가설(H_1): mu〉mu0에 대해 우측 z-검정을 유의수준 alpha = 0.05(95% 신뢰수준)로 수행한다. 기각영역은 st.norm.ppf(1- alpha) 〈= z이다. 여기서는 유의확률(p-value)을 계산하여 판단한다. 오른쪽 유의확률(right-tailed p-value)([그림 33.1]의 빨간색 영역 확률)은 pvalue = (1 - st.norm.cdf(z))로 계산한다. pvalue = 0.07 〉 alpha = 0.05이므로, 귀무가설을 채택한다(모평균은 mu = 170이다). 즉, 유의수준 0.05에서 귀무가설을 기각할 증거가 없다.

⑤ In [5]는 귀무가설(H_0): mu = mu0, 대립가설(H_1): mu 〈 mu0에 대해 좌측 z-검정을 유의수준 alpha =

0.05로 수행한다. 기각영역은 st.norm.ppf(1 − alpha) <= z이다. 좌측 유의확률(left–tailed p–value)은 pvalue = st.norm.cdf(z)로 계산한다([그림 33.1]의 파란색 영역 확률). pvalue = 0.92 > alpha = 0.05이 므로, 귀무가설을 채택한다. 즉, 유의수준 0.05에서 귀무가설을 기각할 증거가 없다.

⑥ In [6]은 귀무가설(H_0): mu = mu0, 대립가설(H_1): mu != mu0에 대해 양측 z–검정을 유의수준 alpha = 0.05로 수행한다. 양쪽 확률의 합계가 alpha이므로 기각영역은 st.norm.ppf(alpha/2) >= z 또는 st.norm. ppf(1 − alpha / 2) <= z 이다. 양측 유의확률(two–tailed p–value)은 정규분포가 대칭이므로 pvalue = 2 * (1 − st.norm.cdf(np.abs(z)))로 계산한다. pvalue = 0.15 > alpha = 0.05이므로, 귀무가설을 채택 한다. 즉, 유의수준 0.05에서 귀무가설을 기각할 의미 있는 증거가 없다.

⑦ In [7]은 표준정규분포 확률변수 X의 확률밀도함수를 그래프로 그리고, left_x = x[x <= −z]인 영역(left– tailed p–value)을 파란색(color = 'b')으로 채우고, right_x = x[x >= z]인 영역(right–tailed p–value)을 빨간색(color = 'r')으로 채워 표시한다([그림 33.1]).

[step33_2] 단일 표본 모평균 t-검정: 모분산(σ^2)을 모르는 경우

| In [1]: | ```import numpy as np
import scipy.stats as st
import matplotlib.pyplot as plt
%matplotlib inline``` |
|---|---|
| In [2]: | ```mu0 = 170   # 모평균 검정
# x = st.norm(loc = 170, scale = 2).rvs(n, random_state = 0)
x = np.array([173, 170, 171, 174, 173, 168, 172, 169, 169 , 170])``` |
| In [3]: | ```# t-statistic
xbar = np.mean(x)   # sample mean
s = np.std(x, ddof = 1)   # sample standard deviation
n = len(x)
t = (xbar − mu0) / (s / np.sqrt(n))   # t-statistic
print('t=', t)``` |
| | t= 1.4055638569974636 |
| In [4]: | ```# H0: mu = mu0
# H1: mu > mu0   # right-tailed z-test
alpha = 0.05 # 유의수준
# H0: mu = mu0
# H1: mu > mu0
alpha = 0.05   # 유의수준``` |

```
# right-tailed t-test
pvalue = 1 − st.t.cdf(t, n − 1)  #  pvalue = Pr(X >= t)
print('pvalue =', pvalue )

if pvalue <= alpha:              # reject region: st.t.ppf(1− alpha, n−1) <= t
    print('reject H0')
else:
    print('accept H0')
```

```
pvalue = 0.09671102980166468
accept H0
```

In [5]:
```
# H0: mu = mu0
# H1: mu < mu0

# left-tailed t-test
pvalue = st.t.cdf(t, n − 1)      #  pvalue = Pr(X <= t)
print('pvalue =', pvalue )

if pvalue <= alpha:              # reject region: st.t.ppf(alpha, n−1) >= t
    print('reject H0')
else:
    print('accept H0')
```

```
pvalue = 0.9032889701983353
accept H0
```

In [6]:
```
# H0: mu = mu0
# H1: mu != mu0              # two-tailed t-test
# reject region:
#    st.t.ppf(alpha / 2, n − 1) >= t or st.t.ppf(1 − alpha / 2, n − 1) <= t

pvalue = 2 ∗ (1 − st.t.cdf(t, n − 1))    # pvalue = 2 ∗ Pr(X >= t)
print('pvalue =', pvalue )

if pvalue <= alpha:
    print('reject H0')
else:
    print('accept H0')
```

```
pvalue = 0.15472892348537592
accept H0
```

In [7]:	t, pvalue = st.ttest_1samp(x, popmean = mu0) t, pvalue
Out[7]:	(1.4055638569974636, 0.1934220596033295)

In [8]:	```
	X = st.t(n - 1) # ddof = n - 1, t-분포 확률변수
	x = np.linspace(X.ppf(0.001), X.ppf(0.999), num = 100)
	
	plt.plot (x, X.pdf(x), color = 'b')
	left_x = x[x <= -t]
	right_x= x[x >= t]
	
	plt.fill_between(left_x, y1 = 0, y2 = X.pdf(left_x),
	            color = 'b', alpha=.5)
	plt.fill_between(right_x, y1 = 0, y2 = X.pdf(right_x),
	            color = 'r', alpha=.5)
	plt.show()
	``

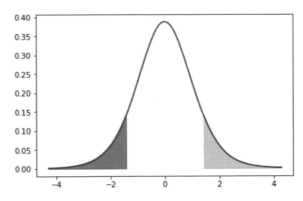

▲ [그림 33. 2] t-test 유의확률(p-value): left-tailed: $\Pr(X \leq t)$, right-tailed: $\Pr(X \geq t)$

프로그램 설명

① 단일 표본 t-검정은 모분산(σ^2)을 모르는 단일 모집단에서 모평균(μ)을 검정한다. t-통계량을 계산하고, 유의확률(p-value)을 계산하여 유의확률이 유의수준(alpha)보다 같거나 작으면 귀무가설(H_0)을 기각한다. scipy.stats.ttest_1samp(a, popmean)는 표본 배열 a를 사용하여 모평균 popmean에 대해 양측검정을 수행한다.

② In [2]는 표본 배열 x에 생성한다. 표본 x의 모집단의 모평균이 $\mu_0 = 170$인지 검정한다.

③ In [3]은 표본으로부터 t-통계량을 계산한다. t = 1.40이다. 모분산을 모르기 때문에, 표본의 표준편차 s를 계산하여 사용한다.

$$t = \frac{\bar{x} - \mu_0}{s/\sqrt{n}}$$

④ In [4]는 귀무가설(H_0) mu = mu0과 대립가설(H_1) mu > mu0에 대해 우측 t-검정을 유의수준 alpha = 0.05(95% 신뢰수준)로 수행한다. 기각영역은 st.t.ppf(1 − alpha, n − 1) <= t이다. 오른쪽 유의확률 (right−tailed p−value)([그림 33.2]의 빨간색 영역 확률)은 자유도 n − 1인 t−분포를 이용하여 pvalue = (1 − st.t.cdf(t, n − 1))로 계산한다. pvalue = 0.09 > alpha = 0.05이므로, 귀무가설을 채택한다. 즉, 유의수준 0.05에서 귀무가설을 기각할 증거가 없다.

⑤ In [5]는 귀무가설(H_0) mu = mu0과 대립가설(H_1) mu < mu0에 대해 좌측 t-검정을 유의수준 alpha = 0.05로 수행한다. 기각영역은 st.t.ppf(alpha, n − 1) >= t이다. 좌측 유의확률(left−tailed p−value)은 pvalue = st.t.cdf(t, n − 1)로 계산한다([그림 33.2]의 파란색 영역 확률). pvalue = 0.90 > alpha = 0.05 이므로, 귀무가설을 채택한다. 즉, 유의수준 0.05에서 귀무가설을 기각할 증거가 없다.

⑥ In [6]은 귀무가설(H_0) mu = mu0과 대립가설(H_1) mu != mu0에 대해 양측 t-검정을 유의수준 alpha = 0.05로 수행한다. 기각영역은 st.t.ppf(alpha / 2, n − 1) >= t 또는 st.t.ppf(1 − alpha / 2, n − 1) <= t이다. 양측 유의확률(two−tailed p−value)은 t−분포가 대칭이므로, pvalue = 2 * (1 − st.t.cdf(t, n − 1))로 계산한다. pvalue = 0.19 > alpha = 0.05이므로, 귀무가설을 채택한다. 즉, 유의수준 0.05에서 귀무가설을 기각할 증거가 없다.

⑦ In [7]은 st.ttest_1samp(x, popmean = mu0)로 귀무가설(H_0) mu = mu0과 대립가설(H_1) mu != mu0에 대해 양측 t-검정의 t-통계량과 pvalue를 계산한다. In [6]의 결과와 같다.

⑧ In [8]은 자유도 n−1인 t−분포 확률변수 X의 확률밀도함수를 그래프로 그리고, left_x = x[x <= −t]인 영역 (left−tailed p−value)을 파란색(color = 'b')으로 채우고, right_x = x[x >= t]인 영역(right−tailed p−value) 을 빨간색(color = 'r')으로 채워 표시한다([그림 33.2]).

[step33_3] 두 표본 모평균 z-검정: 모분산을 아는 경우	
In [1]:	import numpy as np import scipy.stats as st
In [2]:	sigma1 = 5 sigma2 = 10 np.random.seed(1) x1 = st.norm.rvs(loc = 5, scale = sigma1, size = 100) x2 = st.norm.rvs(loc = 7, scale = sigma2, size = 200)

| In [3]: | ```
n1 = len(x1)
n2 = len(x2)
xbar1 = np.mean(x1)      # sample mean of x1
xbar2 = np.mean(x2)      # sample mean of x2

z = (xbar1 - xbar2) /
    (np.sqrt(sigma1 ** 2 / n1 + sigma2 ** 2 / n2))     # z-statistic
print('z=', z)
``` |
| | z= -2.8984936129659173 |
| In [4]: | ```
# H0: mu1 = mu2 :
#     There is no statistically significant difference
#     between the samples
# H1: mu1 != mu2          # two-tailed z-test

pvalue = 2 * (1 - st.norm.cdf(abs(z)))       # pvalue = 2 * Pr(X >= z)
print('pvalue =', pvalue )

alpha = 0.05
if pvalue <= alpha:
    print('reject H0')
else:
    print('accept H0')
``` |
| | pvalue = 0.003749599458124475
reject H0 |

프로그램 설명

① 두 표본 모평균 z-검정은 모분산(σ_1^2, σ_2^2)을 알고 있는 두 모집단에서 독립 표본을 이용하여 모평균(μ_1, μ_2)을 검정한다. 두 개의 독립 표본 x1, x2에 대한 모집단의 모평균이 같은지($\mu_1 = \mu_2$, $\mu_1 - \mu_2 = 0$)를 검정한다.

② In [2]는 정규분포 $N(\mu_1 = 5, \sigma_1 = 5)$에서 100개의 표본을 x1에 생성하고, $N(\mu_2 = 7, \sigma_2 = 10)$에서 200개의 표본을 x2에 생성한다. 표본 x1, x2를 사용하여 모집단의 모평균이 같은지를 검정한다.

③ In [3]은 모분산은 안다고 가정하고, z-통계량을 계산한다. z = -2.89이다. 귀무가설이 $\mu_1 = \mu_2$이므로, 모평균의 차이는 $\mu_1 - \mu_2 = 0$이다.

$$z = \frac{\overline{x_1} - \overline{x_2}}{\sqrt{\dfrac{\sigma_1^2}{n_1} + \dfrac{\sigma_2^2}{n_2}}}$$

④ In [4]는 귀무가설(H_0) mu1 = mu2와 대립가설(H_1) mu1 != mu2에 대해 양측 z−검정을 유의수준 alpha = 0.05(95% 신뢰수준)로 수행한다. 양측 유의확률(two−tailed p−value)은 pvalue = 2 *(1 − st.norm. cdf(abs(z)))로 계산한다. pvalue = 0.0.003 〈 alpha = 0.05이므로, 유의수준 alpha = 0.05(95% 신뢰수준)로 귀무가설을 기각한다. 즉, 두 표본의 모집 단의 모평균은 같지 않다.

[step33_4] 두 표본 모평균 t−검정: 모분산을 모르는 경우	
In [1]:	``` import numpy as np import scipy.stats as st ```

In [2]:	```
	np.random.seed(1)
	# equal population variances
	x1 = st.norm.rvs(loc = 5, scale = 5, size = 100)
	x2 = st.norm.rvs(loc = 7, scale = 5, size = 200)
	
	n1 = len(x1)
	n2 = len(x2)
	xbar1 = np.mean(x1) # sample mean of x1
	xbar2 = np.mean(x2) # sample mean of x2
	``

In [3]:	```
	#1: pooled t−test, equal variances
	v1 = np.var(x1, ddof = 1) # sample variance
	v2 = np.var(x2, ddof = 1) # sample variance
	sp = np.sqrt(((n1 − 1) * v1 + (n2 − 1) * v2) / (n1 + n2 − 2))
	t = (xbar1 − xbar2) / (sp * np.sqrt(1 / n1 + 1 / n2)) # t−statistic
	print('t=', t)
	
	# two−tailed
	# pvalue = 2 * Pr(X >= t)
	pvalue = 2 * (1 − st.t.cdf(abs(t), (n1 + n2 − 2)))
	print('pvalue =', pvalue)
	``
	
	t= −3.6276392175284404
	pvalue = 0.0003364048307923362

In [4]:	``` t, pvalue = st.ttest_ind(x1, x2) # two−tailed t−test t, pvalue ```
Out[4]:	(−3.6276392175284404, 0.0003364048307923215)
In [5]:	``` # H0: mu1 = mu2 # H1: mu1 != mu2 # two−tailed t−test ```

```
alpha = 0.05
if pvalue <= alpha:
    print('reject H0')
else:
    print('accept H0'

reject H0
```

In [6]:

```
#2: unpooled t-test, Welch's t-test
# equal population variances
x2 = st.norm.rvs(loc = 7, scale = 10, size = 200)
n2 = len(x2)
xbar2 = np.mean(x2)              # sample mean of x2
v2 = np.var(x2, ddof = 1)        # sample variance

t = (xbar1 - xbar2) / np.sqrt(v1 / n1 + v2 / n2)      # t-statistic
print('t=', t)

df = ((v1 / n1 + v2 / n2) ** 2) / ((v1 / n1) ** 2 /
      (n1 - 1) + (v2 / n2) ** 2 / (n2 - 1))
pvalue = 2 * (1 - st.t.cdf(abs(t), df))          # pvalue = 2 * Pr(X >= t)
print('pvalue=', pvalue)
```

```
t= -2.2093592949668337
pvalue= 0.02792660789105228
```

In [7]:

```
t, pvalue = st.ttest_ind(x1, x2, equal_var = False)      # Welch's t-test
print('t=', t)
print('pvalue=', pvalue)

# H0: mu1 = mu2
# H1: mu1 != mu2
# two-tailed t-test
alpha = 0.05
if pvalue <= alpha:
    print('reject H0')
else:
    print('accept H0')
```

```
t= -2.2093592949668337
pvalue= 0.027926607891052162
reject H0
```

프로그램 설명

① 두 표본 모평균 t-검정은 모분산(σ_1^2, σ_2^2)을 모르는 두 모집단에서 모평균(μ_1, μ_2)을 검정한다. 두 모분산이 같을 때와 다를 때로 나누어 검정한다. 두 개의 독립 표본 x1, x2에 대한 모집단의 모평균이 같은지($\mu_1 = \mu_2$, $\mu_1 - \mu_2 = 0$)를 검정한다.

② In [2]는 정규분포 $N(\mu_1 = 5, \sigma_1 = 5)$에서 100개의 표본을 x1에 생성하고, $N(\mu_2 = 7, \sigma_2 = 5)$에서 200개의 표본을 x2에 생성한다. 표본 x1, x2를 사용하여 모집단의 모평균이 같은지를 검정한다.

③ In [3]은 모분산이 같은 경우($\sigma_1^2 = \sigma_2^2$)의 t-통계량을 직접 계산한다. 귀무가설이 $\mu_1 = \mu_2$이므로, 모평균의 차이는 $\mu_1 - \mu_2 = 0$이다. 모분산을 모르기 때문에, 표본의 분산 $v1 = s_1^2, v2 = s_2^2$을 사용한다. t = -3.62이다. 양측검정에 대한 유의확률(two-tailed p-value) pvalue = 0.00033을 직접 계산한다.

$$t = \frac{\overline{x_1} - \overline{x_2}}{s_p \sqrt{\dfrac{1}{n_1} + \dfrac{1}{n_2}}}$$

$$s_p = \sqrt{\frac{(n_1-1)s_1^2 + (n_2-1)s_2^2}{n_1 + n_2 - 2}}$$

$$df = n1 + n2 - 2$$

④ In [4]는 st.ttest_ind(x1,x2)로 모분산이 같은 경우의 t-통계량과 유의확률(p-value)을 계산한다. In [3]의 t-통계량과 유의확률과 같다.

⑤ In [5]는 귀무가설(H_0) mu1 = mu2과 대립가설(H_1) mu1 != mu2에 대해 양측 t-검정을 유의수준 alpha = 0.05(95% 신뢰수준)에서 수행한다. pvalue = 0.00033 < alpha = 0.05이므로, 귀무가설을 기각한다. 즉, 두 모집단의 모평균이 같지 않다는 대립가설을 채택한다.

⑥ In [6]은 두 표본에 대한 모집단의 분산이 다른($\sigma_1^2 \neq \sigma_2^2$) t-검정(unpooled t-test, Welch's t-test)을 위해, $N(\mu_2 = 7, \sigma_2 = 10)$에서 200개의 표본을 x2에 생성한다. 모분산이 다른 경우의 t-통계량과 p-value를 직접 계산한다. 귀무가설이 $\mu_1 = \mu_2$이므로, 모평균의 차이는 $\mu_1 - \mu_2 = 0$이다.

$$t = \frac{\overline{x_1} - \overline{x_2}}{\sqrt{\dfrac{s_1^2}{n_1} + \dfrac{s_2^2}{n_2}}}$$

$$df = \frac{(s_1^2/n_1 + s_2^2/n_2)^2}{(s_1^2/n_1)^2/(n_1-1) + (s_2^2/n_2)^2/(n_2-1)}$$

⑦ In [7]은 st.ttest_ind(x1, x2, equal_var = False)로 모분산이 다른 경우의 t-통계량과 p-value를 계산한다. In [6]의 결과와 같다. pvalue = 0.027 < alpha = 0.05이므로, 유의수준 alpha = 0.05(95% 신뢰수준)에서 귀무가설을 기각한다. 즉, 두 모집단의 모평균이 같지 않다는 대립가설을 채택한다.

[step33_5] 두 대응(paired) 표본 t-검정 1

| In [1]: | ```python
import numpy as np
import scipy.stats as st
``` |
| In [2]: | ```python
#http://www.cimt.org.uk/projects/mepres/alevel/fstats_ch4.pdf
# Control, x1:    정규수업을 받은 그룹의 성적
# Experimental, x2: 교육용 컴퓨터 패키지를 활용한 수업 그룹의 성적

x1 = np.array([72, 82, 93, 65, 76, 89, 81, 58, 95, 91])   # Control
x2 = np.array([75, 79, 84, 71, 82, 91, 85, 68, 90, 92])   # Experimental
``` |
| In [3]: | ```python
# paired sample t-statistic
d = x2 − x1   # differences
print('d =', d)

dbar = np.mean(d)
sd = np.std(d, ddof = 1)
n = len(d)
t = dbar / (sd / np.sqrt(n))
print('t =', t)
```
```
d = [3 -3 -9 6 6 2 4 10 -5 1]
t = 0.8292201830963412
``` |
| In [4]: | ```python
H0: mud = 0   # mu2− mu1 = 0
H1: mud > 0   # right−tailed t-test

alpha = 0.05   # 유의수준
pvalue = 1 − st.t.cdf(t, n-1)   # pvalue = Pr(X >= t)
print('pvalue =', pvalue)
if pvalue <= alpha:
    print('reject H0')
else:
    print('accept H0')
```
```
pvalue = 0.21421191679997942
accept H0
``` |
| In [5]: | ```python
# H0: mud = 0              #  mu2− mu1 = 0
# H1: mud !=0              # two−tailed t-test

alpha = 0.05       # 유의수준
pvalue = 2 * (1 − st.t.cdf(abs(t), n - 1))   # pvalue = 2 * Pr(X >= t)
print('pvalue =', pvalue )
if pvalue <= alpha:
``` |
```

	```print('reject H0')```	
	```else:```	
	``` print('accept H0')```	
	pvalue = 0.42842383359995884	
	accept H0	
In [6]:	```t, pvalue = st.ttest_rel(x2, x1)```	# two-tailed t-test
	```t, pvalue```	
	```pvalue = 2 * (1 - st.t.cdf(abs(t), df))```	# pvalue = 2 * Pr(X >= t)
	```print('pvalue=', pvalue)```	
	(0.829220183096341, 0.42842383359995884)	

프로그램 설명

① 대응(paired)되는 두 표본의 t-검정은 관련 있는(dependent, related) 두 표본(예제에서는 패키지 적용 여부)에 대한 효과를 확인하기 위해 사용한다.

② In [2]는 교사가 학생들이 사용할 컴퓨터 교육 패키지의 효과에 대해 알고 싶어, 학생들을 임의로 두 x1, x2 그룹으로 나누어 표본 x1(Control 그룹)은 기존 방식으로 수업을 하고, 표본 x2(Experimental 그룹)는 패키지를 사용하여 수업을 진행한 뒤에 성적을 비교하여 패키지의 효과를 알고 싶은 검정이다. 각 그룹의 대응되는 학생은 같은 수학 능력을 갖추도록 선택한다 (참고: http://www.cimt.org.uk/projects/mepres/alevel/fstats_ch4.pdf).

③ In [3]은 대응표본의 차를 d에 계산하고, 차(x2 - x1)의 표준편차를 sd에 계산하여 t-통계량, t = 0.829를 계산한다. 귀무가설이 모평균의 차이가 없다 이므로, $\mu_d = \mu_2 - \mu_1 = 0$이다.

$$t = \frac{\bar{d}}{s_d / \sqrt{n}} , \ df = n - 1$$

④ In [4]는 귀무가설(H_0) mud = 0과 대립가설(H_1) mud > 0에 대해 단측 t-검정을 유의수준 alpha = 0.05(95% 신뢰수준)에서 수행한다. 0.214 > alpha = 0.05이므로, 귀무가설을 채택한다. 즉, 평균적으로 컴퓨터 교육 패키지를 사용하여 성적이 향상되었다는 증거가 없다.

⑤ In [5]는 귀무가설(H_0) mud = 0과 대립가설(H_1) mud != 0에 대해 양측 t-검정을 유의수준 alpha = 0.05(95% 신뢰수준)에서 수행한다. pvalue = 0.428 > alpha = 0.05이므로, 귀무가설을 채택한다. 즉, 평균적으로 컴퓨터 패키지를 사용하여 성적이 향상되었다는 증거가 없다.

⑥ In [6]은 st.ttest_rel(x2, x1)로 대응표본의 양측 t-검정의 t-통계량과 유의확률을 계산한다. In [3]의 t-통계량과 In[5]의 유의확률 pvalue와 같다. st.ttest_rel(x1, x2)로 계산하면 x1 - x2에 의해 t-통계량의 부호가 반대이다.

[step33_6] 두 대응(paired) 표본 t-검정 2

| In [1]: | ```
import numpy as np
import scipy.stats as st
``` |
|---|---|
| In [2]: | ```
#https://www.youtube.com/watch?v=Q0V7WpzICI8
# 수축기 혈압(systolic blood pressure): 치료전(x1), 치료후(x2)

x1 = np.array([135, 142, 137, 122, 147, 151, 131, 117, 154,
                143, 133])          # before
x2 = np.array([127, 145, 131, 125, 132, 147, 119, 125, 132,
                139, 122])          # after
``` |
| In [3]: | ```
# paired sample t-statistic
d = x2 - x1            # differences
dbar = np.mean(d)
sd = np.std(d, ddof = 1)
n = len(d)
t = dbar / (sd / np.sqrt(n))
print('t =', t )
```<br><br>t = -2.340102067923402 |
| In [4]: | ```
# H0: mud = 0      # mu2- mu1 = 0
# H1: mud < 0      # mu1 > mu2, left-tailed t-test

alpha = 0.05         # 유의수준
pvalue = st.t.cdf(t, n - 1) # pvalue = Pr(X <= t)
print('pvalue =', pvalue )
if pvalue <= alpha:
    print('reject H0')
else:
    print('accept H0')
```<br><br>pvalue = 0.020666184682775427<br>reject H0 |
| In [5]: | ```
# paired sample two-tailed t-test
# H0: mud  = 0       # mu2- mu1 = 0
# H1: mud != 0       # two-tailed

t, pvalue = st.ttest_rel(x2, x1)
print('t =', t )
print('pvalue =', pvalue )
``` |
```

```
alpha = 0.05          # 유의수준
if pvalue <= alpha:
    print('reject H0')
else:
    print('accept H0')
```

t = -2.340102067923402
pvalue = 0.041332369365550854
reject H0

프로그램 설명

① 대응(paired)되는 두 표본의 t-검정은 관련 있는(dependent, related) 두 표본(예제에서는 치료 전후)에 대한 효과를 확인하기 위해 사용한다.

② In [2]는 치료 전후의 수축기 혈압 데이터를 가지고, 치료 효과를 확인하기 위한 검정이다(참고: https://www.youtube.com/watch?v=Q0V7WpzICl8). x1은 11명의 치료 전의 표본이고, x2는 치료 후의 표본이다.

③ In [3]은 대응표본의 차를 d에 계산하고, 차(x2 - x1)의 표준편차를 sd에 계산하여 t-통계량, t = -2.34를 계산한다. 귀무가설이 모평균의 차이가 없다 이므로, $\mu_d = \mu_2 - \mu_1 = 0$이다.

$$t = \frac{\bar{d}}{s_d / \sqrt{n}}, \ df = n - 1$$

④ In [4]는 귀무가설(H_0) mud = 0과 대립가설(H_1) mud < 0에 대해 단측 t-검정을 유의수준 alpha = 0.05(95% 신뢰수준)에서 수행한다. pvalue = 0.02 < alpha = 0.05이므로, 귀무가설을 기각한다. 즉, 평균적으로 치료 때문에 혈압이 낮아졌다.

⑤ In [5]는 귀무가설(H_0) mud = 0과 대립가설(H_1): mud != 0에 대해 양측 t-검정을 유의수준 alpha = 0.05(95% 신뢰수준)에서 수행한다. st.ttest_rel(x2, x1)로 대응표본의 양측 t-검정의 t-통계량과 유의확률을 계산한다. pvalue = 0.04 < alpha = 0.05이므로, 귀무가설을 기각한다. 즉, 평균적으로 치료 때문에 혈압이 변화하였다.

[step33_7] 카이제곱 검정 1: 적합성(goodness of fit) 검정

| In [1]: | ```python
import numpy as np
import scipy.stats as st
import matplotlib.pyplot as plt
%matplotlib inline
``` |
|---|---|
| In [2]: | ```python
# https://www.youtube.com/watch?v=1Ldl5Zfcm1Y
# Die experiment
O = np.array([22, 24, 38, 30, 46, 44])      # Observed count
E = np.array([34, 34, 34, 34, 34, 34])      # Expected count Die is fair
n = len(O)
``` |
| In [3]: | ```python
chi2 = np.sum((((O - E) ** 2) / E)       # chi2-statistic
print('chi2=', chi2)
```<br><br>chi2= 15.294117647058822 |
| In [4]: | ```python
#1 using critical_value
alpha = 0.01          # 유의수준
critical_value = st.chi2.ppf(1-alpha, df = n-1)
print('critical_value=', critical_value)

# H0: Oi = Ei, Die is fair
# H1: Oi!= Ei, Die is unfair
if critical_value <= chi2:
    print('reject H0')
else:
    print('accept H0')
```<br><br>critical_value= 15.08627246938899<br>reject H0 |
| In [5]: | ```python
#2 using pvalue
# H0: Oi = Ei, Die is fair
# H1: Oi != Ei, Die is unfair, right-tailed

alpha = 0.01               # 유의수준
pvalue = (1 - st.chi2.cdf(chi2, df = n-1))
print('pvalue=', pvalue)
``` |
```

	``python
	if pvalue <= alpha:
	    print('reject H0')
	else:
	    print('accept H0')
	``

	pvalue= 0.009176837433704677 reject H0

In [6]:	```python
	chi2, pvalue = st.chisquare(O, f_exp = E)
	chi2, pvalue
	``

Out[6]:	(15.294117647058822, 0.009176837433704663)

In [7]:	```python
	X = st.chi2(n-1) # ddof = n-1, t-분포 확률변수
	x = np.linspace(X.ppf(0.001), X.ppf(0.999), num = 100)
	
	plt.plot (x, X.pdf(x), color = 'b')
	left_x = x[x >= critical_value]
	
	plt.fill_between(left_x, y1 = 0, y2 = X.pdf(left_x),
	                color = 'r', alpha = .5)
	plt.show()
	``

	▲ [그림 33. 3] chi-test 기각영역: $\Pr(X \geq critical\_value)$

프로그램 설명

① 카이제곱 검정은 적합성(goodness of fit) 검정과 독립성(independence) 검정이 있다. 적합성 검정은 표본의 관찰빈도(O_i)와 기대빈도(E_i)를 이용하여, 표본의 분포와 모집단의 분포가 같은지/다른지 판단한다 (참고: http://uregina.ca/~gingrich/ch10.pdf).

적합성 검정에서 O_i는 관찰 빈도수, E_i(모집단의 분포)는 기대 빈도수이다. k는 그룹의 개수이다. 귀무가설은 $H_0 : O_i = E_i$로 표본의 빈도수와 모집단의 기대 빈도수가 같다. 즉, 표본의 분포와 모집단의 분포가 같다. 대립가설은 $H_1 : O_{ij} \neq E_{ij}$로 표본의 빈도수와 모집단의 기대 빈도수가 다르다. 즉, 표본의 분포와 모집단의 분포가 다르다.

$$H_0 : O_i = E_i \quad \text{(표본분포와 모집단의 분포가 같다)}$$

$$H_1 : O_{ij} \neq E_{ij} \quad \text{(표본분포와 모집단의 분포가 다르다)}$$

$$\chi^2 = \sum_{i=1}^{k} \frac{(O_i - E_i)^2}{E_i} \quad : \text{카이제곱 검정 통계량}$$

$$df = k - 1$$

② In [2]는 주사위가 공정한지 아닌지를 검정하기 위한 표본이다(참고: https://www.youtube.com/watch?v=1Ldl5Zfcm1Y). 표본 배열 O는 주사위를 204번 던져서 눈금 1부터 6이 나오는 관찰빈도이다. 배열 E는 주사위가 공정할 때 각 눈이 나오는 기대빈도 34를 갖는다.

③ In [3]은 카이제곱 통계량 chi2 = 15.29를 계산한다.

④ In [4]는 alpha = 0.01일 때 임계값(critical_value)은 critical_value = 15.086이다. 카이제곱 통계량 chi2 = 15.29 〉 critical_value 15.086으로 기각영역에 있으므로 귀무가설을 기각한다. 즉, 주사위는 공평하지 않다.

⑤ In [5]는 pvalue = (1 − st.chi2.cdf(chi2, df = n − 1))로 유의확률 pvalue = 0.0091을 계산한다. pvalue = 0.0091 〈 alpha = 0.05이므로 귀무가설을 기각한다. In [4]의 결과와 같다.

⑥ In [6]은 st.chisquare(O, f_exp = E)로 카이제곱 통계량 chi2와 pvalue를 계산한다. In [3]의 카이제곱 통계량과 In [5]의 유의확률과 같다.

⑦ In [7]은 Pr(X 〉 critical_value)인 기각영역을 채워 그린다([그림 33.3]).

[step33_8] 카이제곱 검정 2: 독립성 검정

In [1]:	```import numpy as np``` ```import scipy.stats as st```

In [2]:	```# https://www.youtube.com/watch?v=misMgRRV3jQ```
	```# Col(party) : Republic, Democratic, Other```
	```# Row(gender): male, female```
	```O = np.array([[26, 13, 5],```
	``` [20, 29, 7]])```
	```chi2, pvalue, dof, E = st.chi2_contingency(O, correction = False)```

In [3]:	E
Out[3]:	array([[20.24, 18.48, 5.28], [25.76, 23.52, 6.72]])
In [4]:	chi2, pvalue, dof # dof = (O.shape[0] − 1) * (O.shape[1] − 1)
Out[4]:	(5.855499314350247, 0.05351733509077522, 2)

| In [5]: | ```python
#1 using critical_value

# H0: Gender and political party are independent
# H1: Gender and political party are dependent

alpha = 0.05          # 유의수준
critical_value = st.chi2.ppf(1 − alpha, df = dof)
print('critical_value=', critical_value)

if critical_value <= chi2:
    print('reject H0')

else:
    print('accept H0')
``` |
|---|---|
| | critical_value= 5.991464547107979
accept H0 |

| In [6]: | ```python
#2 using pvalue
# H0: Gender and political party are independent
# H1: Gender and political party are dependent

alpha = 0.05          # 유의수준
pvalue = (1 − st.chi2.cdf(chi2, df = dof))
print('pvalue =', pvalue )

if pvalue <= alpha:
    print('reject H0')
else:
    print('accept H0')
``` |
|---|---|
| | pvalue = 0.053517335090775164
accept H0 |

프로그램 설명

① 카이제곱의 독립성 검정은 표본의 관찰빈도와 기대빈도를 이용하여 두 변수의 독립/종속을 판단한다. 두 변수를 행과 열에 배치하고 빈도수를 표현한 분할표(contingency table)를 이용하면 편리하게 계산할 수 있다. 여기서는 성별과 정당 지지의 독립성을 설명한다(참고: https://www.youtube.com/watch?v=misMgRRV3jQ).

    ⓐ 귀무가설과 대립가설은 다음과 같다.

$H_0 : O_{ij} = E_{ij}$ (정당과 성별은 독립이다, 관련이 없다)

$H_1 : O_{ij} \neq E_{ij}$ (정당과 성별은 종속이다, 관련이 있다)

    ⓑ [표 33.4]는 관측 빈도(O_{ij})에 대한 분할표이다. 성별을 분할표의 행은 성별, 열은 정당 지지를 배치하고, i-행 합계 n_i, j-열 합계 m_j을 계산한다. 전체 합계는 $N = \sum_i \sum_j O_{ij} = \sum_i n_i = \sum_j m_j$ 이다.

▼[표 33.4] 관측 빈도(O_{ij})에 대한 분할표

정당(Party) \ 성별(Gender)	공화당	민주당	기타 (other)	합계
남자	26	13	5	44
여자	20	29	7	56
합계	46	42	12	100

    ⓒ [표 33.5]는 기대빈도(E_{ij})에 대한 분할표이다. 귀무가설이 참(행과 열이 독립)일 때로 가정하고, 기대빈도를 $E_{ij} = \dfrac{n_i m_j}{N}$로 계산한다.

▼[표 33.5] 기대빈도(E_{ij})에 대한 분할표

정당(Party) \ 성별(Gender)	공화당	민주당	기타(other)
남자	$\dfrac{44 \times 46}{100} = 20.24$	$\dfrac{44 \times 42}{100} = 18.48$	$\dfrac{44 \times 12}{100} = 5.28$
합계	$\dfrac{56 \times 46}{100} = 25.76$	$\dfrac{56 \times 42}{100} = 23.52$	$\dfrac{56 \times 12}{100} = 6.72$

    ⓓ 카이제곱 통계량과 자유도(df)는 다음과 같이 계산한다.

$$\chi^2 = \sum_i \sum_j \frac{(O_{ij} - E_{ij})^2}{E_{ij}}$$

$$= \frac{(26 - 20.24)^2}{20.24} + \frac{(13 - 18.48)^2}{18.48} + \frac{(5 - 5.28)^2}{5.28}$$

$$\frac{(20-25.76)^2}{25.76} + \frac{(29-23.52)^2}{23.52} + \frac{(7-6.72)^2}{6.72}$$
$$= 5.855499314350247$$
$$df = (r-1) \times (c-1) = (2-1) \times (3-1) = 2$$

② In [2]는 두 변수(성별과 정당 지지)의 관측 표본 빈도수를 행과 열에 배치한 O 배열을 생성한다. st.chi2_contingency(O, correction = False)로 분할표를 이용하여 배열 O에 대한 카이제곱 통계량 chi2, 유의확률 pvalue, 자유도 dof, 기대빈도 배열 E를 계산한다.

③ In [3]은 기대빈도 배열 E를 확인한다.

④ In [4]는 chi2, pvalue, dof를 확인한다. chi2 = np.sum((O - E) ** 2 / E)과 같다. chi2, pvalue = st.chisquare (O.ravel(), f_exp = E.ravel(), ddof = O.size - 1 - dof)와 같다.

⑤ In [5]는 유의수준 alpha = 0.05에 대해 st.chi2.ppf(1 - alpha, df = dof)로 임계값 critical_value = 5.99를 계산하여, chi2가 임계값보다 작으므로 귀무가설을 채택한다. 즉, 성별과 정당 지지는 독립적으로 관련이 없다.

⑥ In [6]은 (1 - st.chi2.cdf(chi2, df = dof))로 유의확률 pvalue = 0.0535를 계산한다. pvalue = 0.0535 〉 alpha = 0.05이므로 귀무가설을 채택한다. In [5]의 결과와 같다.

[step33_9] 두 표본 F-검정	
In [1]:	`import numpy as np` `import scipy.stats as st`

In [2]:	`np.random.seed(1)`
	
	`x1 = st.norm.rvs(loc = 10, scale = 5, size = 30)`
	`x2 = st.norm.rvs(loc = 20, scale=5, size = 40)`
	`n1 = len(x1)`
	`n2 = len(x2)`

In [3]:	`v1 = np.var(x1, ddof = 1)    # sample variance`
	`v2 = np.var(x2, ddof = 1)    # sample variance`
	
	`f = v1 / v2    # F-statistic`
	`print('f=', f)`

	`f= 1.2555917463860746`

In [4]:	`#1: critical value, two tailed F-test`
	
	`alpha = 0.05`
	`cv_lower = st.f.ppf(alpha / 2, dfn = n1 - 1, dfd = n2 - 1)`

```
cv_upper = st.f.ppf(1 − alpha / 2, dfn = n1 − 1, dfd = n2 − 1)
print('cv_lower=', cv_lower)
print('cv_upper=', cv_upper)

# H0: sigma1 ** 2 = sigma2 ** 2
# H1: sigma1 ** 2 != sigma2 ** 2   # two−tailed F-test
if f < cv_lower or f > cv_upper:
    print('reject H0')
else:
    print('accept H0')
```

```
cv_lower= 0.49196475805871054
cv_upper= 1.9618689410834609
accept H0
```

In [5]:
```
#2: p-value, two tailed F-test

if f > 1: # v1 > v2
    pvalue_lower = st.f.cdf(1 / f, n1 − 1, n2 − 1)
    pvalue_upper = 1 - st.f.cdf(f, n1 − 1, n2 − 1)
else:
    pvalue_lower = st.f.cdf(f, n1 − 1, n2 − 1)
    pvalue_upper = 1− st.f.cdf(1 / f, n1 − 1, n2 − 1)
pvalue = pvalue_lower + pvalue_upper
print('pvalue=', pvalue)

# H0: sigma1 ** 2 = sigma2 ** 2
# H1: sigma1 ** 2 != sigma2 ** 2     # two−tailed F-test

alpha = 0.05
if pvalue <= alpha:
    print('reject H0')
else:
    print('accept H0')
```

```
pvalue= 0.5152310372661979
accept H0
```

In [6]:
```
# A parametric test for equality of k variances
# in normal samples
st.bartlett(x1, x2)
```

Out[6]:	BartlettResult(statistic=0.42825139503458953, pvalue=0.51284821172323)

In [7]:	# A robust parametric test for equality of k variances
	st.levene(x1, x2)

Out[7]:	LeveneResult(statistic=0.35584589483616175, pvalue=0.5528032353925579)

In [8]:	# A non-parametric test for the equality of k variances
	st.fligner(x1, x2)

Out[8]:	FlignerResult(statistic=0.2599852720043059, pvalue=0.6101302733061558)

프로그램 설명

① 두 표본 F–검정은 모분산(σ_1^2, σ_2^2)이 같은지를 검정한다. 모집단이 정규분포이어야 한다. 두 개의 독립 표본 x1, x2에 대한 모집단의 모분산이 같은지($H_0 : \sigma_1^2 = \sigma_2^2 \text{ or } \sigma_1^2/\sigma_2^2 = 1$)를 검정한다. 대립가설은 다음의 3가지로 설정할 수 있다.

$H_1 : \sigma_1^2 < \sigma_2^2$ 단측 검정(left/lower–tailed test)

$H_1 : \sigma_1^2 > \sigma_2^2$ 단측 검정(right/upper–tailed test)

$H_1 : \sigma_1^2 \neq \sigma_2^2$ 양측 검정(two–tailed test)

F 검정 통계량은 $F = \dfrac{s_1^2}{s_2^2}$이다. s_1^2, s_2^2은 표본 x1, x2의 표본분산이다. F–분포의 자유도는 len(x1) − 1, len(x2) − 1이다.

② In [2]는 정규분포 $N(\mu_1 = 10, \sigma_1 = 5)$에서 30개의 표본을 x1에 생성하고, $N(\mu_2 = 20, \sigma_2 = 5)$에서 40개의 표본을 x2에 생성한다. 표본 x1, x2에 대해, F–검정으로 모집단의 모분산이 같은지를 확인한다.

③ In [3]은 x1, x2의 표본분산을 v1, v2에 계산하여 F–검정 통계량 f = 1.25를 계산한다.

④ In [4]는 임계값(critical value)을 계산하여 양측 F–검정을 한다. alpha = 0.05에 대해 alpha / 2인 아래쪽 임계값을 cv_lower에 계산하고, 1 − alpha / 2인 위쪽 임계값을 cv_upper에 계산한다. 귀무가설의 기각영역은 f ⟨ cv_lower 또는 f ⟩ cv_upper이다. cv_lower ⟨ f = 1.25 ⟨ cv_upper이므로 귀무가설을 채택한다. 즉, 유의수준 0.05에서 표본 x1, x2의 모집단의 모분산 , s_1^2, s_2^2은 같다.

⑤ In [5]는 유의확률(p–value)을 계산하여 양측 F–검정을 한다. 검정 통계량이 f ⟩ 1일 때, 즉 v1 ⟩ v2일 때와 f ⟨ 1일 때, 즉 v1⟨ v2일 때를 구분하여 pvalue_lower와 pvalue_upper를 계산하고, 두 값을 더하여 pvalue을 계산한다. pvalue ⟨= alpha이면 귀무가설을 기각한다. pvalue = 0.5152 ⟩ alpha이므로 귀무가설을 채택한다. In [4]의 결과와 같다.

⑥ In [6]은 st.bartlett()로 등분산 검정 통계량과 pvalue를 계산한다. pvalue = 0.51 〉 alpha이므로 귀무가설을 채택한다.

⑦ In [7]은 st.levene()로 등분산 검정 통계량과 pvalue를 계산한다. pvalue = 0.55 〉 alpha이므로 귀무가설을 채택한다.

⑧ In [8]은 st.fligner()로 등분산 검정 통계량과 pvalue를 계산한다. pvalue = 0.61 〉 alpha이므로 귀무가설을 채택한다.

[step33_10] 일원 분산분석(one-way ANOVA): scipy.stats.f_oneway()

In [1]:
```python
import numpy as np
import scipy.stats as st
```

In [2]:
```python
# https://en.wikipedia.org/wiki/One-way_analysis_of_variance
x = np.array([[6,  8,  4,  5, 3,  4],       # x1
              [8, 12,  9, 11, 6,  8],       # x2
              [13, 9, 11,  8, 7, 12]])      # x3
```

In [3]:
```python
# one-way ANOVA test, f-statistic
k    = x.shape[0]                           # 3
n    = x.shape[0] * x.shape[1]              # np.sum(ni)
ni   = np.full(x.shape[0], x.shape[1])
xbar = np.mean(x)
xibar= np.mean(x, axis = 1)

si = np.std(x, ddof = 1, axis = 1)
sst = np.sum((x - xbar) ** 2)
ssb = np.sum(ni * (xibar - xbar) ** 2)
ssw = np.sum((ni - 1) * si ** 2)

msb = ssb / (k - 1)
msw = ssw / (n - k)
f = msb / msw
f
```

Out[3]: 9.264705882352942

In [4]:
```python
#1: critical value, right-tailed F-test
# H0: mu1=mu2=mu3, the all population means are equal
# H1: At least, one population mean is different form the others
```

```
# H1: The population means are not all equal

alpha = 0.05
critical_value = st.f.ppf(1 - alpha, dfn = k - 1, dfd = n - k)
print('critical_value=', critical_value)

if f > critical_value:
    print('reject H0')
else:
    print('accept H0')
```

```
critical_value= 3.6823203436732412
reject H0
```

In [5]:
```
#2: p-value, F-test
alpha = 0.05
pvalue = 1 - st.f.cdf(f, dfn = k-1, dfd = n - k)
print('pvalue =', pvalue )
if pvalue <= alpha:
    print('reject H0')
else:
    print('accept H0')
```

```
pvalue = 0.002398777329392865
reject H0
```

In [6]:
```
f, pvalue = st.f_oneway(x[0], x[1], x[2])
f, pvalue
```

Out[6]:
```
(9.264705882352942, 0.0023987773293929083)
```

In [7]:
```
f, pvalue = st.f_oneway(x[0], x[1])   # 2-sample, Anova-test
f, pvalue
```

Out[7]:
```
(12.0, 0.006080847927088537)
```

In [8]:
```
t, pvalue = st.ttest_ind(x[0], x[1])   # 2-sample, t-test
t, pvalue
```

Out[8]:
```
(-3.464101615137755, 0.00608084792708538)
```

프로그램 설명

① 일원 분산분석(one-way ANOVA, analysis of variance)은 세 표본(집단) 이상에서 모평균이 같은지를 분석한다. 일원 분산분석은 관찰값(observation)에 영향을 미치는 요인(factor)이 1개일 때 사용한다. 1개의 요인의 가질 수 있는 값은 k개의 집단(groups, levels of treatment)이다. scipy.stats.f_oneway()는 일원 분산분석을 수행한다. 일원 분산분석은 다음의 3가지 가정이 필요하다.

  ⓐ 각 표본의 모집단은 정규분포이다.
  ⓑ 모분산이 같아야 한다.
  ⓒ 독립 표본(independent samples)이다.

일원 분산분석의 귀무가설(H_0)은 "모든 그룹의 모평균이 같다"이고, 대립가설(H_1)은 "적어도 하나의 모평균은 다르다" 또는 "모든 그룹의 모평균이 같은 것은 아니다"이다.

$$H_0 : \mu_1 = \mu_2 \cdots = \mu_k \text{ (모든 모평균이 같다)}$$

$$H_1 : \exists\,(i, j),\ \mu_i \neq \mu_j \text{ (모든 모평균이 같은 것은 아니다. 적어도 하나는 다르다)}$$

집단 간 분산(MSB)과 집단 내 분산(MSW)의 비율을 이용한 F-검정 통계량을 계산하여 F-검정으로 분석한다. F분포의 자유도는 k-1, n-k이다. [표 33.6]은 ANOVA 분산분석을 위한 F-검정 통계량 계산식을 차례로 보여준다. [표 33.7]은 요약 테이블이다.

▼[표 33.6] ANOVA F-검정 통계량 계산

이름	계산식
표본(집단)의 개수 (# of sample, groups, levels)	k
표본 i의 (관찰) 데이터 개수	$n_i, i = 1, ..., k$
전체 데이터 개수	$n = \sum_{i=1} n_i$
표본 i의 j번째 데이터	$x_{i,j}, j = 1, ..., n_i$
표본 i의 평균	$\overline{x_i} = \dfrac{1}{n_i} \sum_j x_{ij}$
표본 i의 표본 표준편차	$s_i = \dfrac{1}{n_i - 1} \sum_j (x_{ij} - \overline{x_i})^2$
총 평균	$\overline{x} = \dfrac{1}{n} \sum_{i,j} x_{ij}$

총 제곱 합 SST(Total sum of square)	$SST = \sum_{i=1}^{k}\sum_{j=1}^{n_i}(x_{ij}-\overline{x})^2 = SSB + SSW$
집단 간 (편차)제곱 합 (Between samples sum of square)	$SSB = \sum_{i=1}^{k} n_i(\overline{x_i}-\overline{x})^2$
집단 내 제곱 합 (Within samples sum of square)	$SSW = \sum_{i=1}^{k}\sum_{j=1}^{n_i}(x_{ij}-\overline{x_i})^2 = \sum_{k=1}^{k}(n_i-1)s_i^2$
F-검정 통계량	$F = \dfrac{MSB}{MSW}$ 여기서, $MSB = \dfrac{SSB}{k-1},\ MSW = \dfrac{SSW}{n-k}$

▼[표 33.7] ANOVA 요약

	Sum of squares	df	Mean squares	F
Between Groups	SSB	k-1	MSB	MSB/MSW
Within Groups	SSW	n-k	MSW	
합계	SST	n-1		

② In [2]는 비료 사용에 따른 식물 생장의 효과에 대한 관측 데이터 배열 x를 생성한다(참고: https://en.wikipedia.org/wiki/One-way_analysis_of_variance). 비료가 요인(factor)이고, 요인을 3가지 집단(x[0]: 사용 안 함, x[1]: 최소 사용, x[2]: 최대 사용)으로 나눈다. 각 집단의 개수는 각각 6이고, 전체 데이터 수는 n = 180이다.

③ In [3]은 일원 분산분석 F- 통계량을 직접 계산한다([표 33.8]).

▼[표 33.8] 집단의 관찰 데이터 및 ANOVA F-검정 통계량 계산

구분	x[0] (사용 안 함)	x[1] (최소 사용)	x[2] (최대 사용)
관찰 데이터	6	8	13
	8	12	9
	4	9	11
	5	11	8
	3	6	7
	4	8	12
집단 크기(n_i)	6	6	6
집단평균($\overline{x_i}$)	5	9	10
집단표준편차(s_i)	1.7888	2.1908	2.3664

총평균($\bar{x}$)	8
총 제곱 합 SST	152
집단 간 제곱 합 SSB	84
집단 내 제곱 합, SSW	68
F-검정 통계량	9.26

④ In [4]는 유의수준 alpha = 0.05에서 자유도는 dfn = k − 1 = 2, dfd = n − k = 15인 F−분포의 임계값은 critical_value = 3.68이다. f = 9.26 〉 critical_value = 3.68이므로 귀무가설 H_0을 기각한다. 즉, 세 집단의 모평균은 모두 같지 않다.

⑤ In [5]는 유의수준 alpha = 0.05에서 자유도는 dfn = k − 1 = 2, dfd = n − k = 15인 F−분포의 유의확률은 pvalue = 0.0023이다. pvalue = 0.0023 〈= alpha = 0.05이므로 귀무가설 H_0을 기각한다. 즉, 세 집단의 모평균은 모두 같지 않다.

⑥ In [6]은 st.f_oneway(x[0], x[1], x[2])로 세 표본 집단의 일원 분석을 수행하여 f, pvalue를 계산한다. In [3]의 f, In [5]의 pvalue와 같다.

⑦ [step33_4]에서 두 표본(집단) 모평균 t−검정으로 모평균이 같은지를 검정하였다. 표본 집단이 2개일 경우, st.f_oneway()와 st.ttest_ind()로 계산한 유의확률(pvalue)은 같다. In [7]의 st.f_oneway(x[0],x[1])와 In [8]의 st.ttest_ind(x[0],x[1])로 계산한 pvalue는 같다.

⑧ 일원 분석은 집단의 평균 차이가 통계적으로 의미가 있는지 판단하는 데 유용하지만, 어느 집단의 평균이 차이가 있는지는 알려주지 않기 때문에 사후분석이 필요하다.

[step33_11] 선형회귀: scipy.stats.linregress(x, y), 상관계수: scipy.stats.pearsonr(x, y)

| In [1]: | ```import numpy as np
import scipy.linalg as linalg
import scipy.stats as st
import matplotlib.pyplot as plt
%matplotlib inline``` |
|---|---|
| In [2]: | ```x = np.linspace(0.0, 10.0, num = 5)
m, c = 3, -10   # truth

np.random.seed(1)
y = m * x + c + np.random.normal(0, 2.0, x.size)
A = np.vstack([x, np.ones(len(x))]).T
A``` |

Out[2]:	array([[0. , 1.],
	        [2.5, 1.],
	        [5. , 1.],
	        [7.5, 1.],
	        [10. , 1.]])

In [3]:	# ref: step27_2 # slope1, intercept1: line parameters # residue: Square of errors (y −Ax) # r: rank(A) # s: Singular values of A (slope1, intercept1), residue, r, s = linalg.lstsq(A, y) slope1, intercept1, residue
Out[3]:	(2.8416729858253427, −9.09762244715943, 19.139570095888775)

In [4]:	# least-squares regression for two sets, x, y
	# slope, intercept: line parameters
	# r_value: correlation coefficient
	# p_value: two−sided p−value for H0: the slope is zero
	# std_err: Standard error of the estimated gradient
	'''
	# ref:
	# https://stats.stackexchange.com/questions/342632/how−to−
	# understand−se−of−regression−slope−equation
	y2 = slope * x + intercept
	e = (y − y2) ** 2
	xbar = np.mean(x)
	std_err = np.sqrt((e.sum() / (len(y2) − 2)) / np.sum((x − xbar) ** 2))
	'''
	
	slope, intercept, r_value, p_value, std_err = st.linregress(x, y)
	slope, intercept, r_value, p_value, std_err

Out[4]:	(2.8416729858253422, −9.097622447159424, 0.9815612583829036, 0.002997270535302584, 0.3194960205981828)
In [5]:	r_value2, p_value2 = st.pearsonr(x, y) r_value2, p_value2

Out[5]:	0.3194960205981815

In [6]:	# plt.gca().set_aspect('equal')
	plt.scatter(x, y)
	
	y1 = m * x + c
	plt.plot(x, y1, 'b-')
	
	y2 = slope2 * x + intercept2
	plt.plot(x, y2, 'r-')
	plt.show()

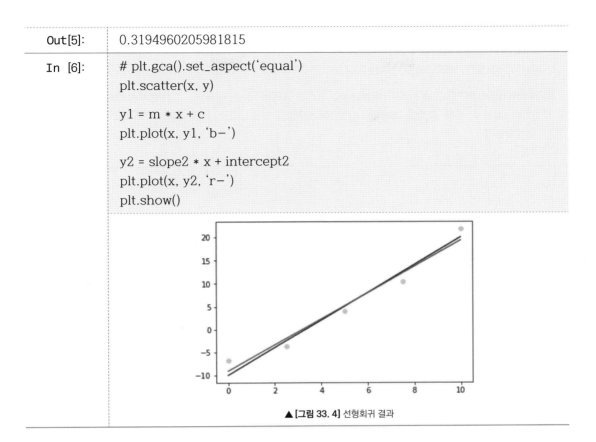

▲ [그림 33. 4] 선형회귀 결과

프로그램 설명

① In [3]은 linalg.lstsq()로 2차원 좌표 (x, y)의 직선의 최소자승해인 기울기 slope1, y−절편 intercept1, 잔차 residue, 랭크 r, 특이값 s를 계산한다(참고:[step27_2]).

① In [4]는 st.linregress(x,y)()로 직선의 최소자승 선형회귀해인 기울기 slope, y−절편 intercept, 피어슨 상관계수 r_value, 유의확률 pvalue, 기울기 표준오차 std_err를 계산한다. 직선의 기울기와 y−절편은 In [3]과 같다.

② In [5]는 st.pearsonr(x, y)로 상관계수 r_value2, 유의확률 pvalue2를 계산한다. In [4]의 r_value, pvalue 와 같다. 피어슨 상관계수 r_{xy} 수식은 다음과 같다. 범위는 $-1 \leq r_{xu} \leq 1$이다. $r_{xy} = -1$이면 모든 데이터가 기울기가 음수인 직선 위에 있다. $r_{xy} = 1$이면 모든 데이터가 기울기가 양수인 직선 위에 있다. $r_{xy} = 0$은 데이터가 직선 상관관계가 없다.

$$r_{xy} = \frac{\sum_{i}^{n}(x_i - \overline{x})(y_i - \overline{y})}{\sqrt{\sum_{i=1}^{n}(x_i - \overline{x})^2}\sqrt{\sum_{i=1}^{n}(y_i - \overline{y})^2}}$$

③ In [6]은 주어진 좌표를 plt.scatter(x, y)로 데이터 점을 표시하고, 데이터를 생성하기 위한 기울기 m = 3, y−절편 c = −10의 잡음이 없는 직선을 파란색으로 그리고, 선형회귀해 기울기 slope, y−절편 intercept 의 직선을 빨간색으로 그린다([그림 33.4]).

④ statsmodels 패키지(pip install − U statsmodels)는 회귀분석(regression), 분산분석(ANOVA), 시계열분석 (time−series), 추정, 검정을 포함한 다양한 통계모델을 제공한다. NumPy, SciPy, matplotlib를 사용하여 작성되었다.

6장

고수준 수치 데이터 처리

여기서는 SciPy를 사용하여 보간(interpolation), 미분(differentiation), 적분
(integration), 최적화(optimization) 등의 고수준 수치 데이터 처리에 대하여 설
명한다.

scipy.interpolate는 보간 모듈, scipy.integrate는 적분, scipy.optimize는
최적화 모듈이다. 또한, 심볼 처리하는 sympy를 사용한 미분,
적분을 설명한다.

SciPy의 모듈은 다음과 같이 임포트하여 사용한다.

```
import scipy.linalg as linalg
from scipy.interpolate import interp1d, interp2d, griddata
from scipy.misc import derivative
from sympy import sin, Derivative, diff
from scipy.integrate import quad, dblquad, nquad
from sympy import sin, pi, exp, sqrt, oo, integrate
from sympy.abc import x, y
from scipy.optimize import brentq, newton, root_scalar, minimize_scalar
from scipy.optimize import minimize, OptimizeResult, approx_fprime
from scipy.optimize import curve_fit, leastsq
```

Step 34 ─○ 보간 (Interpolation)

scipy.interpolate 서브 패키지는 다양한 보간 방법을 제공한다. 여기서는 interp1d, interp2d2, griddata에 대해 예제로 설명한다.

interp1d는 1-차원 데이터의 보간 함수를 반환한다. interp2d2는 규칙적인 2-차원 그리드 데이터의 보간 함수를 반환한다. griddata는 비구조적 입력 데이터를 이용하여 보간 함수를 계산한 다음 그리드 데이터 위치에서 보간값을 반환한다.

① scipy.interpolate.interp1d(x, y, kind = 'linear', ...)
 interp1d는 y = f(x)를 근사하는 보간 함수 f를 반환한다. 보간법 kind는 'linear', 'nearest', 'zero', 'slinear', 'quadratic', 'cubic' 등이 있다. 'slinear', 'quadratic, 'cubic'은 1, 2, 3차 스플라인 보간법이다.

② scipy.interpolate.interp2d(x, y, z, kind = 'linear', ...)
 interp2d는 2-차원 그리드에서 보간한다. z = f(x, y)를 근사하는 보간 함수 f를 반환한다. 보간법 kind는 'linear', 'cubic', 'quintic' 등이 있다.

③ **scipy.interpolate.griddata(points, values, xi, method = 'linear',...)**

griddata는 비구조적(unstructured) 데이터 points에서 함수값 values를 이용하여 보간 함수를 계산하고, 그리드 좌표 xi에서 보간값을 반환한다. 보간법 method는 'linear', nearest', 'cubic' 등이 있다. griddata로 그리드의 구조적인 데이터로 보간할 수 있다.

[step34_1] 1-차원 데이터 보간: interp1d	
In [1]:	```import numpy as np
from scipy.interpolate import interp1d
import matplotlib.pyplot as plt
%matplotlib inline```
In [2]:	```x = np.linspace(-10, 10, num = 5)
a, b, c, d = 1 / 4, 3 / 4, -3 / 2, -2
y = a * x ** 3 + b * x ** 2 + c * x + d * 3   # y = f(x)```
In [3]:	```f1 = interp1d(x, y, kind = 'linear')
f2 = interp1d(x, y, kind = 'nearest')
f3 = interp1d(x, y, kind = 'quadratic')
f4 = interp1d(x, y, kind = 'cubic')```
In [4]:	```xnew = np.linspace(-10, 10, num = 100)
#xnew = np.arange(-10, 10, 0.1)

plt.plot(x, y, 'or', label='sample points')

ynew = f1(xnew)
plt.plot(xnew, ynew, 'k-', label='linear')

ynew = f2(xnew)
plt.plot(xnew, ynew, 'b-', label='nearest')

ynew = f3(xnew)
plt.plot(xnew, ynew, 'g-', label='quadratic')

ynew = f4(xnew)
plt.plot(xnew, ynew, 'y-', label='cubic')

plt.legend()
plt.show()``` |

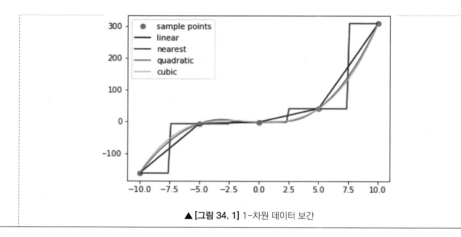

프로그램 설명

① In [2]는 x-축 범위 [-10, 10]의 5개의 점의 함수값 배열 y에 생성한다.

② In [3]은 배열 x, y를 이용하여 interp1d()로 선형 보간(linear) 함수 f1, 최근접 보간(nearest) 함수 f2, 2차 보간(quadratic) 함수 f3, 3차 함수 보간(cubic) f4를 생성한다.

③ In [4]는 좌표 데이터 (x, y)를 빨간색 점으로 표시하고, x-축 범위 [-10, 10]에서 100개의 점을 xnew 배열을 생성하고, 보간 함수 f1, f2, f3, f4로 보간값 ynew를 계산하여 그래프로 그린다([그림 34.1]).

[step34_2] 2-차원 그리드 데이터 보간: interp2d	

In [1]:	`import numpy as np`
	`from scipy.interpolate import interp2d`
	`import matplotlib.pyplot as plt`
	`%matplotlib inline`

In [2]:	`# x = np.linspace(-1, 1, num = 7)`
	`# y = np.linspace(-1, 1, num = 7)`
	`# X, Y = np.meshgrid(x, y)`
	
	`X,Y = np.mgrid[-1:1:7j, -1:1:7j]`
	`Z = X ** 2 - Y ** 2`

In [3]:	`f2 = interp2d(X, Y, Z, kind = 'linear')`
	`f3 = interp2d(X, Y, Z, kind = 'cubic')`
	`f4 = interp2d(X, Y, Z, kind = 'quintic')`

| In [4]: | ```python
xnew = np.linspace(-1, 1, num = 100)
ynew = np.linspace(-1, 1, num = 100)
Z2 = f2(xnew, ynew)
Z3 = f3(xnew, ynew)
Z4 = f4(xnew, ynew)
``` |
|---|---|
| In [5]: | ```python
ig, ax = plt.subplots(2, 2)
fig.set_size_inches(6, 6)

# ax[0][0].imshow(Z, cmap = 'gray')
ax[0,0].imshow(Z, cmap = 'gray')
ax[0,0].set_title('Z = f(X,Y), original function')
ax[0,0].axis('off')

ax[0,1].imshow(Z2, cmap = 'gray')
ax[0,1].set_title('linear')
ax[0,1].axis('off')
ax[1,0].imshow(Z3, cmap = 'gray')
ax[1,0].set_title('cubic')
ax[1,0].axis('off')

ax[1,1].imshow(Z4, cmap = 'gray')
ax[1,1].set_title('quintic')
ax[1,1].axis('off')
plt.show()
``` |

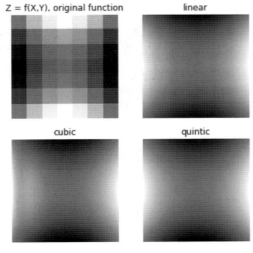

▲ [그림 34. 2] 2-차원 데이터 그리드 보간

프로그램 설명

① In [2]는 x-축 범위 [-1, 1]의 7개, y-축 범위 [-1, 1]의 7개의 그리드 좌표 X, Y를 생성한다. X, Y 그리드 위에서 함수값 Z = X ** 2 - Y ** 2를 계산한다.

② In [3]은 그리드 (X, Y) 위의 함수값 Z를 이용하여 interp2d()로 선형보간(linear) 함수 f2, 3차 보간(cubic) 함수 f3, 5차 보간(quintic) 함수 f4를 생성한다.

③ In [4]는 x-축 범위 [-1, 1]의 100개, y-축 범위 [-1, 1]의 100개의 좌표에서 보간값 f2(xnew, ynew), f3(xnew, ynew), f4(xnew, ynew)로 Z2, Z3, Z4에 계산한다.

④ In [5]는 4개의 서브플롯에 원래의 그리드 데이터 Z와 보간 데이터 Z2, Z3, Z4를 그레이스케일 이미지를 표시한다([그림 34.2]).

[step34_3] 비구조적 데이터의 그리드 보간, griddata	
| In [1]: | ```python
import numpy as np
from scipy.interpolate import interp2d
import matplotlib.pyplot as plt
%matplotlib inline
``` |
| In [2]: | ```python
def f(x,y):
#  z = x ** 2 - y ** 2
    z = (x + y) * np.exp(-5 * (x ** 2 + y ** 2))
    return z
``` |
| In [3]: | ```python
x = np.linspace(-1, 1, num = 100)
y = np.linspace(-1, 1, num = 100)

# sampling points
npts = 500          # 1000
px = np.random.choice(x, npts)
py = np.random.choice(y, npts)

X, Y = np.meshgrid(x, y)
# X, Y = np.mgrid[-1:1:100j, -1:1:100j]

Z = f(X, Y)           # original function

# interpolation
Z2 = griddata((px, py), f(px, py), (X, Y), method = 'nearest')
Z3 = griddata((px, py), f(px, py), (X, Y), method = 'linear')
Z4 = griddata((px, py), f(px, py), (X, Y), method = 'cubic')
``` |
```

In [4]:
```
fig, ax = plt.subplots(2, 2)
fig.set_size_inches(6, 6)
# ax[0,0].contourf(X, Y, Z)
# ax[0,0].imshow(Z, cmap = 'gray', extent = [-1, 1, -1, 1],
#            origin = 'lower')
ax[0, 0].imshow(Z, extent = [-1, 1, -1, 1],origin = 'lower')
# ax[0, 0].scatter(px, py, c = 'k', alpha = 0.2, marker = '.')
ax[0, 0].plot(px, py, '.k', alpha = 0.2, label = 'sample points')
ax[0, 0].set_title('sample points on f(X,Y)')
ax[0, 0].axis('off')
ax[0, 1].imshow(Z2, origin = 'lower')
ax[0, 1].set_title('nearest')
ax[0, 1].axis('off')
ax[1, 0].imshow(Z3, origin = 'lower')
ax[1, 0].set_title('linear')
ax[1, 0].axis('off')
ax[1, 1].imshow(Z4 ,origin = 'lower')
ax[1, 1].set_title('cubic')
ax[1, 1].axis('off')
plt.show()
```

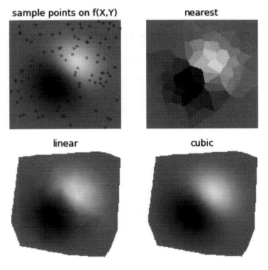

▲ [그림 34. 3] 비구조적 데이터의 그리드 보간

프로그램 설명

① In [2]는 x, y에 대한 함수 f(x, y)를 정의한다.

② In [3]은 x-축 범위 [-1, 1]의 100개, y-축 범위 [-1, 1]의 100개의 데이터를 배열 x, y에 생성하고, npts = 500개를 px, py 배열에 랜덤 샘플링한다. x, y의 그리드 좌표 X, Y를 생성하고, Z = f(X, Y)로 그리드에서 원래의 함수값을 계산한다. griddata로 무작위로 선택한 npts = 500개 좌표 (px, py)에서 함수값 f(px, py)을 이용하여 보간 함수를 계산하고, 'nearest', 'linear', 'cubic' 방법에 따라 그리드 (X, Y)에서 보간값을 Z2, Z3, Z4에 계산한다.

③ In [4]는 서브플롯 ax[0, 0]에 원래의 함수값 Z와 데이터 좌표 (px, py)를 검은색 점으로 표시하고, 나머지 서브플롯에 보간 데이터 Z2, Z3, Z4를 이미지로 표시한다([그림 34.3]).

Step 35 ○ **미분(Differentiation)**

미분(differentiation)은 함수의 순간변화율이다. [그림 35.1]은 수치미분 계산을 설명한다. h가 무한히 0으로 작아질 때, x에서 접선의 기울기 $f'(x)$이다. $f(x+h) - f(x)$의 차분을 간격 h로 나누어 수치미분을 계산할 수 있다(forward difference). h는 0이 아닌 작은 값을 사용한다. 중심차분(central difference)을 사용하면 오차를 줄여 계산할 수 있다.

$$f'(x) = \frac{d}{dx}f(x) = \lim_{h \to 0}\frac{f(x+h)-f(x)}{h} \simeq \frac{f(x+h)-f(x)}{h} : \text{전방차분}$$

$$f'(x) \simeq \frac{f(x+h)-f(x-h)}{2h} : \text{중심차분}$$

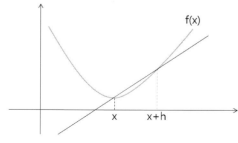

▲ [그림 35. 1] 수치미분

[step35_1] 전방차분과 중심차분 미분

| In [1]: | ```python
import numpy as np
import matplotlib.pyplot as plt
%matplotlib inline
``` |
| In [2]: | ```python
def diff1(f, x, h = 0.001):          # forward difference
    return (f(x + h) − f(x)) / h

def diff2(f, x, h = 0.001):          # central difference
    return (f(x + h) − f(x − h)) / (2 * h)
``` |
| In [3]: | ```python
x = np.linspace(0, 2 * np.pi, num = 1000)
y = np.sin(x)

dy = np.cos(x)              # dy/dx sin(x) = cos(x)
dy1 = diff1(np.sin, x)
dy2 = diff2(np.sin, x)
dy3 = np.diff(y) / np.diff(x)

plt.plot(x, dy, 'k−', lw = 15, label = 'dy = cos(x)')
plt.plot(x, dy1, 'b−', lw = 10, label = 'dy1: forward difference')
plt.plot(x, dy2, 'g−', lw = 5, label = 'dy2: central difference')
plt.plot(x[:−1], dy3, 'r−', lw = 2, label = 'dy3: np.diff(y)/np.diff(x)')
plt.legend()
plt.show()
``` |

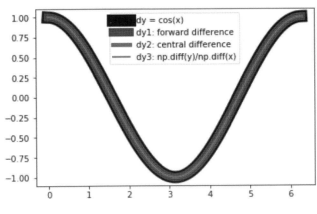

▲ [그림 35.2] 전방차분과 중심차분 미분
```

프로그램 설명

① In [2]는 전방차분 미분함수 diff1()와 중심차분 미분함수 diff2()를 정의한다.

② In [3]은 sin(x)의 미분은 cos(x)이다. dy는 모든 구간 간격이 h로 같다고 가정한 전방차분 미분, dy2는 중심차분 미분을 계산한다. dy3은 np.diff(y) 차분을 np.diff(x) 차분으로 나누어 전방차분 미분을 계산한다. dy3에서 x의 마지막 값에 대한 x[:−1]의 미분값은 없다. dy, dy1, dy2, dy3을 서로 다른 두께의 그래프로 표시한다([그림 35.2]).

[step35_2] 미분: scipy.misc.derivative, np.gradient	
In [1]:	``` import numpy as np from scipy.misc import derivative import matplotlib.pyplot as plt %matplotlib inline ```

In [2]:	```
	# derivative(func, x0, dx = 1.0, n = 1, args = (), order = 3)
	vec_derivative = np.vectorize(derivative)
	``

In [3]:	```
	x = np.linspace(0, 2 * np.pi, num = 1000)
	y = np.sin(x)
	
	dy = np.cos(x)
	dy1 = vec_derivative(np.sin, x, dx = 0.01) # vectorize
	dy2 = np.gradient(y, x[1] − x[0]) # 0.006289474781961547
	dy3 = np.gradient(y, x)
	
	plt.plot(x, dy, 'k−', lw = 15,label = 'dy = np.cos(x)')
	plt.plot(x, dy1, 'b−', lw = 10,label = 'dy1 = vec_derivative')
	plt.plot(x, dy2, 'g−', lw = 7, label = 'dy2 = np.gradient(y, 0.006)')
	plt.plot(x, dy3, 'r−', lw = 2, label = 'dy3 = np.gradient(y, x)')
	plt.legend()
	plt.show()
	``

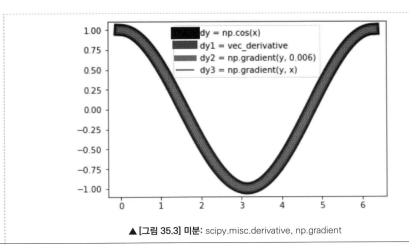

▲ [그림 35.3] 미분: scipy.misc.derivative, np.gradient

프로그램 설명

① In [2]의 scipy.misc.derivative는 스칼라 위치에서 중심차분 미분을 계산한다. vec_derivative = np. vectorize(derivative)로 벡터화한다.

② In [3]은 sin(x)의 수식미분을 dy에 계산하고, 배열 x에서 간격 dx = 0.01로 미분을 dy1에 계산한다. np.gradient는 중심차분으로 미분을 계산한다. x[1] − x[0]의 상수 간격으로 미분 dy2를 계산한다. 배열 x의 간격으로 미분 dy3을 계산한다. dy, dy1, dy2, dy3을 서로 다른 두께의 그래프로 표시한다([그림 35.3]).

[step35_3] 편미분(partial derivative): np.gradient	

In [1]:	`import numpy as np`
	`import matplotlib.pyplot as plt`
	`%matplotlib inline`

In [2]:	`# ref: [step19_8]`
	`def f(x, y):`
	`    return x ** 2 + y ** 2`
	
	`Y, X = np.mgrid[-5:5:11j, -5:5:11j]`
	`Z  = f(X, Y)`
	
	`gy = np.gradient(Z, axis = 0)`
	`gx = np.gradient(Z, axis = 1)`
	`# gy, gx = np.gradient(Z)`

In [3]:
```
plt.quiver(X,Y,gx,gy)
plt.gca().set_aspect('equal')
plt.title("$gradient:(gx, gy)$")
plt.show()
```

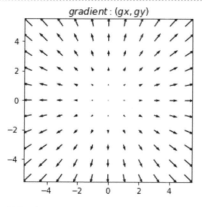

▲ [그림 35.4] np.gradient에 의한 편미분(partial derivative)

프로그램 설명

① [step19_8]에서 그래디언트 벡터를 참고한다.

② In [2]는 2차원 배열 Z에서 np.gradient로 배열의 행(axis = 1)을 X-축, 열(axis = 0)을 Y-축이라 가정하고, 그래디언트 벡터를 계산한다. np.mgrid로 그리드 좌표를 계산할 때, Y, X 순서로 저장한다. Z = f(X, Y)로 함수값을 계산하고, np.gradient(Z, axis = 0)는 Y-축 방향의 미분, np.gradient(Z, axis = 1)는 X-축 방향의 미분을 계산한다. In [3]은 plt.quiver(X,Y,gx,gy)로 그래디언트 벡터를 그린다([그림 35.4]).

$$\nabla f(X, Y) = \begin{bmatrix} g_X & g_Y \end{bmatrix}^T$$

$$= \begin{bmatrix} \dfrac{\partial f(X, Y)}{\partial X} \\ \dfrac{\partial f(X, Y)}{\partial Y} \end{bmatrix}$$

$$g_X = \frac{\partial f(X, Y)}{\partial X} = \frac{f(X+h, Y) - f(X-h, Y)}{2h}$$

$$g_Y = \frac{\partial f(X, Y)}{\partial Y} = \frac{f(X, Y+h) - f(X, Y-h)}{2h}$$

[step35_4] 이미지 그래디언트: np.gradient,

| In [1]: | ```python
import numpy as np
import matplotlib.pyplot as plt
from PIL import Image  # pip install pillow
%matplotlib inline
``` |
|---|---|
| In [2]: | ```python
img = Image.open("rect.jpg").convert("L")       # RGB to Grayscale
imgArr = np.asarray(img).astype('float')

# image gradient
# gy = np.gradient(imgArr, axis = 0)
# gx = np.gradient(imgArr, axis = 1)
gy, gx = np.gradient(imgArr)
mag = np.sqrt(gx ** 2 + gy ** 2)
``` |
| In [3]: | ```python
fig, ax = plt.subplots(2, 2)
fig.set_size_inches(10, 10)

ax[0,0].imshow(imgArr, cmap = 'gray')
ax[0,0].axis('off')
ax[0,0].set_title('rect.jpg')

ax[0,1].imshow(np.abs(gx), cmap = 'gray')
ax[0,1].axis('off')
ax[0,1].set_title('gx')

ax[1,0].imshow(np.abs(gy), cmap = 'gray')
ax[1,0].axis('off')
ax[1,0].set_title('gy')

ax[1,1].imshow(mag, cmap = 'gray')
ax[1,1].axis('off')
ax[1,1].set_title('mag')
plt.show()
``` |
```

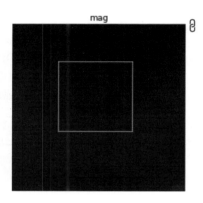

▲ [그림 35.5] 이미지 그래디언트: np.gradient

프로그램 설명

① In [2]는 "rect.jpg"의 그레이스케일 이미지의 넘파일 배열 imgArr의 그래디언트를 np.gradient로 gx, gy에 계산한다.

② In [3]은 imgArr, np.abs(gx), np.abs(gy), mag를 표시한다. np.abs(gx)는 가로 방향 변화률의 절대값으로 세로 에지에서 큰 값을 갖는다. np.abs(gy)는 세로 방향 변화률의 절대값으로 가로 에지에서 큰 값을 갖는다([그림 35.5]).

[step35_5] SymPy를 사용한 미분	
In [1]:	import numpy as np import sympy as sp from sympy import sin, Derivative, diff from sympy.abc import x, y # x,y = sp.symbols('x y', real = True)
In [2]:	f = x ** 3 + 2 * sin(x) d = Derivative(f, x) d.doit()
Out[2]:	3*x**2 + 2*cos(x)
In [3]:	from sympy.interactive import printing printing.init_printing() d

Out[3]:	$\dfrac{d}{dx}\left(x^3 + 2\sin\left(x\right)\right)$

In [4]:	```printing.init_printing(pretty_print = False)```
	```f = x ** 3 + y ** 2```
	```fprime_x = f.diff(x) # diff(f, x)```
	```fprime_y = f.diff(y) # diff(f, y)```
	```fprime_x, fprime_y```

Out[4]:	(3*x**2, 2*y)

In [5]:	```fprime2_x = f.diff(x, 2)```
	```fprime2_y = f.diff(y, 2)```
	```fprime2_x, fprime2_y```

Out[5]:	(6*x, 2)

In [6]:	```a = fprime_x.subs(x, 1)```
	```b = fprime_y.subs(y, 2)```
	```c = fprime2_x.subs(x, 1)```
	```d = fprime2_y.subs(y, 2)```
	```e = f.subs([(x, 1), (y, 2)]) # f.subs({x:1, y:2})```
	```a, b, c, d, e```

Out[6]:	(3, 4, 6, 2, 5)

프로그램 설명

① SymPy는 심볼릭 수학 패키지이다. 여기서는 SymPy를 사용한 미분, 편미분 예제를 다룬다. In [1]에서 sympy의 sin, Derivative, diff를 포함하고, sympy.abc 모듈에서 심볼 x, y를 포함한다.

② In [2]는 함수 f(x)를 수식으로 표현하고, Derivative로 f를 x로 미분하여 d에 저장한다. 미분 결과는 d.doit() 은 미분 결과를 출력한다.

$$f(x) = x^3 + 2\sin x$$

$$f'(x) = \frac{df(x)}{dx} = 3x^2 + 2\cos\left(x\right)$$

③ In [3]은 printing으로 pretty_print = True로 초기화하고, d를 출력하면 미분 기호를 사용하여 그래픽 수식을 출력한다.

$$\frac{d}{dx}\left(x^3 + 2\sin\left(x\right)\right)$$

④ In [4]는 printing으로 pretty_print = False로 문자 수식 출력을 설정하고, diff()로 함수 f(x, y)의 변수 x, y에 대한 1차 편미분 f_prime_x, f_prime_y를 계산한다.

$$f(x, y) = x^3 + y^2$$

$$\frac{d}{dx}f(x, y) = 3x^2$$

$$\frac{d}{dy}f(x, y) = 2y$$

⑤ In [5]는 diff()로 함수 f(x, y)의 변수 x, y에 대한 2차 편미분 f_prime_x, f_prime_y를 계산한다.

$$\frac{d^2}{dx^2}f(x, y) = 6x$$

$$\frac{d^2}{dx^2}f(x, y) = 2$$

⑥ In [6]은 수식에 상수를 적용하여 값을 계산한다. a = fprime_x.subs(x, 1)는 fprime_x의 x에 1을 적용하여 a = 3이다. e = f.subs([(x, 1), (y, 2)])는 f(x = 1, y = 2)를 계산하여, e = 5이다.

[step35_6] SymPy를 사용한 그래디언트, 자코비안, 헤시안

In [1]:	```python import numpy as np import sympy as sp from sympy import sin, Matrix, Derivative, diff # from sympy.abc import x, y from sympy.interactive import printing printing.init_printing()```
In [2]:	```python x,y=sp.symbols('x y') f = x ** 3 + y ** 2 fprime = [f.diff(x_) for x_ in (x, y)] grad = Matrix(fprime) grad```
Out[2]:	$\begin{bmatrix} 3x^2 \\ 2y \end{bmatrix}$

In [3]:	```python
	# https://en.wikipedia.org/wiki/Jacobian_matrix_and_determinant
	f1 = x ** 2 * y
	f2 = 5 * x + sin(y)```

```
# f1prime = [f1.diff(x_) for x_ in (x, y)]
# f2prime = [f2.diff(x_) for x_ in (x, y)]
#J = Matrix([f1prime, f2prime])

f = Matrix([f1, f2])
J = f.jacobian([x, y])
J
```

Out[3]:
$$\begin{bmatrix} 2xy & x^2 \\ 5 & \cos(y) \end{bmatrix}$$

In [4]:
```
f = x ** 4 + (x * y) ** 2 + y ** 3
# fprime2 = [[f.diff(x_, y_) for x_ in (x, y)] for y_ in (x, y)]
# hess = Matrix(fprime2)
hess = sp.hessian(f, [x, y])
hess
```

Out[4]:
$$\begin{bmatrix} 12x^2 + 2y^2 & 4xy \\ 4xy & 2x^2 + 6y \end{bmatrix}$$

프로그램 설명

① SymPy로 그래디언트(gradient) 벡터, 자코비안(Jacobian) 행렬, 헤시안(Hessian) 행렬을 계산한다.

② In [2]는 함수 $f(x, y) = x^3 + y^2$에서 리스트를 이용하여 1차 편미분을 fprime에 계산하고, Matrix (fprime)로 변환하여 그래디언트 grad를 계산한다.

$$grad = \nabla f = \begin{bmatrix} \dfrac{\partial f}{\partial x} \\ \dfrac{\partial f}{\partial y} \end{bmatrix} = \begin{bmatrix} 3x^2 \\ 2y \end{bmatrix}$$

③ In [3]은 벡터함수 $f(x, y)$의 자코비안(Jacobian) 행렬 J는 1차 편미분으로 계산한다.

$$f(x, y) = \begin{bmatrix} f_1(x, y) \\ f_2(x, y) \end{bmatrix} = \begin{bmatrix} x^2 y \\ 5x + \sin(x) \end{bmatrix}$$

$$J(x, y) = \begin{bmatrix} \dfrac{\partial f_1}{\partial x} & \dfrac{\partial f_1}{\partial y} \\ \dfrac{\partial f_2}{\partial x} & \dfrac{\partial f_2}{\partial y} \end{bmatrix} = \begin{bmatrix} 2xy + 2y^2 & x^2 \\ 5 & \cos(y) \end{bmatrix}$$

④ In [4]는 함수 $f(x, y) = x^4 + x^2y^2 + y^3$의 헤시안 행렬 H는 2차 편미분(partial derivative)으로 계산한다.

$$H[f(x, y)] = \begin{bmatrix} \dfrac{\partial^2 f}{\partial x^2} & \dfrac{\partial^2 f}{\partial y \partial x} \\[3mm] \dfrac{\partial^2 f}{\partial x \partial y} & \dfrac{\partial^2 f}{\partial y^2} \end{bmatrix} = \begin{bmatrix} 12x^2 + 2y^2 & 4xy \\[3mm] 4xy & 2x^2 + 6y \end{bmatrix}$$

Step 36 ○ 적분(Integration)

적분(integration)은 면적으로 계산한다. 닫힌구간 [a, b]에서 연속함수 의 적분은 밑변이 h인 n개의 사각형의 면적의 합으로 근사적으로 계산할 수 있다. [그림 36.1]에서 h를 작게 줄이면 오차가 작아진다. 오차를 줄이는 방법으로 인접한 두 사각형 면적의 평균으로 계산하는 사다리꼴 공식 등이 있다.

scipy.integrate는 quad(), dblquad(), tplquad(), nquad() 등의 다양한 적분함수가 있다.

$$I = \int_a^b f(x)\, dx = \simeq \sum_{k=0}^{n-1} f(x_k) \times h : \text{사각형 면적의 합}$$

여기서, $x_k = a + kh, \ h = \dfrac{b-a}{n}$

$$I = \sum_{k=0}^{n-1} \frac{h}{2}[f(x_k) + f(x_{k+1})] \qquad : \text{사다리꼴 공식}$$

$$= \frac{h}{2}[f(x_0) + f(x_n) + 2\sum_{k=1}^{n-1} f(x_k)]$$

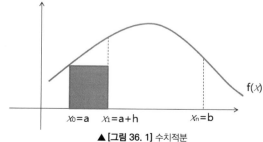

▲ [그림 36. 1] 수치적분

[step36_1] 사각형 공식과 사다리꼴 공식에 의한 적분

In [1]:	import numpy as np

In [2]:	```def integrate1(f, a, b, n = 100):```
	``` x = np.linspace(a, b, num = n)```
	``` h = x[1] − x[0] # one of equal differences```
	``` y = f(x)```
	``` return np.sum(y[:−1] * h)```
	```def integrate2(f, a, b, n = 100):```
	``` x = np.linspace(a, b, num = n)```
	``` h = x[1] − x[0] # one of equal differences```
	``` y = f(x)```
	``` return h * (y[0] + y[−1] + 2 * np.sum(y[1:−1])) / 2.0```

In [3]:	integrate1(lambda x: x ** 2, 0, 10)
Out[3]:	328.2998333503384
In [4]:	integrate2(lambda x: x ** 2, 0, 10)
Out[4]:	333.35033840084344

프로그램 설명

① In [2]는 사각형 공식 적분함수 integrate1()와 사다리꼴 공식 적분함수 integrate2()를 정의한다.

② In [3]과 In [4]는 integrate1()와 integrate2()로 $f(x) = x^2$을 [0, 10] 구간에서 적분한다. n이 클수록 정확한 값은 1000/3에 근사한다.

$$\int_0^{10} x^2\, dx = \frac{1000}{3}$$

[step36_2] scipy.integrate의 quad, dblquad, nquad

In [1]:	import numpy as np from scipy.integrate import quad, dblquad, nquad
In [2]:	fx2 = lambda x: x ** 2 a2, e2 = quad(fx2, 0, 10) a2, e2

	(333.33333333333326, 3.700743415417188e−12)
In [3]:	fx3 = lambda x : np.sin(x) a3, e3 = quad(fx3, 0, np.pi) a3, e3
Out[3]:	(2.0, 2.220446049250313e-14)
In [4]:	fx4 = lambda x, a, b, c : a * x ** 2 + b * x + c a4, e4 = quad(fx4, 0, 2, args = (3, 2, 1)) a4, e4
Out[4]:	(14.000000000000002, 1.5543122344752194e-13)
In [5]:	fx5 = lambda x, y: x * y ** 2 a5, e5 = dblquad(fx5, 0, 1, lambda x: 0, lambda x: 2) a5, e5
Out[5]:	(0.6666666666666667, 2.2108134835808843e−14)
In [6]:	a6, e6 = dblquad(fx5, 0, 1, lambda y: 2 * y, lambda y: 2) a6, e6
Out[6]:	(0.26666666666666666, 5.546974543905651e−15)

In [7]:	def bound_y():
	    return [0, 1]
	def bound_x(y):
	    return [2 * y, 2]
	a7, e7 = nquad(fx5, [bound_x, bound_y])
	a7, e7

Out[7]:	(0.26666666666666666, 5.546974543905651e-15)

프로그램 설명

① scipy.integrate는 quad(), dblquad(), nquad() 등의 다양한 적분함수가 있다. quad() 함수는 구간 [a, b] 사이의 1 변수 함수의 정적분(definite integral)을 계산한다. dblquad() 함수는 2 변수 함수의 2중 정적분을 계산하여, 적분 값과 오차의 추정치를 반환한다. 구간을 지정할 때 +inf에서 −inf를 사용할 수 있다.

② In [2]는 fx2 = lambda x: x ** 2 함수를 적분한다. 수식으로 계산한 정확한 적분은 1000/3이다. quad(fx2, 0, 10)로 계산한 적분은 a2 = 333.330이고, 추정오차는 e2이다.

$$a2 = \int_0^{10} x^2 \, dx = \frac{1000}{3}$$

③ In [3]은 fx3 = lambda x: np.sin(x) 함수를 적분한다. 수식으로 계산한 정확한 적분은 2이다. quad(fx3, 0, np.pi)로 계산한 적분은 a3 = 2.00이다.

$$a3 = \int_0^{\pi} \sin x \, dx = [-\cos(x) + C]_0^{\pi} = 2$$

④ In [4]는 2차 함수 fx4를 적분한다. a = 3, b = 2, c = 1일 때 수식으로 계산한 정확한 적분은 14이다. quad (fx4, 0, 10, args = (3, 2, 1))로 계산한 적분은 a4 = 14.00이다.

$$\begin{aligned} a4 = \int_0^2 ax^2 + bx + c \, dx &= \left[a\frac{x^3}{3} + b\frac{x^2}{2} + cx + C \right]_0^2 \\ &= a\frac{8}{3} + 2b + 2c \\ &= 8 + 4 + 2 = 14, \text{ if } a = 3, b = 2, c = 1 \end{aligned}$$

⑤ In [5]는 fx5 함수를 2중 적분한다. 수식으로 계산한 정확한 적분은 2/3이다. dblquad(fx5, 0, 1, lambda x: 0, lambda x: 2)로 계산한 적분은 a5 = 0.66이다.

$$a5 = \int_0^1 \int_0^2 xy^2 \, dx \, dy = \int_0^1 2y^2 \, dy$$

$$= \left[\frac{2y^3}{3} \right]_0^1 = \frac{2}{3}$$

⑥ In [6]은 fx5 함수를 dblquad(fx5, 0, 1, lambda x: 2*x, lambda x: 2)로 계산한 적분은 a6 = 0.2666이다. 수식으로 계산한 정확한 적분은 4/15이다.

$$a6 = \int_0^1 \int_{2y}^2 xy^2 \, dx \, dy = \int_0^1 (2y^2 - 2y^4) \, dy$$

$$= 2 \left[\frac{y^3}{3} - \frac{y^5}{5} \right]_0^1 = \frac{4}{15}$$

⑦ In [7] nquad()로 fx5 함수를 2중 적분한다. nquad(fx5, [bound_x, bound_y])로 계산한 2중적분 a7 = 0.2666은 In [6]의 결과 a6와 같다. bound_x, bound_y는 적분 범위이다.

[step36_3] SymPy를 사용한 적분	
In [1]:	import numpy as np from sympy import sin, pi, exp, sqrt, oo, integrate from sympy.abc import x, y
In [2]:	f=x ** 2 I = integrate(f, x) I2 = integrate(f, (x, 0, 10)) I, I2
Out[2]:	(x**3/3, 1000/3)
In [3]:	f= y * sin(x) I3 = integrate(f, (y, 0, 1), (x, 0, pi / 2)) I3
Out[3]:	1/2
In [4]:	I4 = integrate(exp(-x ** 2), (x, 0, +oo)) I4
Out[4]:	sqrt(pi)/2

프로그램 설명

① sympy.integrate로 적분한다. 범위에서 무한대는 ∞를 사용한다.

② In [2]는 $f(x) = x^2$의 적분을 계산한다.

$$I = \int x^2\, dx\ = x^3/3$$

$$I2 = \int_0^{10} x^2\, dx\ = \frac{1000}{3}$$

③ In [3]은 $f(x, y) = y \sin(x)$함수 의 x의 구간 $[0, \pi/2]$, y의 구간 $[0, 1]$에서 이중 적분한다.

$$I3 = \int_1^{\pi/2} \int_{x=0}^1 y \sin x\ dy\, dx$$

$$= \int_1^{\pi/2} \left[\frac{y^2}{2} \sin x \right]_0^1 dx$$

$$= \int_1^2 \frac{1}{2} \sin x\ dx$$

$$= \left[-\frac{1}{2} \cos x \right]_0^{\pi/2}$$

$$= \frac{1}{2}$$

④ In [4]는 $f(x, y) = e^{-x^2}$을 구간 [0, +∞]에서 적분한다.

$$I4 = \int_0^\infty e^{-x^2} dx = \sqrt{\pi}/2$$

Step 37 ── 최적화 (Optimization)

최적화는 비용함수를 정의하고 최소화하는 문제이다. 선형대수와 확률과 통계에서 다루었던 최소자승법에 의해 직선을 찾는 문제와 딥러닝의 학습문제들이 최적화 문제이다.

그래디언트(gradient) 기반의 최적화 방법은 초기값을 설정하고, 그래디언트를 이용하여 비용함수가 최소가 되도록 반복적으로 해를 갱신한다. 딥러닝의 최적화 방법인 SGD(stochastic gradient decent), AdaGrad(adaptive gradient), Momentum, Adam(adaptive momentum) RMSProb(root mean square propagation) 등은 그래디언트 기반의 최적화 방법이다. 그래디언트 기반 방법은 지역극값을 찾을 수 있다.

여기서는 scipy.optimize를 사용하여, 함수의 근(root) 찾기, 단일변수 최소화(minimize_scalar), 2 변수 함수 최소화, 최소자승법(least_squares)에 의한 직선, 포물선, 타원의 적합(fitting) 예제를 설명한다.

[step37_1] $f(x) = 0$의 근(root): brentq, newton, root_scalar

In [1]:	``` import numpy as np from scipy.optimize import brentq, newton, root_scalar import matplotlib.pyplot as plt ```

| In [2]: | ```python
def f(x):
    return x ** 4 - 3 * x ** 3 + 2
``` |
|---|---|
| In [3]: | ```python
x0, x1 = brentq(f, 0, 2), brentq(f, 2, 3)
#sol0 = root_scalar(f, bracket = [0, 2], method = 'brentq')
#sol1 = root_scalar(f, bracket = [2, 3], method = 'brentq')
#x0 = sol0.root
#x1 = sol1.root
x0, x1
``` |
| Out[3]: | (1.0, 2.919639565839403) |
| In [4]: | ```python
x = np.linspace(-2, 3, num = 100)
y = f(x)

plt.axhline(0, color = 'k')
plt.plot(x, y)
plt.plot([x0, x1], [f(x0), f(x1)], 'ro')
plt.show()
``` |

▲ [그림 37.1] $f(x) = x^4 - 3x^3 + 2$의 해

| In [5]: | ```python
def fprime(x):
    return 4 * x ** 3 - 9 * x

x0, x1 = newton(f, -1), newton(f, 3)
# sol0 = root_scalar(f, x0 = -1, fprime = fprime, method = 'newton')
# sol1 = root_scalar(f, x0 = 3, fprime = fprime, method = 'newton')
# x0 = sol0.root
# x1 = sol1.root
x0, x1
``` |
|---|---|
| Out[5]: | (1.0, 2.919639565839426) |

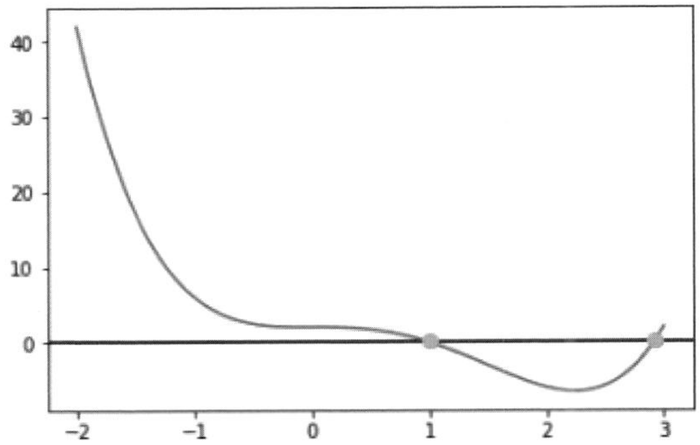

프로그램 설명

① In [3]은 brentq로 구간 [0, 2]에서 함수 $f(x) = x^4 - 3x^3 + 2$의 해 x0 = 1과 구간 [2, 3]에서의 해 x1 = 2.9196를 계산한다. root_scalar 함수에서 method = 'brentq'로 계산한 결과인 sol0.root, sol1.root와 같다.

② In [4]는 함수 f(x)를 그래프로 그리고, 계산된 해 x0, x1을 표시한다[그림 37.1].

③ In [5]는 newton으로 x = −1근처에서 해 x0 = 1과 x = 3 근처에서의 해 x1 = 2.9196을 계산한다. root_scalar 함수에서 method = 'newton'으로 지정하고, 함수의 미분함수 fprime을 지정하여 계산한 결과인 sol0.root, sol1.root와 같다.

[step37_2] $f(x)$의 최소값: minimize_scalar	

In [1]:	```python
	import numpy as np
	from scipy.optimize import minimize_scalar
	import matplotlib.pyplot as plt
	``

In [2]:	```python
	def f(x):
	    return x ** 4 - 3 * x ** 3 + 2
	``

In [3]:	```python
	res = minimize_scalar(f) # method = 'brent'
	#res = minimize_scalar(f, bounds = (2, 3), method = 'bounded')
	res
	``

Out[3]:	```
	     fun: -6.5429687499999964
	    nfev: 15
	     nit: 10
	 success: True
	       x: 2.250000010511614
	``

In [4]:	```python
	x = np.linspace(-2, 3, num = 100)
	y = f(x)
	
	plt.plot(x, y)
	plt.plot([res.x], [f(res.x)], 'ro')
	plt.axhline(f(res.x), color = 'blue')
	plt.show()
	``

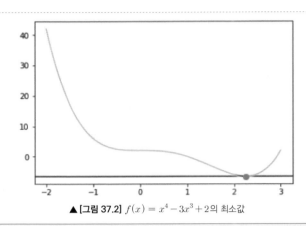

▲ [그림 37.2] $f(x) = x^4 - 3x^3 + 2$의 최소값

| In [5]: | ```
def func(x, a):
    return a[0] * x ** 4 + a[1] * x ** 3 + \
        a[2] * x ** 2 + a[3] * x + a[4]
``` |
|---|---|
| In [6]: | ```
a = [1, -3, 0, 0, 2]
res = minimize_scalar(func, args = a)    # method = 'brent'
res
``` |
| Out[6]: | fun: −6.5429687499999964
nfev: 15
nit: 10
success: True
x: 2.250000010511614 |

프로그램 설명

① In [3]은 minimize_scalar로 method = 'brent' 방법을 사용하여 함수 $f(x) = x^4 - 3x^3 + 2$의 최소값을 찾는다. 최소값은 res.x = 2.25에서 f(2.25) = −6.54290이다. method = 'bounded' 방법은 범위 bounds = (2, 3)에서 최소값을 찾는다.

② In [4]는 함수 f(x)를 그래프로 그리고, 계산된 최소값의 위치를 빨간색으로 포시하고, 파란색으로 수평선으로 그린다[그림 37.2].

③ In [5]는 배열 a에 계수를 이용하여 일반적인 4−차 함수 $func(x, a) = a[0]x^4 + a[1]x^3 + a[2]x^2 + [3]x + a[4]$을 정의한다.

④ In [6]은 minimize_scalar(func, args = a)로 함수 func에 배열 a = (1, −3, 0, 0, 2)를 전달하여, $f(x) = x^4 - 3x^3 + 2$의 최소값을 찾는다. 최소값은 res.x = 2.25에서의 −6.54이다.

[step37_3] 사용자 정의 경사 하강법: custom_minimize

In [1]:
```python
import numpy as np
from scipy.optimize import minimize, OptimizeResult
import matplotlib.pyplot as plt
```

In [2]:
```python
def f(x):
    return x ** 4 - 3 * x ** 3 + 2

def fprime(x):
    return 4 * x ** 3 - 9 * x ** 2

def callbackF(x):
    global x_values
    x_values.append(x)
```

In [3]:
```python
# gradient descent
def custom_minimize(fun, x0, args = (), alpha = 0.001,
        maxiter = 10000, tol = 1e-10,
        callback = None, **options):

    x_value = x0
    y_value = fun(x0)
    niter = 0

    while niter < maxiter:
        niter += 1

        step = alpha * fprime(x_value)
        x_value = x_value - step          # gradient descent
        y_value = fun(x_value)

        if np.linalg.norm(step) < tol:
          break
        if callback is not None:
          callback(x_value)
    return OptimizeResult(fun = y_value, x = x_value,
                          nit = niter, success = (niter > 1))
```

In [4]:
```python
x0 = 4             # initial value, at x0 = -2, local minima
x_values = [x0]
res = minimize(f, x0, method = custom_minimize,
        callback = callbackF)
res
```

Out[4]:
```
       fun: -6.542968749999993
       nit: 913
   success: True
         x: 2.250000004803727
```

In [5]:
```python
x = np.linspace(-2, 4, num = 100)
y = f(x)
y1 = f(np.array(x_values))

plt.plot(x, y)
plt.plot(x_values, y1, 'ro', alpha = 0.5)
plt.plot([res.x], [f(res.x)], 'bx')
plt.show()
```

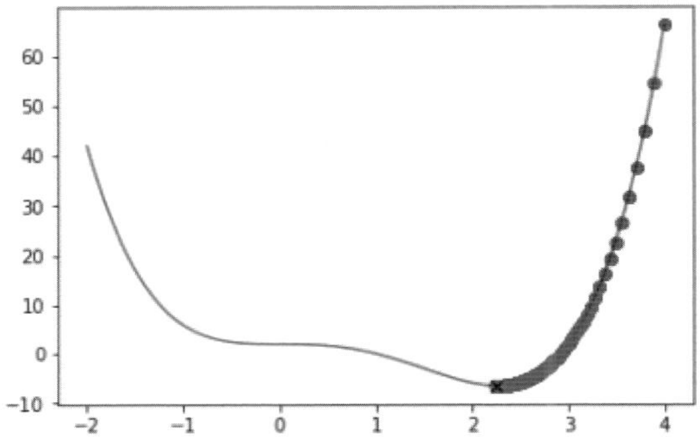

▲ [그림 37.3] 사용자 정의 경사 하강법: x0 = 4

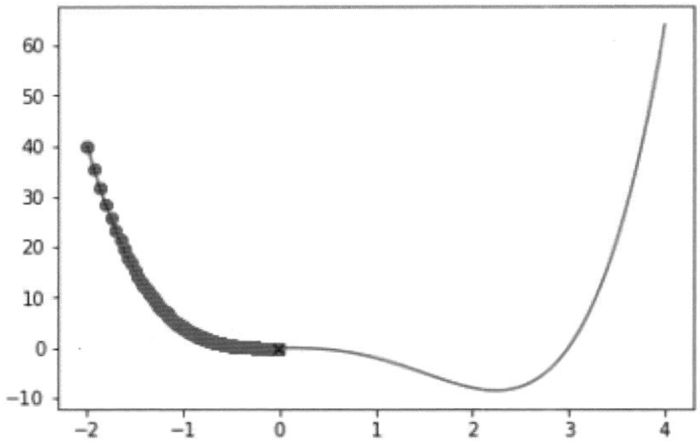

▲ [그림 37.4] 사용자 정의 경사 하강법: x0 = -2

프로그램 설명

① In [2]에서 f()는 최소화할 함수이고, fprime()는 미분함수를 정의한다. 콜백 함수 callbackF()는 경사 하강법에서 갱신되는 해를 리스트 x_values에 추가한다.

② In [3]의 custom_minimize() 함수는 경사 하강법(gradient descent)을 구현한다. 경사 하강법은 현재값 x_k에서 그래디언트 방향으로 α만큼 움직여 다음값 x_{k+1}을 계산한다. x0는 초기값, alpha는 학습률(learning rate), maxiter는 최대반복 횟수, tol은 오차 크기이다.

$$x_{k+1} = x_k - \alpha \nabla f(x_k)$$

③ In [4]는 minimize로 함수 f()를 초기값 x0, 경사 하강법에 따른 사용자 정의함수 custom_minimize로 최소화한다. 콜백 함수 callbackF()를 호출하여 현재의 해 x_value를 리스트 x_values에 추가한다.

④ In [5]는 함수 f(x)를 그래프로 그리고, 갱신되는 해의 리스트 x_values를 'ro'로 표시하고, 최소위치 res.x, f(res.x)를 'bx'로 표시한다. 초기값 x0 = 4는 x = 2.25에서 전역 최소값 −6.54를 계산한다([그림 37.3]). 그러나 초기값 x0 = −2는 x = −0.01에서 2의 지역극값을 계산한다([그림 37.4]). 즉, 초기값의 위치에 따라 지역극값을 계산한다. [step37_4]는 랜덤 초기값을 이용하여 전역 최소화를 계산하였다.

[step37_4] 전역 최소화: 랜덤 초기값, basinhopping	
In [1]:	```python\nimport numpy as np\nfrom scipy.optimize import minimize, OptimizeResult\nimport matplotlib.pyplot as plt\n```
In [2]:	```python\ndef f(x):\n return x ** 4 − 3 * x ** 3 + 2\n\ndef fprime(x):\n return 4 * x ** 3 − 9 * x ** 2\n```
In [3]:	```python\n# gradient descent\ndef custom_minimize(fun, x0, args = (), alpha = 0.001,\n maxiter = 10000, tol = 1e−10,\n callback = None, **options):\n```

```
      x_value = x0
        y_value = fun(x0)
        niter = 0

        while niter < maxiter:
          niter += 1

          step = alpha * fprime(x_value)
          x_value = x_value - step    # gradient descent
          y_value = fun(x_value)

          if np.linalg.norm(step) < tol:
            break
          if callback is not None:
            callback(x_value)
        return OptimizeResult(fun = y_value, x = x_value,
                              nit = niter, success = (niter > 1))
```

In [4]:

```
#1: multiple random initial values
x0_values = np.random.uniform(-4, 4, size = 100)
results = [minimize(f, x0,
              method = custom_minimize) for x0 in x0_values]

idx = np.argmin([res.fun for res in results])
res= results[idx]
res
```

Out[4]:

```
  fun: -6.542968749999993
  nit: 913
success: True
    x: 2.250000004803727
```

In [5]:

```
x = np.linspace(-2, 4, num = 100)
y = f(x)
y1 = f(np.array(x_values))

plt.plot(x, y)
plt.plot(x_values, y1, 'ro', alpha = 0.5)
plt.plot([res.x], [f(res.x)], 'bx')
```

Out[5]:

```
(array([2.25]), -6.5429687500000036)
```

프로그램 설명

① In [3]의 경사 하강법(gradient descent)을 구현한 custom_minimize() 함수는 [step37_3]과 같다.

② In [4]는 범위 [−4, 4]에서 난수 100개를 x0_values에 생성한다. 배열 x0_values의 각 요소를 초기값 x0 으로 하여 minimize로 경사 하강법 사용자 정의함수 custom_minimize로 함수 f()를 최소화하여 결과를 results에 저장한다. results에서 함수값이 최소인 results[idx]를 res에 찾는다. 최소 해 res.x = 2.2499, 함수값은 res.fun = −6.54이다.

③ In [5]는 In [4]에서와 유사한 방법을 사용하는 basinhopping으로 x0 = 0을 초기값으로 전역 최적 해를 계산한다. sol.x = array([2.25], sol.fun = −6.54이다.

[step37_5] $f(x, y)$의 최소값: minimize, basinhopping, dual_annealing

| In [1]: | ```import numpy as np
from scipy.optimize import minimize, approx_fprime``` |
|---|---|
| In [2]: | ```def f(x):
    return x[0] ** 2 + x[1] ** 2

def gradient(x):
  g = np.array([2 * x[0], 2 * x[1]])
  return g
# from sympy import symbols, hessian
# x, y = symbols('x y')
# f = x ** 2 + y ** 2
# H = np.array(hessian(f, (x, y)))
def hessian(x):
    h = np.array([[2, 0], [0, 2]])
    return h``` |
| In [3]: | ```#1: Conjugate gradient algorithm
x0 = np.array([2., 2.])
res = minimize(f, x0, method = 'CG')

fprime = lambda x: approx_fprime(x, f, 0.001)
res = minimize(f, x0, method = 'Newton-CG', jac = fprime)``` |

| | ```
# res = minimize(f, x0, method = 'Newton-CG',
#                 jac = gradient, hess = hessian)
# res = minimize(f, x0, method = 'trust-ncg',
#                 jac = gradient, hess = hessian)
res.x, res.fun
``` |
| Out[3]: | (array([-3.04585257e-07, -3.04585257e-07]),
 1.8554435704200638e-13) |
| In [4]: | ```
#2: Find the global minimum of a function
#    using the basin-hopping algorithm
from scipy.optimize import basinhopping
x0 = np.array([2., 2.])
res2 = basinhopping(f, x0, stepsize = 1)
res2.x, res2.fun
``` |
| Out[4]: | (array([-1.41287965e-09, -4.72399619e-11]),
 1.9984605098140242e-18) |
| In [5]: | ```
#3: Find the global minimum of a function using Dual Annealing
from scipy.optimize import dual_annealing
res3 = dual_annealing(f, bounds=[(-3, 3), (-3, 3)], seed = 1)
res3.x, res3.fun
``` |
| Out[5]: | (array([-4.99117682e-09, -5.01375046e-09]),
 5.004953981091924e-17) |

프로그램 설명

① In [2]는 최소화 대상 함수 f(), 그래디언트 함수 gradient(), 헤시안 함수 hessian() 함수를 정의한다. 2 변수 함수 f는 x[0] = x[1] = 0에서 최소값 0을 갖는다.

② In [3]은 minimize로 'CG', 'Newton-CG', 'trust-ncg' 방법으로 최소화한다. x0 = np.array([2., 2.])는 초기값이다. res.x = array([-3.04585257e-07, -3.04585257e-07]), res.fun = 1.8554435704200638e-13이다.

③ In [4]는 basinhopping으로 최소값을 계산한다.

④ In [5]는 basinhopping으로 dual_annealing으로 bounds 범위에서 최소값을 계산한다.
```

[step37_6] 직선과 포물선 적합(fitting): np.polyfit, curve_fit	
| In [1]: | ```python
import numpy as np
from scipy.optimize import curve_fit
import matplotlib.pyplot as plt
``` |
| In [2]: | ```python
# [step27_1]:  y = mx + b
def line(x, m, b):
    return m * x + b
``` |
| In [3]: | ```python
xdata = np.array([0., 1., 2.])
ydata = np.array([6., 0., 0.])
popt, pcov = curve_fit(line, xdata, ydata)
m1, b1 = popt

m2, b2 = np.polyfit(xdata, ydata, deg = 1)
(m1, b1), (m2, b2)
``` |
| Out[3]: | ```
((-3.000000000087246, 5.000000000008724),
 (-2.999999999999996, 4.999999999999996))
``` |
| In [4]: | ```python
plt.scatter(xdata, ydata)
x = np.linspace(-10.0, 10.0, num = 100)

plt.plot(x, line(x, m1, b1), 'r-', lw = 6,
        alpha = 0.5, label = 'curve_fit')
plt.plot(x, line(x, m2, b2), 'g--',
        label = 'np.polyfit')

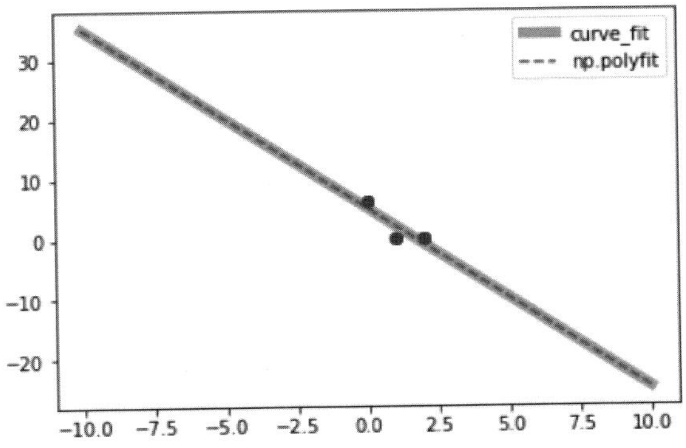

plt.legend()
plt.show()
``` |

▲ [그림 37.5] 직선 적합(line fitting)
```

| In [5]: | ```# [step27_3]: y = ax**2 + bx + c
def parabola(x, a, b, c):
    return a * x * x + b * x + c``` |
|---|---|
| In [6]: | ```xdata = np.linspace(-10.0, 10.0, num = 5)
a, b, c = 1, -2, -3
np.random.seed(1)
ydata = parabola(xdata, a, b, c) + \
        np.random.normal(0, 2, xdata.size)
popt, pcov = curve_fit(parabola, xdata, ydata)
a1, b1, c1 = popt
a2, b2, c2 = np.polyfit(xdata, ydata, deg = 2)
(a1, b1, c1), (a2, b2, c2)``` |
| Out[6]: | ```((1.0441175688143536, -2.0791635069135057, -5.0951359619909615),
 (1.0441175687217659, -2.0791635070873293, -5.095135954120995))``` |
| In [7]: | ```plt.scatter(xdata, ydata)

x = np.linspace(-10.0, 10.0, num = 100)
plt.plot(x, parabola(x, a1, b1, c1), 'r-',
       lw = 6, alpha = 0.5, label = 'curve_fit')
plt.plot(x, parabola(x, a2, b2, c2), 'g--', label = 'np.polyfit')

plt.legend()
plt.show()``` |

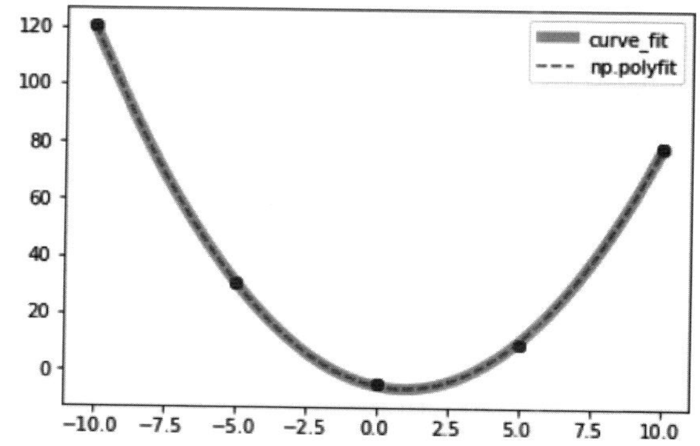

▲ [그림 37.6] 포물선 적합

프로그램 설명

① 주어진 데이터의 오차를 최소화하는 직선([step27_1] 참조), 포물선([step27_3] 참조)을 np.polyfit()와 scipy.optimize.curve_fit()로 계산한다.

② ln [2]는 직선 함수 line()을 정의한다.

③ ln [3]은 2차원 좌표 (0, 6), (1, 0), (2, 0)을 적합(fitting)하는 직선의 기울기와 y−절편을 curve_fit()와 np.polyfit()로 찾는다. 결과인 (m1, b1)과 (m2, b2)는 오차범위 내에서 같다. ln [4]는 좌표 데이터와 직선을 그래프로 그린다([그림 37.5]).

④ ln [5]는 계수 a, b, c를 갖는 포물선 함수를 정의한다.

⑤ ln [6]은 xdata는 −10에서 10까지 범위에서 5개의 데이터를 생성하고, a = 1, b = −2, c = −3인 포물선에 잡음을 추가하여 ydata를 생성하고, curve_fit(parabola, xdata, ydata)로 포물선 계수 a1, b1, c1을 계산한다. np.polyfit()로 (xdata, ydata)에서 deg = 2인 2차 함수로 적합하여 포물선 계수를 a2, b2, c2를 계산한다. 두 결과는 오차범위 내에서 같다. ln [4]는 좌표 데이터와 포물선을 그래프로 그린다([그림 37.6]).

[step37_7] 원 적합(fitting): leastsq

| In [1]: | ```
import numpy as np
from scipy.optimize import leastsq
import matplotlib.pyplot as plt
``` |
|---|---|
| In [2]: | ```
def circle_residuals(params, data):
    xc,yc,r = params
    distances = [np.sqrt( (x − xc) ** 2 + \
         (y − yc) ** 2 ) for x, y in data]
    res = [(r − dist) ** 2 for dist in distances]
    return res
``` |
| In [3]: | ```
# ref: [step27_4]
# xdata = np.array([ 9, 35, -13,  10,  23,   0])
# ydata = np.array([ 34, 10,   6, -14,  27, -10])

# generate the sample data
np.random.seed(1)
# Truth, (x − cx) ** 2 + (y − cy) ** 2 = r ** 2
``` |
```

```
cx, cy, r = 5, 5, 10
t = np.linspace(0.0, 2 * np.pi, num = 10)
e = np.random.normal(0, 1, t.size)
xdata = (r + e) * np.cos(t) + cx
ydata = (r + e) * np.sin(t) + cy
data = list(zip(xdata, ydata))

x0 = [0, 0, 1]        # initial value
best_fit, ier = leastsq(circle_residuals, x0, args = (data))
xc, yc, r = best_fit
xc, yc, r
```

Out[3]: (5.5886857112670025, 4.650751909155709, 10.022143629284233)

In [4]:
```
plt.gca().set_aspect('equal')

plt.scatter(xdata, ydata)

t = np.linspace(0.0, 2 * np.pi, num = 51)
x = r * np.cos(t) + xc
y = r * np.sin(t) + yc
plt.plot(x, y, 'r-')
plt.show()
```

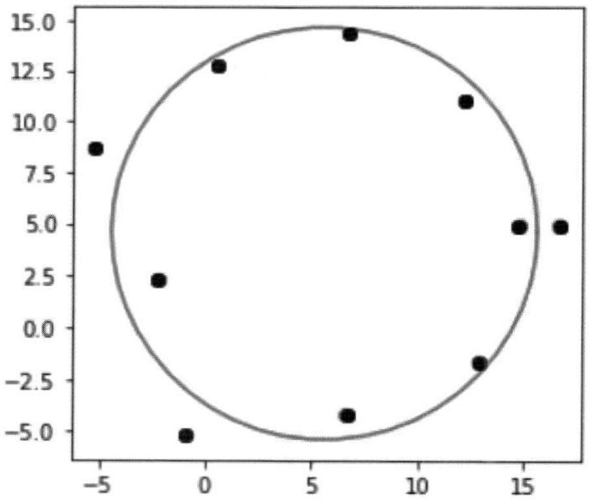

▲ [그림 37.7] 원 적합

프로그램 설명

① 주어진 데이터의 오차를 최소화하는 원을 scipy.optimize.leastsq()로 계산한다([step27_4] 참조).

② In [2]는 오차 함수 circle_residuals()를 정의한다. 원의 중심 (x_c, y_c)과 반지름 r은 params로 받고, data는 2차원 좌표 데이터를 받는다. 원의 중심 (x_c, y_c)으로부터 2차원 좌표 (x_i, y_i)의 거리를 distances 배열에 계산하고, 각 좌표에서의 거리와 반지름 r의 차이의 제곱을 배열 res로 반환한다.

ⓐ 회전 없는 타원의 방정식

$$(x - x_c)^2 + (y - y_c)^2 = r^2$$

ⓑ 오차 함수

$$dist_i(x_i, y_i) = \sqrt{(x_i - x_c)^2 + (y_i - y_c)^2}$$

$$res_i = (r - dist_i(x_i, y_i))^2$$

③ In [3]은 cx = 5, cy = 5, r = 10인 원의 반지름에 잡음을 추가하여 num = 10개의 데이터의 좌표를 xdata, ydata 배열에 생성한다. leastsq()로 circle_residuals는 오차 함수이고, x0 = [0, 0, 1]은 초기값, data는 좌표 데이터를 전달하여 타원 xc = 5.58, yc = 4.65, r = 10.02를 계산한다. In [4]는 좌표 데이터와 계산된 원을 그래프로 그린다([그림 37.7]).

[step37_8] 타원 적합: leastsq

| In [1]: | ```python
import numpy as np
from scipy.optimize import leastsq
import matplotlib.pyplot as plt
``` |
| In [2]: | ```python
def ellipse_residuals(params, data):
    xc, yc, a, b, theta = params

    rad = np.deg2rad(theta)
    c = np.cos(rad)
    s = np.sin(rad)

    distances = [np.sqrt(((x - xc) * c + \
                (y - yc) * s) ** 2 / a ** 2 + \
                ((x - xc) * s - (y - yc) * c) ** 2 / b ** 2)
            for x, y in data]
    res = [(1.0 - dist) ** 2 for dist in distances]
    return res
``` |

In [3]:
```python
# ref: [step27_5]
# generate the sample data
np.random.seed(1)
xc, yc = 10, 5
a,  b = 20, 10
t = np.linspace(0.0, 2 * np.pi, num = 100)
e = np.random.normal(0, 1, t.size)

theta = 60
rad = np.deg2rad(theta)
c = np.cos(rad)
s = np.sin(rad)
xdata = c * ((a + e) * np.cos(t)) − s * ((b + e) * np.sin(t)) + xc
ydata = s * ((a + e) * np.cos(t)) + c * ((b + e)*np.sin(t)) + yc
data = list(zip(xdata, ydata))

x0 = [0, 0, 5, 8, 0]          # initial value
best_fit, ier = leastsq(ellipse_residuals, x0, args = (data))
xc, yc, a, b, theta = best_fit
xc, yc, a, b, theta
```

Out[3]:
```
(9.774864343702788,
 4.642821406663389,
 9.995274328800885,
 20.27080894381017,
 −29.20409836000977)
```

In [4]:
```python
# import matplotlib.patches as patches
ax = plt.gca()
ax.set_aspect('equal')

ax.scatter(xdata, ydata)

xc2, yc2, a2, b2, theta2 = best_fit
rad = np.deg2rad(theta2)

c = np.cos(rad)
s = np.sin(rad)
x2 = c * (a2 * np.cos(t)) - s * (b2 * np.sin(t)) + xc2
y2 = s * (a2 * np.cos(t)) + c * (b2 * np.sin(t)) + yc2
plt.plot(x2, y2, color = 'red', linewidth = 2)
plt.show()
```

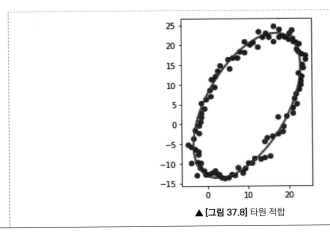

▲ **[그림 37.8]** 타원 적합

프로그램 설명

① 주어진 데이터의 오차를 최소화하는 타원을 scipy.optimize.leastsq()로 계산한다([step27_5] 참조).

② In [2]는 오차함수 ellipse_residuals()를 정의한다. 타원의 중심 (xc, yc)과 두 축 길이의 절반인 a, b 그리고 회전각도 theta는 params로 받고, data는 2차원 좌표 데이터를 전달받는다. 타원의 중심으로부터 각 2차원 좌표 데이터로의 거리를 distances에 계산하고, 각 데이터의 거리와 1의 차이의 제곱을 반환한다.

ⓐ 회전 없는 타원의 방정식

$$\frac{(x - x_c)^2}{a^2} + \frac{(y - y_c)^2}{b^2} = 1$$

ⓑ 회전 타원의 방정식

$$\frac{[(x - x_c)\cos\theta + (y - y_c)\sin\theta]^2}{a^2} + \frac{[(x - x_c)\sin\theta - (y - y_c)\cos\theta]^2}{b^2} = 1$$

ⓒ 오차 함수

$$dist_i(x_i, y_i) = \sqrt{\frac{[(x_i - x_c)\cos\theta + (y_i - y_c)\sin\theta]^2}{a^2} + \frac{[(x_i - x_c)\sin\theta - (y_i - y_c)\cos\theta]^2}{b^2}}$$

$$res_i = (1 - dist_i(x_i, y_i))^2$$

③ In [3]은 xc = 10, yc = 5, a = 20, b = 10, theta = 60인 타원에 잡음을 추가하여 num = 100개의 데이터의 좌표를 xdata, ydata 배열에 생성한다. leastsq()로 ellipse_residuals는 오차 함수이고, x0 = [0, 0, 5, 8, 0]은 초기값, data는 좌표 데이터를 전달하여 타원 xc = 9.77, yc = 4.64, a = 9.99, b = 20.27, theta = −29.20을 계산한다. In [4]는 좌표 데이터와 계산된 타원을 그래프로 그린다([그림 37.8]).